可解释AI实战

(PyTorch版)

[英] 阿杰伊·塔姆佩(Ajay Thampi)　　　　　　著

叶伟民　朱明超　刘华　叶孟良　袁敏　译

清华大学出版社

北　京

北京市版权局著作权合同登记号 图字：01-2024-0679

Ajay Thampi
Interpretable AI: Building explainable machine learning systems
EISBN: 9781617297649

图书在版编目(CIP)数据

可解释 AI 实战：PyTorch 版 / (英) 阿杰伊·塔姆佩(Ajay Thampi) 著；叶伟民等译. —北京：清华大学出版社，2024.3
书名原文：Interpretable AI: Building explainable machine learning systems
ISBN 978-7-302-65486-5

I. ①可… II. ①阿… ②叶… III. ①机器学习 IV. ①TP181

中国国家版本馆 CIP 数据核字(2024)第 021442 号

责任编辑：王　军
装帧设计：孔祥峰
责任校对：马遥遥
责任印制：宋　林

出版发行：清华大学出版社
网　　址：https://www.tup.com.cn，https://www.wqxuetang.com
地　　址：北京清华大学学研大厦 A 座　　　邮　编：100084
社 总 机：010-83470000　　　　　　　　邮　购：010-62786544
投稿与读者服务：010-62776969，c-service@tup.tsinghua.edu.cn
质 量 反 馈：010-62772015，zhiliang@tup.tsinghua.edu.cn
印 装 者：艺通印刷（天津）有限公司
经　　销：全国新华书店
开　　本：170mm×240mm　　　印　张：17.75　　　字　数：358 千字
版　　次：2024 年 3 月第 1 版　　　印　次：2024 年 3 月第 1 次印刷
定　　价：98.00 元

产品编号：097407-01

译者简介

叶伟民

- PDF4AI.cn(国内)和 PDF4AI.com(国外)创始人
- PDF4AI 使用了本书第 2、3、4、7 章的技术
- 致力于将高价值数据处理成 AI 可以精确处理的格式
- 主要服务于投资银行(基金、私募、量化投资)、翻译、外贸、医疗行业
- 《精通 Neo4j》作者之一
- 《金融中的人工智能》《Python 可解释 AI(XAI)实战》等多本 AI 图书译者(或译者之一)

朱明超

复旦大学研究生,蚂蚁集团大安全算法研究员,负责可信人工智能算法研究,《可解释机器学习》译者,《Python 可解释 AI(XAI)实战》译者之一。

刘华(Kenneth)

- 著有《猎豹行动:硝烟中的敏捷转型之旅》和《软件交付那些事儿》
- 《图数据库实战》(*Graph Databases In Action*)译者之一
- 《软件研发行业创新实战案例解析》作者之一
- 汇丰科技云平台与 DevOps 中国区总监
- 曾在国内多个大型论坛发表主题演讲
- 20 年软件开发经验,超过 15 年项目和团队管理经验

叶孟良

翻译爱好者，擅长金融、强化学习、AI 算法竞赛等技术领域。从事 Java 后台开发、Web 开发工作 11 年，从事人工智能研究工作 3 年。现从事 AI 算法竞赛，机器学习技术书籍翻译，《赠 ChatGPT 中文范例的自然语言处理入门书》译者之一。

Amazon Deepracer 比赛：

- 2022 AWS 吉尼斯挑战赛世界排名第四
- 2022 DeepRacer 华东赛区第一
- 2021 DeepRacer 全国线下邀请赛第四

天池杯：

- 强化学习-经典游戏挑战赛第一赛季第四名

袁敏

某世界五百强咨询公司数据与人工智能专家，拥有计算机和人工智能双硕士学位，十年以上人工智能和大数据领域的产品与项目经验，致力于用创新技术赋能传统文化产业实现商业价值。另外，他还关注创新技术的合规表现，推动实现创新技术的社会价值。擅长用数据的视角观察业务与技术，服务过多家 500 强机构，对数据、人工智能及产业落地有深入理解。

作 者 简 介

Ajay Thampi 在机器学习领域具有扎实的基础。他的博士研究主要专注于信号处理和机器学习。他发表过许多关于强化学习、凸优化和传统机器学习技术应用于 5G 移动网络的论文。Ajay 目前在一家大型科技公司担任机器学习工程师，主要关注负责任的 AI 和 AI 公平性。在此之前，Ajay 是微软的高级数据科学家，负责为各行各业(如制造业、零售业和金融业)的客户部署复杂的人工智能解决方案。

致　谢

　　写一本书比我想象的要困难得多，需要付出很多努力——真的！如果没有我父母 Krishnan 和 Lakshmi Thampi 的理解和支持，我的妻子 Shruti Menon 和兄弟 Arun Thampi 的帮助，本书是不可能完成的。我父母引领我走上了终身学习的道路，并且一直为我的梦想提供动力。我也永远感激我的妻子在整个创作过程中一直支持我，耐心地倾听我的想法，审校我的草稿，并相信我能完成本书。我的兄弟也值得我衷心感谢，因为他一直守护在我身边！

　　接下来，我想感谢 Manning 团队：Brian Sawyer 阅读了我的博客并建议我写这本书；编辑 Matthew Spaur、Lesley Trites 和 Kostas Passadis 与我合作，提供了高质量的反馈，并在情况变得艰难时耐心等待；Marjan Bace 批准了整个项目。感谢 Manning 制作和推广本书的其他同事：制作编辑 Deirdre Hiam、内容审校者 Pamela Hunt，以及页面审校者 Melody Dolab。

　　此外，还要感谢在本书不同阶段花时间审校并提供宝贵反馈的审校者：Al Rahimi、Alain Couniot、Alejandro Bellogin Kouki、Ariel Gamiño、Craig E. Pfeifer、Djordje Vuketic、Domingo Salazar、Dr. Kanishka Tyagi、Izhar Haq、James J. Byleckie、Jonathan Wood、Kai Gellien、Kim Falk Jorgensen、Marc Paradis、Oliver Korten、Pablo Roccatagliata、Patrick Goetz、Patrick Regan、Raymond Cheung、Richard Vaughan、Sergio Govoni、Shareshank Polasa Venkata、Sriram Macharla、Stefano Ongarello、Teresa Fontanella De Santis、Tiklu Ganguly、Vidhya Vinay、Vijayant Singh、Vishwesh Ravi Shrimali 和 Vittal Damaraju。

　　特别感谢技术审校者 James Byleckie 和 Vishwesh Ravi Shrimali，感谢他们在本书即将出版的最后关头再次仔细审校了代码。

序　言

我有幸在数据和机器学习领域工作了大约十年。我的研究背景是机器学习，我的博士论文主题是将机器学习应用于无线网络。我在机器学习领域的顶级会议和期刊上发表过论文，主要研究强化学习、凸优化和传统机器学习技术在 5G 移动网络中的应用。

完成博士论文后，我成了一名数据科学家和机器学习工程师，为各个行业的客户部署复杂的 AI 解决方案。在这期间，我意识到可解释 AI 的重要性，并开始重点研究它。我还开始在现实世界的场景中实现和部署可解释 AI 技术，以帮助数据科学家、业务利益相关者和业务领域专家更深入地理解机器学习模型。

我写了一篇关于可解释 AI 的文章，阐述了如何构建一个有原则的 AI 系统。这篇文章受到了各个行业的数据科学家、研究员和实践者的关注。我在各种 AI 和机器学习会议上也发表了对可解释 AI 的看法。通过将研究内容公开发布并参加顶级会议，我得出以下结论：

- 并非只有我一个人对可解释 AI 感兴趣。
- 我更好地了解了社区关注的是可解释 AI 的哪些主题。

基于这些学习经验我编写了一本书，就是你此刻正在阅读的这本。你可通过一些资源来了解可解释 AI，如论文、博客和书籍，但截止到本书交稿时，业界尚未有任何一种资源或书籍涵盖了所有对 AI 实践者有价值的可解释 AI 技术。此外，也没有实用的指南来实施这些前沿技术。本书旨在填补这一空白，首先为这个活跃的研究领域提供一个框架，涵盖各种可解释 AI 技术。在本书中，我们将探讨具体的实例，并学习如何构建复杂模型，然后使用最先进的技术对其进行解释。我坚信，随着越来越多的复杂机器学习模型部署在现实生活中，理解它们会变得越来越重要。缺乏深入的理解可能会导致模型传播偏见，我们已在刑事司法、政治、零售、面部识别和语言理解等领域看到了这一点。所有这些因素都会对信任产生负面影响，据我所知，这也是很多公司不愿意部署 AI 的主要原因之一。我非常高兴你也意识到了深入理解模型的重要性，希望本书能让你有所收获。

关于本书

本书旨在帮助你实施最新的可解释 AI 技术,以构建公平且可解释的 AI 系统。可解释 AI 是当今 AI 研究中的热门话题,但只有少数资源和指南涵盖了所有重要技术,这些技术对实践者来说非常有价值。本书旨在填补这一空白。

本书读者对象

本书既适合那些有兴趣深入了解其模型工作原理以及如何构建公平且无偏见模型的数据科学家和工程师,又适合想要了解如何让 AI 模型确保公平和保护业务用户、品牌的架构师和业务利益相关者。

本书内容

本书内容分为 4 部分,共 9 章。

第 I 部分介绍可解释 AI 的基础知识。

- 第 1 章涵盖了各种类型的 AI 系统,定义了可解释 AI 及其重要性,讨论了白盒和黑盒模型,并解释了如何构建可解释 AI 系统。
- 第 2 章涵盖了白盒模型以及如何解释它们,特别关注了线性回归、决策树和广义可加模型(Generalized Additive Model,GAM)。

第 II 部分关注黑盒模型,讲述它们如何处理输入并得出最终预测。

- 第 3 章涵盖了一种名为集成树的黑盒模型,以及全局与模型无关的可解释方法:部分依赖图(Partial Dependence Plot,PDP)和特征交互图。
- 第 4 章涵盖了深度神经网络,以及局部与模型无关的可解释方法:局部与模型无关解释(Local Interpretable Model-agnostic Explanations,LIME)、沙普利可加性解释(SHapley Additive exPlanations,SHAP)、锚定。
- 第 5 章涵盖了卷积神经网络,并使用局部、建模后、模型无关的可解释方法(如梯度、导向反向传播、梯度加权类别激活图(Grad-CAM)、导向梯度加权类别激活图和平滑梯度等)。

第III部分继续关注黑盒模型，但主要解释它们如何学习特征或表示。

- 第 6 章涵盖了卷积神经网络，以及如何通过剖析它们来了解学习到的数据表示技巧。
- 第 7 章涵盖了语言模型，以及使用诸如主成分分析(PCA)和 t 分布随机近邻嵌入(t-SNE)等技术将其高维表示可视化的方法。

第IV部分关注公平和偏见，并讲述了 XAI 系统。

- 第 8 章涵盖了各种公平和偏见定义以及检查模型是否有偏见的方法，并讨论了如何减轻偏见和标准化数据以使用数据表来提高透明度和改善问责制的方法。
- 第 9 章涵盖了 XAI，以及使用反事实样本进行对比解释。

本书代码

本书包含许多源代码示例，大多数情况下，这些源代码示例都以等宽字体显示，以便与本书的普通文本区分开来。本书所有代码示例都可通过扫描封底的二维码下载。

关于封面插图

    本书封面插图的标题为"Marchante d'Orange de Mourcy",这幅插图取自 Jacques Grasset de Saint-Sauveur 的 Costumes de Différents Pays 系列,该系列于 1797 年在法国出版,其中的每幅插图都经过精细手绘和上色。

    Jacques Grasset de Saint-Sauveur 的收藏丰富多样,生动地提醒我们两百年前世界各地的城镇和地区在文化上是多么独立。人们彼此隔离,使用不同的语言。在街上或乡间,通过各自的服装很容易辨别出他们居住的地方、职业或社会地位。

    在很难将计算机书籍区分开来的时代,Manning 出版社通过呈现基于两个世纪前地区生活的丰富多样性的图书封面,来庆祝计算机行业的创造力和主动性,让 Jacques Grasset de Saint-Sauveur 的插图重新焕发生机。

目　　录

第I部分

可解释基础知识

这部分将带你进入可解释 AI 的世界。第 1 章介绍各种 AI 系统、可解释及其重要性、白盒和黑盒模型，以及如何构建可解释的 AI 系统。

第 2 章介绍白盒模型本质上是透明的，而黑盒模型本质上是不透明的。你将学习如何解释简单的白盒模型(如线性回归和决策树)，然后转向介绍广义可加模型(Generalized Additive Model，GAM)。你还将了解为什么 GAM 具有比其他白盒模型更高的预测能力以及如何解释它们。GAM 具有非常强的预测能力，并且具有高度的可解释性，因此使用 GAM 可以获得更多收益。

第**1**章

导论

本章涵盖以下主题：
- 机器学习系统的种类
- 如何构建机器学习系统
- 什么是可解释及其重要性
- 如何构建可解释的机器学习系统
- 本书涵盖的可解释技术摘要

欢迎阅读本书！我真的很高兴你正在走进可解释 AI 的世界，我期待能够成为你的向导。仅在过去五年中，我们就见证了人工智能(Artificial Intelligence，AI)领域的重大突破，特别是在图像识别、自然语言理解等领域，以及围棋等棋盘游戏领域。随着人工智能在医疗和金融等行业的广泛应用，它正在辅助人类做出关键的决策，构建强大而公正的机器学习模型来驱动这些人工智能系统变得越来越重要。本书旨在为你提供可解释 AI 系统及其构建方式的实用指南。本章将通过一个具体的示例来解释为什么可解释很重要，并为本书后续部分的学习奠定基础。

1.1 Diagnostics+ AI——AI 系统示例

本章将为一个名为 Diagnostics+的医疗诊断中心构建 AI 系统，Diagnostics+中心提供一种帮助诊断各种类型疾病的服务。Diagnostics+中心的医生将分析血涂片样本并提供他们的诊断，这些诊断可以是阳性的，也可以是阴性的。Diagnostics+中心当前的诊断流程如图 1.1 所示。

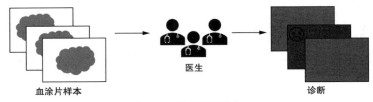

图 1.1   当前诊断流程

当前诊断流程的问题是医生需要手动分析血涂片样本。由于人手有限，因此诊断需要花费相当长的时间。Diagnostics+中心希望使用 AI 自动化该流程，从而能够诊断更多血涂片样本，这样可以让患者更快地得到正确的治疗。Diagnostics+中心希望使用了 AI 之后的诊断流程如图 1.2 所示。

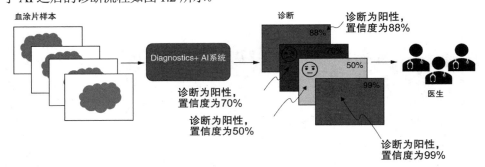

图 1.2   使用了 AI 后的诊断流程

Diagnostics+AI 的目标是将血涂片样本的图像与其他患者元数据结合，以提供具有置信度量的阳性、阴性或中性诊断。Diagnostics+还希望让医生参与对 AI 判断结果的审查诊断，特别是 AI 较难判断的病例，从而使 AI 系统能够从错误中吸取教训。

1.2   机器学习系统的类型

我们可以使用三大类机器学习系统来驱动 Diagnostics+ AI：监督学习、无监督学习和强化学习。

1.2.1   数据的表示

本节首先介绍如何将数据表示成机器学习系统可以理解的形式。对于 Diagnostics+，我们知道图像和患者元数据形式的血涂片样本的历史数据。

如何以最佳形式表示图像数据？如图 1.3 所示。假设血涂片样本的图像是大小为 256 像素×256 像素的彩色图像，由三个主要通道组成：红色(R)、绿色(G)和蓝色(B)。我们可以用数学形式将此 RGB 图像表示为三个像素值矩阵，每个通道一个，每个大小为256×256。三个二维矩阵可以组合成尺寸为 $256 \times 256 \times 3$ 的多维矩阵来表示 RGB 图像。通常,表示图像的矩阵大小具有以下形式:"{垂直像素数}×{水平像素数}×{通道数}"。

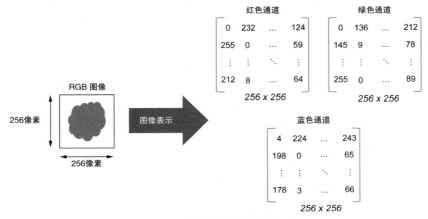

图 1.3 血涂片样本图像的表示

现在,如何以最佳形式表示患者元数据?假设元数据由患者 ID、年龄、性别和最终诊断等信息组成。元数据可以表示为一个如图 1.4 所示的结构化表,具有 N 列和 M 行。我们可以轻松地将元数据的这种表格表示形式转换成大小为 $M \times N$ 的矩阵。在图 1.4 中,你可以看到 Patient ID、Sex 和 Diagnosis 列是分类数据(必须编码为整数)。例如,患者 ID "AAABBCC" 将编码为整数 0,性别 "M"(男性)将编码为整数 0,诊断结果 "Positive" 将编码为整数 1。

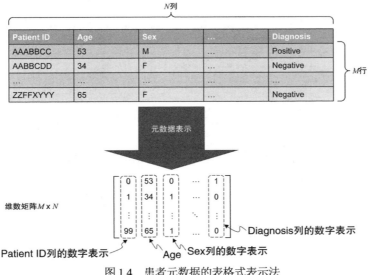

图 1.4 患者元数据的表格式表示法

1.2.2 监督学习

监督学习的目标是基于完整输入-输出对照数据来学习输入到输出的映射。它需要标注好的训练数据,其中输入(又称特征)具有相应的标注。如何表示这些数据呢?输入特征通常使用多维数组表示,或在数学上表示为矩阵 X。输出(或目标)表示为一维数组数据结构,或在数学上表示为向量 y。矩阵 X 的大小通常为 $m \times n$,其中 m 表示样本或标注数据的数量,n 表示特征的数量。矢量 y 的大小通常为 $m \times 1$,其中 m 再次表示样本或标注数据的数量。目标则是学习从输入特征 X 映射到目标 y 的函数 f。具体如图 1.5 所示。

图 1.5 中可以看到,在监督学习中,你正在学习一个函数 f,该函数接收表示为 X 的多个输入特征,并提供与已知标注或值匹配的输出(表示为目标变量 y)。图 1.5 下半部分展示了一个示例,其中给出了一个标注好的数据集,通过监督学习,你正在学习如何将输入特征映射到输出。

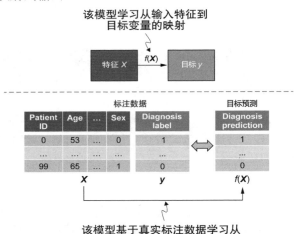

图 1.5　监督学习图示

函数 f 是一个多元函数。它从多个输入变量或特征映射到目标。监督学习问题分为两大类:

- 回归——目标向量 y 是连续的。例如,预测某个地点的房屋价格是一种回归类型的学习问题。
- 分类——目标变量 y 是离散的和有界的。例如,预测电子邮件是否为垃圾邮件是一种分类类型的学习问题。

1.2.3　无监督学习

无监督学习的目标是学习最能描述输入特征变量的表示。在无监督学习中，没有标注好的数据可供使用，最终目标是从原始数据中学习一些未知的模式。输入特征表示为矩阵 X，该系统将学习一个可以从 X 映射到某种模式或输入数据表示的函数 f。具体如图 1.6 所示。无监督学习的一个示例是聚类，其目标是形成具有相似属性或特征的数据点集合或聚类。如图 1.6 下半部分所示，无标注数据由两个特征(横坐标和纵坐标)组成，数据点使用二维空间表示。输入数据没有标注，无监督学习系统的目标是学习这些数据中的潜在模式。在图 1.6 中，机器学习系统将学习如何根据原始数据点之间的接近度或相似度将原始数据点映射到聚类中。这些聚类事先是未知的，因为数据集是无标注的，所以学习是完全无监督的。

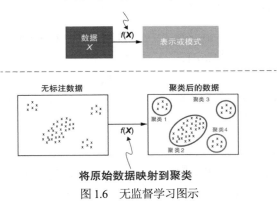

图 1.6　无监督学习图示

1.2.4　强化学习

强化学习由一个可通过与环境交互学习的代理(系统)组成，具体如图 1.7 所示。代理在环境中采取行动，并根据行动的质量获得奖励或惩罚。根据所采取的行动，代理从一个状态移到另一个状态。代理的总体目标是通过学习策略函数 f 将一个输入状态映射到一个动作来最大化累积奖励。强化学习的一些示例包括机器人吸尘器学习如何清洁房屋，以及人工代理学习如何玩棋盘游戏，如国际象棋和围棋。

图 1.7 的下半部分展示了一个强化学习系统。该系统由迷宫(环境)中的机器人(代理)组成。学习代理的目标是确定从当前位置移到由绿色星号指示的终点(结束状态)要采取的最佳操作集。代理可以执行以下四种操作之一：向左、向右、向上或向下移动。

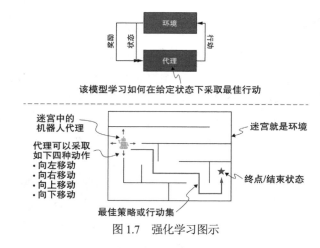

图 1.7 强化学习图示

1.2.5 最适合 Diagnostics+ AI 的机器学习系统

现在你已经了解了机器学习系统的三大类型，哪种系统最适合 Diagnostics+AI？假设数据集是有标注的，并且你可以从历史数据中知道患者和血涂片样本的诊断结果，那么可用于驱动 Diagnostics+ AI 的机器学习系统就是监督学习。

那么具体属于哪一类监督学习问题呢？监督学习问题的目标是诊断，诊断结果可以是阳性和阴性。因为目标是离散和有界的，所以它是一种分类类型的学习问题。

> **本书的主要焦点**
> 本书主要关注具有标注数据的监督学习系统。我将教你如何为回归和分类问题实现可解释技术。虽然本书没有明确涵盖无监督学习或强化学习系统，但书中的技术可以扩展到它们。

1.3　构建 Diagnostics+ AI

既然已经确定使用监督学习来构建 Diagnostics+AI，那么如何构建它呢？典型的构建过程主要包括如下三个阶段：

- 学习
- 测试
- 部署

在学习阶段(如图 1.8 所示)，我们将处于开发环境中，使用两个数据子集，称为训练集和开发集。顾名思义，训练集用于训练机器学习模型，以学习从输入特征 X(本例中为血涂片样本图像和元数据)到目标 y(本例中为诊断结果)的映射函数 f。训练出模型后，我们将使用开发集进行验证，并根据开发集的性能来调整模型。调整模型是指确定模型的最佳参数(称为超参数)，以提供最佳性能。这近似于一个迭代过程，重复这个过程，直到模型达到可接受的性能水平。

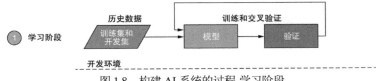

图 1.8 构建 AI 系统的过程-学习阶段

在测试阶段(如图 1.9 所示)，我们将切换到测试环境，在该环境中，使用称为测试集的数据子集(与训练集不同的数据子集)。目标是获得对模型准确率的无偏评估。利益相关者和业务领域专家(本例中为医生)此时将评估系统的功能以及模型在测试集上的性能。这种额外的测试称为用户验收测试(User Acceptance Testing，UAT)，是任何软件系统开发的最后阶段。如果性能不可接受，那么将回到第 1 阶段训练更好的模型；如果性能可接受，那么进入第 3 阶段，即部署阶段。

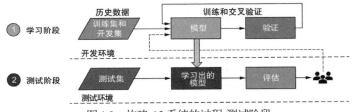

图 1.9 构建 AI 系统的过程-测试阶段

最后，在部署阶段，我们会将学习出的模型部署到生产系统中，在生产系统中，模型将面对此前未使用过的新数据。整个过程如图 1.10 所示。在 Diagnostics+ AI 中，这些数据将是新的血涂片样本和患者信息，模型将使用这些样本和患者信息来预测诊断是阳性还是阴性，并采用置信度度量。然后，业务领域专家(医生)和最终用户(患者)将消费该信息。

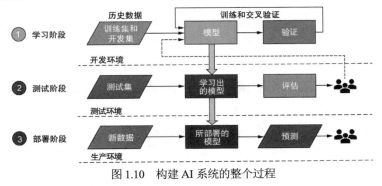

图 1.10 构建 AI 系统的整个过程

1.4　Diagnostics+的主要问题

应用了图 1.10 流程的 Diagnostics+ AI 系统在生产环境中部署模型时会不可避免地遇到一些常见问题。这些问题可能会对诊断中心的业务产生不利影响。常见问题如下：

- 数据泄露
- 偏见
- 监管不合规
- 概念漂移

1.4.1　数据泄露

数据泄露是指训练集、开发集和测试集无意泄露了生产环境中的模型处理新数据时不会遇到的信息。对于 Diagnostics+，假设我们使用医生对病例诊断的笔记作为模型的一个输入特征。在使用测试集评估模型时，可能会得到超预期的模型性能，从而以为已经构建了一个很棒的模型。医生所做的笔记可能包含了最终诊断结果相关的信息，这将泄露目标变量相关的信息。这个问题如果没有在早期发现，当模型部署到生产环境后，就可能带来灾难性的后果。也就是说在医生有机会复查 AI 诊断结果并将其添加到他们的笔记之前，模型就已经被(医生)评分了。因此，该模型要么会因缺少该特征(医生的笔记)而在生产环境中崩溃，要么会做出较差的诊断。

数据泄露的一个经典案例是 2008 年的 KDD 杯挑战赛。这项基于真实数据的机器学习竞赛的目标是根据 X 射线图像检测乳腺癌细胞是良性还是恶性。一项研究显示，本次比赛的测试集上得分最高的团队使用了一个名为 Patient ID 的输入特征，该输入特征是医院为患者生成的标识符。而事实证明，一些医院同时还使用 Patient ID 来标识患者入院时病情的严重程度，两者相结合从而泄露了有关目标变量的信息。

1.4.2　偏见

偏见是指机器学习模型做出不公平的预测，偏袒或歧视了一个人或一个群体。这种不公平的预测可能是由数据或模型本身引起的。可能存在抽样偏差，其中用于训练的数据样本与总体样本之间存在系统差异。模型所接受的系统性社会偏见也可能是数据中固有的。因为数据本身就有社会偏见，所以训练出的模型也可能有缺陷，即它可能有一些强烈的"先入为主"。例如，对于 Diagnostics+ AI，如果存在抽样偏差，该模型可能针对某一群体能够做出更准确的预测，但不能很好地推广到所有人群。这是一种很不理想的状态，因为诊断中心希望新的 AI 系统适用于每个患者，无论他们属于哪个群体。

机器偏见的一个经典案例研究是美国法院用来预测未来罪犯的 COMPAS AI 系统。该研究来自 ProPublica。ProPublica 获得了 2013 年和 2014 年在佛罗里达州一个县被捕的 7 000 人的 COMPAS 分数。使用该分数，他们发现无法准确预测重新犯罪率(即被定罪者重新犯罪的比率)——预测会重新犯罪的人中只有 20%重新犯罪了。更重要的是，ProPublica 发现模型中存在严重的种族偏见。

1.4.3　监管不合规

《通用数据保护条例》是欧洲议会于 2016 年通过的一套全面管制法规，用于规范境外组织收集、存储和处理境内数据。该法规的第 17 条——"被遗忘权"，是指个人可以要求收集其数据的组织删除其所有的个人数据。该法规的第 22 条，是指个人可以对使用其个人数据的算法或 AI 系统做出的决定提出质疑。该法规要求为算法做出某一决策提供解释。目前应用了图 1.10 流程的 Diagnostics+ AI 系统未满足这两条法规。在本书中，我们更关注第 22 条，因为关于如何遵守第 17 条法规有很多可参考的网络资源。

1.4.4　概念漂移

当生产环境中数据的属性或分布与用于训练和评估模型的历史数据相比发生变化时，就会发生概念漂移(concept drift)。对于 Diagnostics+ AI，如果出现未在历史数据中捕获的患者或疾病的新信息，则可能会发生这种情况。当概念漂移发生时，我们观察到机器学习模型在生产环境中的性能会随着时间的推移而下降。目前应用了图 1.10 流程的 Diagnostics+ AI 系统无法完美应对概念漂移问题。

1.5　如何解决这些主要问题

如何解决 1.4 节所列的这些问题，并构建一个强大的 Diagnostics+AI 系统？我们需要调整整个流程。首先，如图 1.11 所示，在测试阶段之后和部署阶段之前添加一个模型理解阶段。

这个新的理解阶段旨在回答一个重要的"如何"问题，即该模型如何对给定的血涂片样本做出阳性诊断？这需要解释模型用到的重要输入特征以及它们之间是如何相互影响的，解释模型学习到的模式规律，理解其中的盲点，检查数据中的偏见，并确保这些偏见不会被模型传播。这个解释(Interpretation)步骤应该能够确保 AI 系统得到保护，以应对分别在 1.4.1 和 1.4.2 节中强调的数据泄露和偏见问题。

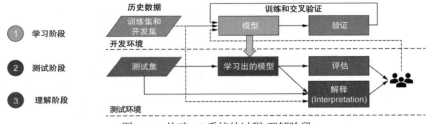

图 1.11　构建 AI 系统的过程-理解阶段

第二个更改是在部署阶段后添加一个解释(Explanation)阶段，如图 1.12 所示。这个解释阶段旨在解释模型如何对生产环境中的新数据进行预测。通过解释对新数据的预测，可以在需要时将这个解释公开给系统的业务领域专家用户，这些用户对部署的模型所做的决策提出质疑。另一个目的是给出一个人类可读的解释(Explanation)，以便它可以公开给更广泛的 AI 系统终端用户。通过加入这个解释步骤，将能够解决 1.4.3 节强调的合规问题。

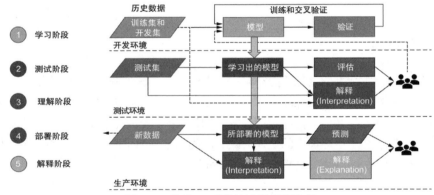

图 1.12　构建 AI 系统的过程-解释阶段

最后，为了解决 1.4.4 节中强调的概念漂移问题，需要在生产环境中添加一个监控阶段。这个完整的过程如图 1.13 所示。监控阶段旨在跟踪生产环境中数据的分布以及已部署模型的性能。如果输入数据的分布发生变化或模型性能下降，则需要回到学习阶段，合并来自生产环境的新数据以重新训练模型。

本书的主要焦点

本书主要关注理解和解释(Explaining)阶段的解释(Interpretation)步骤。我打算讲述各种可解释技术，你可以应用这些技术来回答重要的"如何"问题，并解决数据泄露、偏见和合规问题。虽然解释(Explainability)和监控是 AI 系统构建过程中的重要阶段，但它们并不是本书的主要焦点。区分 Interpretability 和 Explainability 也很重要。下一节将对此进行说明。

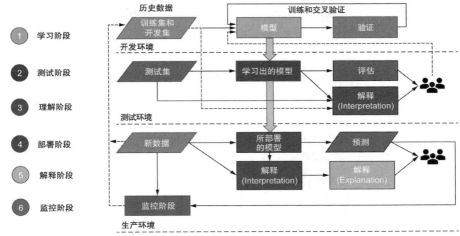

图 1.13 构建 AI 系统的整个过程

1.6 Interpretability 与 Explainability

Interpretability 和 Explainability 有时可互用，但区分这两个术语很重要[1]。

Interpretability 是指要了解 AI 系统中的因果关系。具体是指我们可以始终如一地估计模型对于给定输入所提供的预测结果，了解模型如何给出预测，了解预测结果如何随着输入或算法参数的变化而变化，最后，当模型出错时可以了解出错原因。Interpretability 主要面向构建、部署或使用 AI 系统的专业技术人员，Interpretability 相关技术是帮助我们获得 Explainability 的构建块。

Explainability 则超越了 Interpretability，因为它帮助我们以普通人类可读的形式了解模型如何以及为什么做出预测。它从普通人类可读的角度解释了系统的内部机制，旨在吸引更广泛的受众。Explainability 需要 Interpretability 作为构建块，并且还关注其他领域，如人机交互、法律和道德。在本书中，我将更多地关注 Interpretability，而不是 Explainability。不过因为我们介绍了很多 Interpretability 方面的内容，所以本书应该能够为你提供坚实的基础去构建一个 Explainable AI 系统。因此如果没有特别注明，后文中所有"可解释"都是指 Interpretability。

与 Interpretability 相关的 4 个角色分别为构建 AI 系统的数据科学家或工程师、希

---

1 译者注：在译者交稿时的中文社区，基本上将 Interpretability 和 Explainability 都翻译成"可解释"，没有做任何区分。目前对于国内学者来说，在搜索可解释文献时，Interpretability 和 Explainability 这两个关键词搜到的文献都是一样的。所以在中文社区，区分两者的意义不大。同时，在区分这两个词的时候，也没有令大众认同的翻译。因此在本书讲述 Interpretability 和 Explainability 区别的相关章节中，译者统一保留原词不做翻译。

望为其业务部署 AI 系统的业务利益相关者、AI 系统的最终用户、监控或审计 AI 系统运行状况的业务领域专家或监管机构。注意，Interpretability 对这 4 个角色来说意义各不相同：

- 对于数据科学家或工程师来说，意味着更深入地了解模型如何做出具体的预测，哪些特征是重要的，以及如何通过分析模型表现不佳的案例来调试问题。这种理解有助于数据科学家构建更强大的模型。
- 对于业务利益相关者来说，意味着了解模型如何做出决定，以确保公平并保护使用业务的用户和品牌。
- 对于最终用户来说，意味着了解模型如何做出决定，并允许在模型出错时能够提出有意义的质疑。
- 对于业务领域专家或监管机构来说，意味着在审计模型和 AI 系统时能够提供决策线索，特别是在发生事故时。

可解释技术的种类

图 1.14 总结了各种类型的可解释技术。内生可解释(intrinsic interpretability)技术与具有简单结构的机器学习模型有关，这些模型又称白盒模型。白盒模型本质上是透明的，解释模型的内部结构非常简单。对于这样的模型来说，可解释是开箱即用的。建模后可解释(post hoc interpretability)技术通常在模型训练后应用，用于解释和理解某些输入对模型预测的重要性。建模后可解释技术适用于黑盒模型，即本质上不透明的模型。

可解释技术也可以是模型依赖的或与模型无关的。顾名思义，模型依赖可解释(model-specific interpretability)技术只能应用于某些类型的模型。内生可解释技术本质上是模型依赖的，因为该技术与所用模型的特定结构相关。但是，模型无关可解释(model-agnostic interpretability)技术则不依赖于所使用的模型类型。它们可以应用于任何模型，因为它们与模型的内部结构无关。建模后可解释技术本质上大多与模型无关。

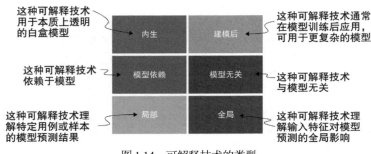

图 1.14　可解释技术的类型

可解释技术的范围也可以是局部的或全局的。局部可解释技术旨在更好地理解特定用例或样本的模型预测结果。全局可解释技术旨在更好地理解整个模型，即理解输入特征对模型预测的全局影响。本书将涵盖所有这些类型的技术。现在来看看你将具体学习的内容。

1.7 你将在本书学到什么

图 1.15 描述了你将在本书学习的所有可解释技术。在解释监督学习模型时，区分白盒模型和黑盒模型非常重要。白盒模型的示例包括线性回归、逻辑回归、决策树和广义可加模型(GAM)。黑盒模型的示例包括集成树，如随机森林和提升树，以及神经网络。白盒模型比黑盒模型更容易解释。但是黑盒模型的预测能力比白盒模型高得多。因此，需要在预测能力和可解释之间进行权衡。了解可以应用白盒和黑盒模型的场景非常重要。

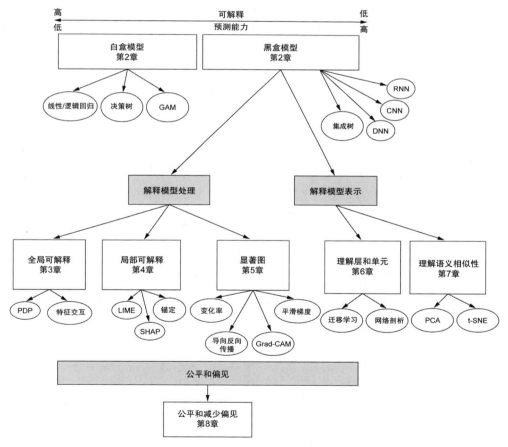

图 1.15 本书中所涵盖的可解释技术

　　在第 2 章，你将了解白盒模型本质上是透明的，而黑盒模型本质上是不透明的。你将学习如何解释简单的白盒模型，如线性回归和决策树，然后我们将专注于 GAM。GAM 具有高预测能力，并且具有高度可解释性，因此能比其他白盒模型提供更多的收益。你还将了解为什么 GAM 会具有比其他白盒模型更高的预测能力以及如何解释它们。在撰写本书时，关于 GAM 的实用资源并不多，所以无法很好地理解模型的内部结构以及如何解释它们。为了解决这一问题，第 2 章将重点关注 GAM。其余章节重点介绍黑盒模型。

　　可以用两种方式解释黑盒模型。一种方法是解释模型的处理，即了解模型如何处理输入并实现最终预测。第 3～5 章重点介绍如何解释模型处理。另一种方法是解释模型的表示，这仅适用于深度神经网络。第 6 章和第 7 章侧重于解释模型的表示，目的是了解神经网络学习了哪些特征或模式。

　　第 3 章重点介绍一类称为集成树的黑盒模型。你将了解它们的特征以及是什么使它们成为"黑匣子"，还将学习如何使用全局与模型无关的建模后方法来解释它们。这一章将特别关注部分依赖图(Partial Dependence Plot，PDP)、单个条件期望(Individual Conditional Expectation，ICE)图和特征交互图。

　　第 4 章专注于深度神经网络，特别是标准全连接神经网络。你将了解使这些模型成为黑匣子的特征，以及如何使用局部与模型无关的建模后方法来解释它们。你将专门了解局部可解释模型无关解释(Local Interpretable Model-agnostic Explanation，LIME)、SHapley Additive Explanations(SHAP)和锚点等技术。

　　第 5 章重点介绍卷积神经网络，这是一种更高级的架构形式，主要用于图像分类和对象检测等可视化任务。你将学习如何使用显著图可视化模型所关注的内容。还将学习梯度、导向反向传播(简称反向传播)、梯度加权类别激活图(Grad-CAM)、导向 Grad-CAM 和平滑梯度(SmoothGrad)等技术。

　　第 6 章和第 7 章重点介绍卷积神经网络和用于语言理解的神经网络。你将学习如何剖析神经网络，并了解神经网络中的中间层或隐藏层学习了哪些数据表示。还将学习如何使用主成分分析(Principal Component Analysis，PCA)和 t 分布随机近邻嵌入(t-SNE)等技术可视化模型所学的高维表示。

　　本书的结尾介绍如何构建公平和公正的模型，并介绍如何构建可解释的 AI 系统。在第 8 章，你将了解公平的各种定义，以及如何检查模型是否有偏见。你还将学习使用中和技术来减少偏见的技术。我们讨论了一种使用数据表记录数据集的标准化方法，这些数据表有助于提高系统利益相关者和用户的透明度并改善问责制。第 9 章通过教授如何构建这样的系统为可解释的 AI 铺平了道路，你还将使用反事实示例学习对比解释。本书结束时，你的工具包中将会拥有各种可解释技术。遗憾的是，在模型理解方面，没有万能的方法。没有一种可解释技术适用于所有方案。因此，你需要通过应用多种可解释技术，使用不同的视角来查看模型。在本书中，我将帮助你为正确的方案确定合适的工具。

1.7.1　本书使用的工具

本书将在 Python 编程语言中实现模型和可解释技术。选择 Python 的主要原因是大多数最先进的可解释技术都是用这种语言创建和开发的。图 1.16 概述了本书中使用的工具。为了表示数据，我们将使用 Python 数据结构和常见的数据科学库，如 Pandas 和 NumPy。为了实现白盒模型，我们将 Scikit-Learn 库用于较为简单的线性回归和决策树，并将 pyGAM 用于 GAM。对于黑盒模型，我们将 Scikit-Learn 用于集成树，将 PyTorch 或 TensorFlow 用于神经网络。对于用于理解模型处理的可解释技术，我们将使用 Matplotlib 库进行可视化，并使用开源库来实现 PDP、LIME、SHAP、锚点、梯度、导向反向传播、Grad-CAM 和 SmoothGrad 等技术。为了解释模型表示，我们将使用实现网络剖析和 t-SNE 的工具，并使用 Matplotlib 库将它们可视化。最后，为了减少偏见，我们将使用 PyTorch 和 TensorFlow 实现偏见中和技术并使用 GAN 进行对抗性去偏见。

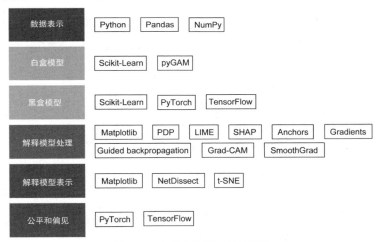

图 1.16　本书中使用的工具概述

1.7.2　阅读本书所需的基础知识

本书主要面向具有 Python 编程经验的数据科学家和工程师。了解常见的 Python 数据科学库(如 NumPy、Pandas、Matplotlib 和 Scikit-Learn)将有助于读者阅读本书，但这不是必需的。本书将展示如何使用这些库来加载和表示数据，但不会深入讲解它们，因为这超出了本书的讨论范围。

读者需要熟悉线性代数，特别是向量和矩阵，以及它们的操作，如点积、矩阵乘法、转置和求逆。读者还应该具备良好的概率论和统计学基础知识，特别是随机变量、基本离散和连续概率分布、条件概率和贝叶斯定理。读者也应该具备基本的微积分知识，特别是单变量和多变量函数及其相关操作，如导数(梯度)和偏导数。

虽然本书没有过多关注可解释技术背后的数学知识，但对构建机器学习模型感兴趣的数据科学家和工程师应该具备这种基本的数学知识。

机器学习的基本知识或训练机器学习模型的实践经验是个加分项，尽管这不是硬性要求。本书没有深入介绍机器学习，因为这方面有很多可参考的资源和书籍。但是，本书会让你对所使用的特定机器学习模型有一个基本的了解，并向你展示如何训练和评估它们。本书重点介绍与可解释相关的理论，以及如何在建模后解释模型。

1.8　本章小结

- 机器学习系统有三大类：监督学习、无监督学习和强化学习。本书重点介绍监督学习系统的可解释技术，包括回归和分类问题。
- 构建 AI 系统时，为流程添加解释阶段、理解阶段和监控阶段非常重要。如果不这样做，你可能会遇到灾难性的后果，例如数据泄露、偏见、概念漂移以及普遍缺乏信任。此外，因为 GDPR 的法规要求，我们有法律理由将可解释纳入 AI 流程。
- 了解 Interpretability 和 Explainability 之间的区别非常重要。
- Interpretability 具体是指可以始终如一地估计模型对于给定输入所给出的预测结果，了解模型如何给出预测，了解预测结果如何随着输入或算法参数的变化而变化，最后，当模型出错时可以了解出错原因。Interpretability 相关技术是帮助我们获得 Explainability 的构建块。
- Explainability 超越了 Interpretability，因为它帮助我们以普通人类可读的形式了解模型如何以及为什么做出预测。Explainability 需要 Interpretability 作为构建块，并且还关注其他领域，如人机交互、法律和道德。
- 你需要注意使用或构建 AI 系统的不同角色，因为可解释对不同的角色来说意义各不相同。
- 可解释技术可以是内生或建模后可解释的、模型依赖或模型无关的、局部或全局的。
- 本质上透明的模型称为白盒模型，本质上不透明的模型称为黑盒模型。相比黑盒模型，白盒模型更容易解释，但通常预测能力更低。
- 黑盒模型提供了两大类可解释技术：一类专注于解释模型处理，另一类专注于解释模型学习的表示。

第 *2* 章

白盒模型

要构建可解释 AI 系统，必须了解可用于驱动 AI 系统的不同类型的模型以及可用于解释它们的技术。本章将介绍三个关键的白盒模型——线性回归、决策树和广义可加模型(Generalized Additive Model，GAM)——它们是内生透明的。你将了解如何实现它们、何时应用它们以及如何解释它们。我还将简要介绍黑盒模型。你将了解它们何时可以应用以及它们难以解释的特性。本章重点解释白盒模型，本书的其余部分将重点解释复杂的黑盒模型。

在第 1 章中，你学习了如何构建一个强大的、可解释 AI 系统。该过程如图 2.1 所示。第 2 章和本书其余部分的主要重点是实现可解释技术，以更好地理解涵盖白盒和黑盒模型的机器学习模型。相关部分在图 2.1 中突出显示。我们将在模型开发和测试阶段应用这些可解释技术。还将学习模型训练和测试，尤其是实现方面。因为模型学习、测试和理解阶段是迭代的，所以将这三个阶段一起涵盖十分重要。已经熟悉模型训练和测试的读者可以跳过这些部分，直接进入可解释部分。

在生产中应用可解释技术时，还需要考虑构建解释生成系统(explanation-producing system)，以便为系统的最终用户生成人类可读的解释(报告)。但正如 1.6 节所述，Explainability 超出了本书的讨论范围，本书重点只放在模型开发和测试阶段的可解释 (Interpretability)上。

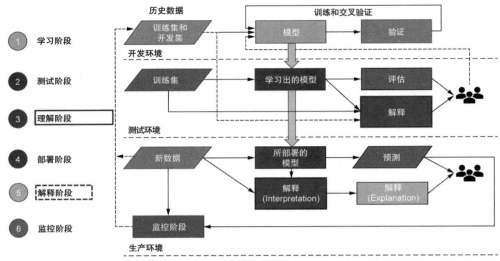

图 2.1 构建强大的 AI 系统的流程，主要侧重于解释

2.1 白盒模型概述

白盒模型是透明的，所以具有以下特性：

- 白盒模型的算法很容易理解，可以清楚地解释输入特征如何转换为输出或目标变量。
- 可以识别出最重要的特征来预测目标变量，并且这些特征是可以理解的。

白盒模型的示例包括线性回归、逻辑回归、决策树和 GAM。表 2.1 展示了可以应用这些模型的机器学习任务。

表 2.1 白盒模型到机器学习任务的映射

白盒模型	机器学习任务
线性回归	回归
逻辑回归	分类
决策树	回归和分类
GAM	回归和分类

本章将关注线性回归、决策树和 GAM。我将这些技术绘制在二维空间(见图 2.2)，x 轴为可解释程度，y 轴为预测能力。x 轴从左到右对应模型从低可解释到高可解释。y 轴从下往上对应模型从低预测能力到高预测能力。线性回归和决策树具有高可解释，但预测能力低到中等。另一方面，GAM 具有很高的预测能力并且具有高可解释。该

图还以灰色和斜体显示了黑盒模型。我们将在 2.6 节介绍这些内容。

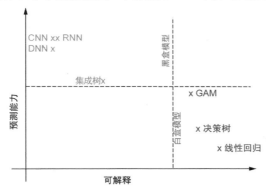

图 2.2　白盒模型在可解释与预测能力方面的平面图

　　我们从解释较简单的线性回归和决策树模型开始，然后深入介绍 GAM 。对于这些白盒模型，你将了解算法的工作原理以及如何令它们具有内生可解释的特性。对于白盒模型，了解算法的细节很重要，因为它有助于解释输入特征如何转换为最终的模型输出或预测。它还有助于量化每个输入特征的重要性。在深入研究可解释之前，你将首先学习如何用 Python 训练和评估本书中的所有模型。如前所述，由于模型学习、测试和理解阶段是迭代的，因此将这三个阶段一起涵盖很重要。

2.2　Diagnostics+ AI 示例：预测糖尿病进展情况

　　下面通过一个具体示例来讲述白盒模型。继续使用第 1 章的 Diagnostics+ AI 示例。Diagnostics+医疗诊断中心现在希望预测患者一年后的糖尿病进展情况(已有基准度量)，具体如图 2.3 所示。作为一名数据科学家，该中心责成你为 Diagnostics+ AI 建立一个模型，以预测一年后的糖尿病进展情况。医生将使用该预测来为患者制订适当的治疗计划。为了获得医生对模型的信任，重要的是不仅要提供准确的预测，还要能够显示模型是如何得出该预测的。你将如何开始这项任务？

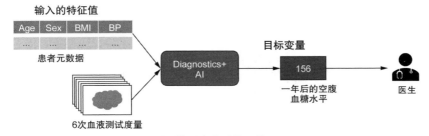

图 2.3　用于预测糖尿病进展情况的 Diagnostics+ AI

首先看看有哪些数据可用。Diagnostics+中心收集了大约 440 名患者的数据，其中包括年龄、性别、体重指数(BMI)和血压(BP)等患者元数据。还对这些患者进行了血液检查，并收集了以下 6 项度量结果：

- LDL(坏胆固醇)
- HDL(好胆固醇)
- 总胆固醇
- 促甲状腺激素
- 低眼压性青光眼
- 空腹血糖

该数据还包含基准度量一年后所有患者的空腹血糖水平。这是模型的目标。如何将其表述为机器学习问题？因为有标注数据可用,给定 10 个输入特征和一个必须预测的目标变量，可以将这个问题表述为监督学习问题。目标变量是实数值或连续值，所以它是一个回归任务。任务的目标是学习一个函数 f，给定输入特征 x，函数 f 将预测目标变量 y。

现在使用 Python 加载数据，并探索输入特征彼此之间以及目标变量之间的相关性。如果输入特征与目标变量高度相关，那么可以使用它们来训练模型并进行预测。但如果它们与目标变量不相关，那么将需要进一步探索以确定数据中是否存在一些噪声。具体 Python 数据加载代码如下：

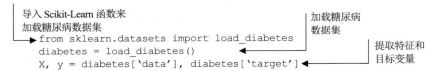

```python
from sklearn.datasets import load_diabetes
diabetes = load_diabetes()
X, y = diabetes['data'], diabetes['target']
```

导入 Scikit-Learn 函数来加载糖尿病数据集　　加载糖尿病数据集　　提取特征和目标变量

我们将创建一个 Pandas DataFrame，它是包含所有特征和目标变量的二维数据结构。Scikit-Learn 提供的糖尿病数据集带有不易理解的特征名称。6 个血样度量值分别命名为 s1、s2、s3、s4、s5 和 s6，这让我们很难理解每个特征度量的值是什么。然而，文档提供了这种映射，因此使用以下代码将列名重命名为更易于理解的名称：

```python
feature_rename = {'age': 'Age',
                  'sex': 'Sex',
                  'bmi': 'BMI',
                  'bp': 'BP',
                  's1': 'Total Cholesterol',
                  's2': 'LDL',
                  's3': 'HDL',
                  's4': 'Thyroid',
                  's5': 'Glaucoma',
                  's6': 'Glucose'}
```

将 Scikit-Learn 提供的特征名映射到更易理解的形式

将所有 features (*x*)加载
到一个 DataFrame 里面

```
df_data = pd.DataFrame(X,
                       columns=diabetes['feature_names'])
df_data.rename(columns=feature_rename, inplace=True)
df_data['target'] = y
```

使用 Scikit-Learn
特征名作为列名

将 Scikit-Learn
特征名改为更易
理解的形式

将目标变量(*y*)作为
一个单独列添加进
DataFrame

接下来计算列的成对相关性，以便可以确定每个输入特征彼此之间以及与目标变量的相关程度。使用 Pandas 可以轻松完成这点：

```
corr = df_data.corr()
```

默认情况下，Pandas 中的 corr()函数计算皮尔逊相关系数或标准相关系数。皮尔逊相关系数度量变量之间的线性相关程度，其取值范围为-1～1。如果系数的大小在 0.7 以上，就意味着相关性非常高。如果在 0.5 和 0.7 之间，则表明相关性较高。如果在 0.3 和 0.5 之间，则表示相关性较低，而小于 0.3 则表示几乎没有相关性。接下来将使用 Python 绘制相关矩阵：

```
import matplotlib.pyplot as plt
import seaborn as sns
sns.set(style='whitegrid')
sns.set_palette('bright')

f, ax = plt.subplots(figsize=(10, 10))
sns.heatmap(
    corr,
    vmin=-1, vmax=1, center=0,
    cmap="PiYG",
    square=True,
    ax=ax
)
ax.set_xticklabels(
    ax.get_xticklabels(),
    rotation=90,
    horizontalalignment='right'
);
```

导入 Matplotlib 和
Seaborn，绘制相关
矩阵

初始化具有预定义大小的
Matplotlib 图

使用 Seaborn 绘制相关
系数的热力图

在 x 轴上旋转
标签 90 度

结果如图 2.4 所示。首先关注图中的最后一行或最后一列。最后一行或最后一列展示了每个输入特征与目标变量的相关性。我们可以看到 7 个特征——BMI、BP、总胆固醇、HDL、甲状腺、青光眼和葡萄糖——与目标变量具有中等到高的相关性。还可以观察到，其中的 HDL 与糖尿病进展呈负相关。这意味着 HDL 值越高，患者一年后的空腹血糖水平就越低。这些特征似乎在预测疾病进展方面很有用，可以继续使用它们训练模型。观察完输入特征与目标变量的相关性之后，观察每个特征之间的相关性就留给读者作为练习了。例如，总胆固醇似乎与坏胆固醇 LDL 高度相关。当开始解释 2.3 节中的线性回归模型时，我们将再次谈到这点。

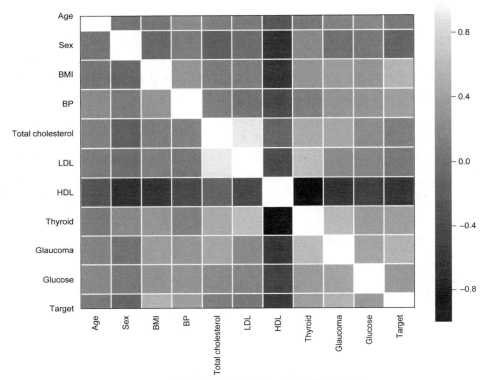

图 2.4　糖尿病数据集特征与目标变量的相关图

2.3　线性回归

　　线性回归是回归任务中最简单的模型之一。在线性回归中，函数 f 表示所有输入特征的线性组合，如图 2.5 所示。已知变量以灰色显示，其思路是将目标变量表示为输入的线性组合。白色的未知变量是学习算法必须学习的权重。

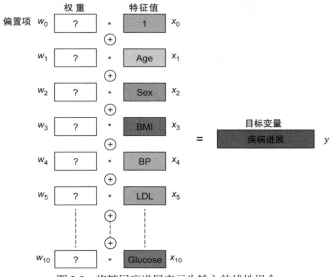

图 2.5 将糖尿病进展表示为输入的线性组合

一般来说，线性回归的函数 f 在数学上表示如下，其中 n 表示特征的总数：

$$y = w_0 + w_1x_1 + w_2x_2 + \ldots + w_nx_n$$
$$= w_0 + \sum_{i=1}^{n} w_ix_i$$

线性回归学习算法的目标是准确预测训练集中所有患者的目标变量的权重。这里可以应用以下技术：

- 梯度下降
- 闭合解(如牛顿方程)

我们通常会应用梯度下降，因为它可以很好地扩展到大量特征和训练样本。总体思路是更新权重，使预测目标变量相对于实际目标变量的平方误差最小化。

梯度下降算法的目标是使用训练集的所有样本最小化预测目标变量和实际目标变量之间的平方误差或平方差。这个算法可以找到最优的权重集合，并且因为它最小化了平方误差，所以被称为基于最小二乘的方法。可以使用 Python 中的 Scikit-Learn 包轻松训练线性回归模型。具体代码如下。注意，这里使用了 Scikit-Learn 提供的糖尿病开放数据集，该数据集已经标准化，所有输入特征的均值为零，标准差为一个单元。特征标准化是一种广泛使用的预处理方法，用于对许多机器学习模型(如线性回归、逻辑回归和基于神经网络的更复杂模型)所使用的数据集进行预处理。通过这种方法，能够驱动这些模型的学习算法更快地收敛到最佳解决方案：

导入 numpy 以评估模型性能

导入 scikit-learn 包中的线性回归函数

导入 scikit-learn 包中的函数,
将数据分为训练集和测试集

将数据分成训练集和
测试集,其中80%的
数据用于训练,20%的
数据用于测试,并确保
随机数生成器的种子
是使用 radom_state 参
数设置的,以确保训练
集和测试集分割一致

```python
from sklearn.model_selection import train_test_split
from sklearn.linear_model import LinearRegression
import numpy as np

X_train, X_test, y_train, y_test = train_test_split(X, y,
    test_size=0.2,
    random_state=42)

lr_model = LinearRegression()

lr_model.fit(X_train, y_train)

y_pred = lr_model.predict(X_test)

mae = np.mean(np.abs(y_test - y_pred))
```

初始化基于最小二乘法
的线性回归模型

通过对训练集进行拟合来
学习模型的权重

使用学习到的权重预测测试
集中患者的疾病进展

使用平均绝对误差(MAE)
度量来评估模型性能

　　训练得出的线性回归模型的性能可通过将预测值与测试集的实际值进行比较来量化。可以使用多个指标,如均方根误差(Root Mean Squared Error,RMSE)、平均绝对误差(Mean Absolute Error,MAE)和平均绝对百分比误差(Mean Absolute Percentage Error,MAPE)。这些指标都有各自的优缺点,所以需要使用多个指标来量化性能,以度量模型的优劣。MAE 和 RMSE 与目标变量具有相同的单位,并且在这方面很容易理解。然而,使用这两个指标无法轻易理解误差的大小。例如,误差为 10 可能一开始看起来很小,但如果实际值是 100 的话,那么这个误差相对于实际值来说就不小了。这就是 MAPE 有用的地方,它可以用百分比误差来表示误差的相对差异,从而更好地理解误差的大小。如何度量模型好坏这个话题很重要,但超出了本书的讨论范围。你可以在网上找到很多资源。

　　我们使用 MAE 指标评估前面训练的线性回归模型,得出性能为 42.8。但是这样的性能好吗?要检查模型的性能是否良好,需要将其与基准进行比较。对于 Diagnostics+,医生们一直在使用一个基准模型来预测所有患者的糖尿病进展中位数。该基准模型的 MAE 为 62.2。如果现在将此基准与线性回归模型进行比较,会注意到 MAE 下降了 19.4,这是一个相当不错的改进。因此可以认为已经训练出一个不错的模型,但并没有告诉我们模型是如何得出预测的,以及哪些输入特征是最重要的。我将在下一节中介绍这一点。

2.3.1　解释线性回归

前面的章节在模型开发阶段训练了一个线性回归模型，然后在测试阶段中使用 MAE 指标评估了模型性能。作为构建 Diagnostics+AI 的数据科学家，你现在与医生分享这些结果，他们对性能相当满意。但是缺少一些东西。医生并不清楚模型是如何得出最终预测的。解释梯度下降算法对这种理解没有帮助，因为在这个示例中你要处理一个相当大的特征空间——总共 10 个输入特征。我们无法想象算法在 10 维空间中是如何收敛到最终预测的。一般来说，描述和解释机器学习算法的能力并不能保证可以解释模型是如何得出最终预测的。那么，解释模型的最佳方式是什么？

对于线性回归，因为最终预测只是输入特征的加权和，所以只需要查看学习到的权重即可。这就是将线性回归称为白盒模型的原因。权重告诉我们什么？如果特征的权重为正，则该输入的正变化将导致输出成比例的正变化，输入的负变化将导致输出成比例的负变化。类似地，如果权重为负，则输入的正变化将导致输出成比例的负变化，输入的负变化将导致输出成比例的正变化。这种学习函数称为线性单调函数，具体如图 2.6 所示。

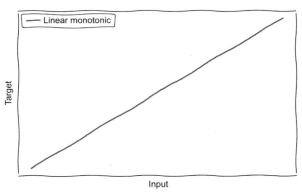

图 2.6　线性单调函数的表示

还可通过查看相应权重的绝对值来查看特征在预测目标变量中的影响或重要性。权重的绝对值越大，重要性越大。图 2.7 降序显示了 10 个特征中每一个权重的重要性。

最重要的特征是总胆固醇。它在权重上有一个很大的负值。这意味着胆固醇水平的正向变化对于预测糖尿病进展有很大的负面影响。这可能是因为总胆固醇还包括了好的胆固醇。

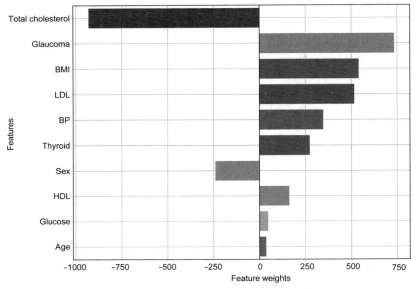

图 2.7   糖尿病线性回归模型的特征重要性

如果现在看一下坏胆固醇(bad cholesterol，LDL)特征，它具有很大的正权重，也是预测糖尿病进展的第四重要特征。这意味着 LDL 水平的正向变化会对预测一年后的糖尿病产生很大的正面影响。好胆固醇(good cholesterol，HDL)特征具有较小的正权重，是第三不重要的特征。这是为什么？回想一下 2.2 节中所做的探索性分析，我们在图 2.4 中绘制了相关性矩阵。如果观察总胆固醇、LDL 和 HDL 之间的相关性，会发现总胆固醇和 LDL 之间的相关性非常高，而总胆固醇和 HDL 之间的相关性中等。由于这种相关性，模型认为 HDL 特征是多余的。

看起来患者的基准血糖度量对预测一年后糖尿病的进展影响很小。如果再次回到图 2.4 的相关性图，可以看到葡萄糖度量值与基准青光眼度量值(模型的第二重要特征)高度相关，并且与总胆固醇高度相关(模型最重要的特征)。因此，该模型将葡萄糖视为冗余特征，因为大量信号是从总胆固醇和青光眼特征中获得的。

如果输入特征与一个或多个其他特征高度相关，则称它们是多重共线性的。多重共线性可能不利于基于最小二乘的线性回归模型的性能。假设使用两个特征 x_1 和 x_2 来预测目标变量 y。在线性回归模型中，我们基本上是在估计每个特征的权重，这将有助于预测目标变量，从而使平方误差最小化。使用最小二乘法，特征 x_1 的权重，或 x_1 对目标变量 y 的影响，通过保持 x_2 不变来估计。类似地，x_2 的权重是通过保持 x_1 不变来估计的。如果 x_1 和 x_2 共线，那么它们会一起变化，并且很难准确估计它们对目标变量的影响。其中一个特征对于模型来说变得完全多余。我们早些时候已看到共线性对糖尿病模型的影响，其中与目标变量高度相关的 HDL 和葡萄糖等特征在最终模型中的重要性非常低。多重共线性问题可通过去除模型的冗余特征来克服。我强烈建议你练习一下，看看是否可以提高线性回归模型的性能。

在训练机器学习模型的过程中，首先需要探索数据以确定特征彼此之间以及与目标变量之间的相关性。我们必须在早期(在训练模型之前)发现这个多重共线性问题，但如果忽视了它，那么解释模型将有助于暴露这些问题。可以使用以下代码来绘制图 2.7：

```
import numpy as np          ← 导入 numpy 包以优化
                              对向量的计算操作
import matplotlib.pyplot as plt
import seaborn as sns        导入 matplotlib 和 seaborn 包
sns.set(style='whitegrid')   以绘制特征重要性
sns.set_palette('bright')

weights = lr_model.coef_     从之前用 coef_ parameter 训练好的    将权重按重要性降
                              线性回归模型中获得权重              序排序，并得到它
                                                                们的索引
feature_importance_idx = np.argsort(np.abs(weights))[::-1]
feature_importance = [feature_names[idx].upper() for idx in
  feature_importance_idx]                           使用有序索引获取
feature_importance_values = [weights[idx] for idx in  特征名称和相应的
  feature_importance_idx]                             权重值

f, ax = plt.subplots(figsize=(10, 8))
sns.barplot(x=feature_importance_values, y=feature_importance, ax=ax)   生成图 2.7
ax.grid(True)                                                           所示的图
ax.set_xlabel('Feature Weights')
ax.set_ylabel('Features')
```

2.3.2　线性回归的局限性

上一节我们了解到线性回归模型很容易解释。它高度透明且易于理解，但它的预测能力很差，尤其在输入特征和目标变量之间的关系是非线性的情况下。考虑图 2.8 所示的示例。

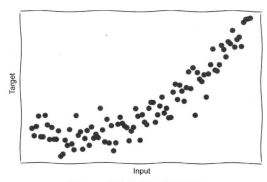

图 2.8　非线性数据集的图示

如果要对这个数据集拟合一个线性回归模型,将得到一个直线线性拟合,如图2.9所示。如你所见,模型没有正确拟合数据,也没有捕捉到非线性关系。线性回归的这种限制称为欠拟合,该模型具有高偏差。在接下来的内容中,你将看到如何通过使用具有更高预测能力、更复杂的模型来克服这个问题。

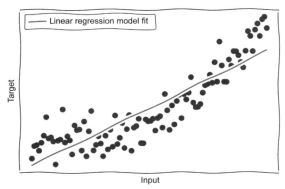

图2.9　欠拟合问题(高偏差)

2.4　决策树

决策树是一种出色的机器学习算法,可用于对复杂的非线性关系进行建模。它可以应用于回归和分类任务,比线性回归具有相对更高的预测能力,并且也具有高度的可解释性。决策树的基本思想是在数据中找到能预测输出或目标变量的最佳分割。在图2.10中,通过仅考虑BMI和年龄这两个特征来说明这一点。决策树将数据集总共分为5组,3个年龄组和2个BMI组。

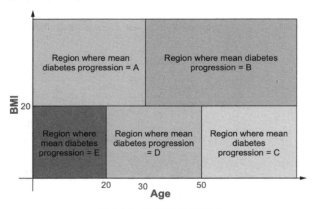

图2.10　决策树分割策略

通常用于确定最佳分割的算法是分类回归树(Classification And Regression Tree,

CART)算法。该算法首先选择一个特征和该特征的阈值。基于该特征和阈值，将数据集拆分为以下两个子集：

- 子集 1，其中特征值小于或等于阈值
- 子集 2，其中特征值大于阈值

该算法选择最小化代价函数或性能指标的特征和阈值。对于回归任务，该性能指标通常是均方误差(MSE)，而对于分类任务，它通常是基尼不纯度或熵。然后，该算法继续递归地分割数据，直到进一步降低性能指标或达到最大深度。图2.10 中的分割策略在图 2.11 中显示为二叉树。

Python 中可以使用 Scikit-Learn 包来训练决策树模型，具体如下所示。学习糖尿病开放数据集并将其拆分为训练集和测试集的代码与2.3 节用于线性回归的代码相同，因此，此处不再重复该代码：

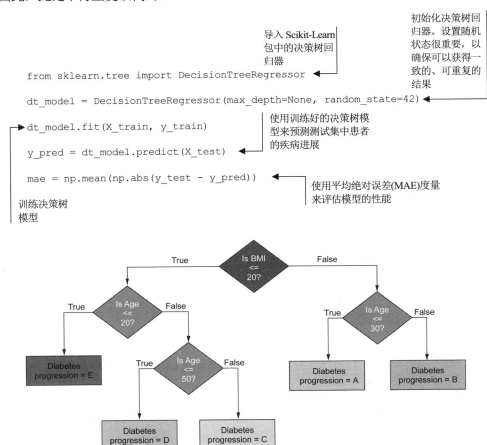

导入 Scikit-Learn 包中的决策树回归器

初始化决策树回归器。设置随机状态很重要，以确保可以获得一致的、可重复的结果

```
from sklearn.tree import DecisionTreeRegressor

dt_model = DecisionTreeRegressor(max_depth=None, random_state=42)

dt_model.fit(X_train, y_train)

y_pred = dt_model.predict(X_test)

mae = np.mean(np.abs(y_test - y_pred))
```

使用训练好的决策树模型来预测测试集中患者的疾病进展

使用平均绝对误差(MAE)度量来评估模型的性能

训练决策树模型

图2.11　将决策树数据分割可视化为二叉树

首先使用 MAE 指标评估了该决策树模型，得到的性能为 54.7。然后，通过调整 max_depth 超参数为 3，将 MAE 进一步提高至 48.6。然而，这个性能仍然比 2.2 节中训练的回归模型要差。我们将在 2.4.2 节讨论造成这种差异的原因。在此之前，先介绍一下如何解释决策树模型。

> **分类任务的决策树**
>
> 如本节所述，决策树也可用于分类任务。CART 算法使用基尼不纯度或熵作为代价函数。你可以使用 Scikit-Learn 轻松地训练决策树分类器：
>
> ```
> from sklearn.tree import DecisionTreeClassifier
> dt_model = DecisionTreeClassifier(criterion='gini', max_depth=None)
> dt_model.fit(X_train, y_train)
> ```
>
> 可以使用 DecisionTreeClassifier 的 criterion 参数来指定 CART 算法的代价函数。默认情况下，它为 gini(基尼不纯度)，但可以更改为 entropy(熵)。

2.4.1　解释决策树

决策树擅长建模输入和输出之间的非线性关系。通过在特征上找到数据的分割点，模型往往能够学习到一个非线性函数。这个函数可以是单调的，即输入的变化会导致输出的变化方向相同，也可以是非单调的，即输入的变化可能导致输出在任何方向上以不同的速率变化。具体如图 2.12 所示。

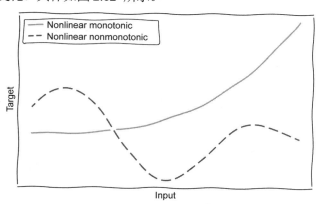

图 2.12　非线性单调和非线性非单调函数的表示

如何解释这种学习到的非线性函数？如上一节所示，决策树可以可视化为一堆串在一起的 if-else 条件，其中每个条件将数据分割成两部分。这样的模型可以很容易地可视化为如图 2.11 所示的二叉树。对于训练的糖尿病决策树模型，二叉树可视化结果如图 2.13 所示。具体解释如下。

从树的根部开始，检查规范化 BMI 是否小于等于 0。如果为 true，则转到树的左侧；如果为 false，则转到树的右侧。因为是从树的根开始的，所以这个节点占了 100% 的数据。这就是 samples 等于 100% 的原因。此外，如果将 max_depth 设置为 0 并预测疾病进展，那么我们将使用数据中所有样本的平均值，即 153.7(该节点中的 value)。通过预测 153.7，将获得 6076.4 的 MSE。

如果规范化 BMI ≤ 0，那么转到树的左侧并检查规范化青光眼是否小于等于 0。如果 BMI ≤ 0，将占用大约 59% 的数据，MSE 将从父节点的 6076.4 减少到 3612.7。可以重复这个过程，直到到达树中的叶节点。例如，如果查看最右边的叶节点，这对应于以下条件: 如果 BMI > 0 且 BMI > 0.1 且 LDL > 0，则通过 2.3% 的数据预测 225.8，得到 2757.9 的 MSE[1]。

注意，图 2.13 中决策树的 max_depth 设置为 3。树的复杂性将随着 max_depth 值的增加或输入特征数量的增加而增加。

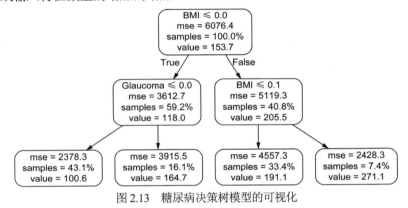

图 2.13 糖尿病决策树模型的可视化

图 2.13 的可视化结果可以使用以下 Python 代码生成:

```
from sklearn.externals.six import StringIO          导入生成和可视化二叉树
from IPython.display import Image                    所需的所有库
from sklearn.tree import export_graphviz
import pydotplus

diabetes_dt_dot_data = StringIO()                    初始化一个字符串缓冲区，
export_graphviz(dt_model,                            以 DOT 格式存储二叉树/图
                out_file=diabetes_dt_dot_data,
                filled=False, rounded=True,
                feature_names=feature_names,
                proportion=True,
                precision=1,
                special_characters=True)             将决策树模型导出为
                                                     DOT 格式的二叉树
```

---

1 译者注: 图 2.13 没有体现这一点，但是本章配套代码的结果体现了这一点，详见本章配套代码的 chapter_02_decision_tree.png。

```
dt_graph = pydotplus.graph_from_dot_data(diabetes_dt_dot_data.getvalue())
Image(dt_graph.create_png())
```
使用 Image 类
可视化二叉树

使用 DOT 格式的字符串
生成二叉树的图像

因为决策树学习输入特征和目标之间的非线性关系，所以很难理解每个输入的变化对输出的影响。它不像线性回归那样简单。然而，我们可以计算每个特征在全局层面预测目标的相对重要性。为了计算特征重要性，首先需要计算二叉树中节点的重要性。节点的重要性通过该节点的代价函数或不纯度的减少来计算，该节点由到达树中该节点的概率加权。这在数学上表示如下：

$$I_k^{node} = \underbrace{p_k}_{\substack{\text{Proportion}\\\text{of samples}\\\text{to reach}\\\text{node } k}} \cdot \underbrace{m_k}_{\substack{\text{Impurity}\\\text{measure}\\\text{of node } k}} - \underbrace{p_k^{(left)}}_{\substack{\text{Proportion}\\\text{of samples}\\\text{to reach}\\\text{left subtree}\\\text{of node } k}} \cdot \underbrace{m_k^{(left)}}_{\substack{\text{Impurity}\\\text{measure}\\\text{of left}\\\text{subtree of}\\\text{node } k}} - \underbrace{p_k^{(right)}}_{\substack{\text{Proportion}\\\text{of samples}\\\text{to reach}\\\text{right subtree}\\\text{of node } k}} \cdot \underbrace{m_k^{(right)}}_{\substack{\text{Impurity}\\\text{measure}\\\text{of right}\\\text{subtree of}\\\text{node } k}}$$

$\underbrace{\phantom{I_k^{node}}}_{\substack{\text{Importance}\\\text{of node } k}}$

然后，可通过将在该特征上进行分割的节点的重要性相加，并将其规范化为树中所有节点的重要性来计算特征的重要性。其数学方程式如下。决策树的特征重要性介于 0 和 1 之间，其中值越高意味着重要性越大：

$$I_i^{feature} = \frac{\overbrace{\sum_{j\in\mathbb{J}} I_j^{node}}^{\substack{\text{Sum of importance}\\\text{of all nodes } j\\\text{that split on feature } i}}}{\underbrace{\sum_{k\in\mathbb{K}} I_k^{node}}_{\substack{\text{Sum of importance}\\\text{of all nodes } k\\\text{in the decision tree}}}}$$

$\underbrace{\phantom{I_i^{feature}}}_{\substack{\text{Importance}\\\text{of feature } i}}$

可以使用以下 Python 代码获取 Scikit-Learn 决策树模型的特征重要性，并绘制图表(图 2.14)：

从训练好的决策树模型中
获得特征的重要性

```python
weights = dt_model.feature_importances_

feature_importance_idx = np.argsort(np.abs(weights))[::-1]
feature_importance = [feature_names[idx].upper() for idx in
    feature_importance_idx]
feature_importance_values = [weights[idx] for idx in
    feature_importance_idx]
```

按重要性对特
征权重的指标
进行降序排序

按重要性降序
获取特征名称
和特征权重

```
f, ax = plt.subplots(figsize=(10, 8))
sns.barplot(x=feature_importance_values, y=feature_importance, ax=ax)
ax.grid(True)
ax.set_xlabel('Feature Weights')
ax.set_ylabel('Features')
```

生成图 2.14
所示的图

按重要性降序排列的特征及其对应的权重如图 2.14 所示。从图中可以看出，重要特征的顺序与线性回归不同。最重要的特征是 BMI，约占整体模型重要性的 42%。青光眼是下一个最重要的特征，约占模型重要性的 15%。这些重要性值有助于确定哪些特征在预测目标变量时具有最大的信号。决策树不受多重共线性问题的影响，因为该算法会选择与目标高度相关并且最能降低代价函数或不纯度的特征。作为一名数据科学家，将学习到的决策树可视化(如图 2.13 所示)非常重要，因为这将帮助你了解模型是如何得出最终预测的。可通过设置 max_depth 超参数或修剪输入模型的特征数量来降低树的复杂性。可通过可视化全局特征重要性(如图 2.14 所示)来确定要修剪哪些特征。

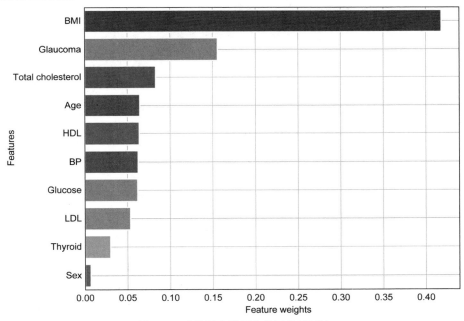

图 2.14　决策树中糖尿病特征的重要性

2.4.2　决策树的局限性

决策树非常通用，因为它们可应用于回归和分类任务，并且还具有建模非线性关系的能力。然而，该算法容易出现过度拟合的问题，并且该模型具有高方差。

当模型几乎完美地拟合训练数据时，就会出现过拟合问题，因此不能很好地泛化到从未见过的数据，如测试集。如图 2.15 所示。当模型过拟合时，你会注意到训练集上的性能非常好，但测试集上的性能却很差。这可以解释为什么糖尿病数据集上训练的决策树模型比线性回归模型性能更差。

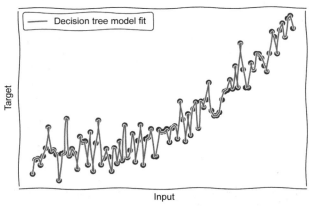

图 2.15　过拟合问题(高方差)

可通过调整决策树的某些超参数(如 max_depth)和叶节点所需的最小样本数来克服过拟合的问题。如图 2.13 决策树模型的可视化所示，一个叶节点只占样本的 0.8%。这意味着该节点的预测仅基于大约三名患者的数据。通过将所需的最小样本数增加到 5 或 10，可以提高模型在测试集上的性能。

2.5　广义可加模型(GAM)

到目前为止，Diagnostics+中心和医生口头上说对这两个模型都相当满意，但实际上性能并不是那么好。通过对模型的解释，我们也发现了一些不足之处。线性回归模型似乎无法处理彼此高度相关的特征，如总胆固醇、LDL 和 HDL。决策树模型的性能比线性回归差，而且它似乎对训练数据有过拟合问题。

让我们看一下糖尿病数据中的一个特定特征。图 2.16 显示了年龄与目标变量之间的非线性关系，其中两个变量均已标准化。如何对这种关系最佳建模而不过拟合？一种可能的方法是扩展线性回归模型，其中目标变量建模为特征集的 n^{th} 次多项式。这种形式的回归称为多项式回归。

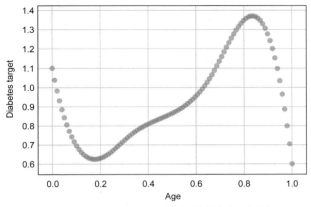

图 2.16　Diagnostics+ AI 的非线性关系示意图

使用以下等式表示各种次数的多项式回归。在这些等式中，只使用一个特征 x_1 来对目标变量 y 进行建模。一次多项式就是线性回归。对于二次多项式，将添加一个附加特征，即 x_1 的平方。对于三次多项式，将添加两个附加特征——一个是 x_1 的平方，另一个是 x_1 的立方：

$$y = w_0 + w_1 x_1 (一次多项式)$$
$$y = w_0 + w_1 x_1 + w_2 x_1^2 (二次多项式)$$
$$y = w_0 + w_1 x_1 + w_2 x_1^2 + w_3 x_1^3 (三次多项式)$$

多项式回归模型的权重可以使用与线性回归相同的算法来获得，即使用梯度下降的最小二乘法。图 2.17 展示了每个多项式学习到的最佳拟合曲线。

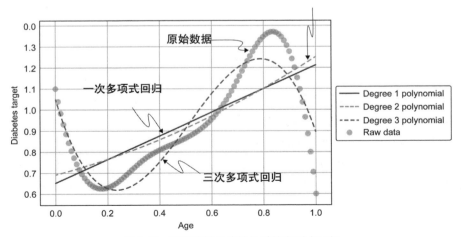

图 2.17　用于建模非线性关系的多项式回归

可以看到，三次多项式比二次和一次更拟合原始数据。我们可以像解释线性回归一样解释多项式回归模型，因为该模型本质上是特征的线性组合，包括高次特征。

然而，多项式回归有一些限制。模型的复杂性会随着特征数量或特征空间维度的增加而增加。因此会倾向于过拟合数据。也很难确定多项式中每个特征的次数，尤其是在更高维的特征空间中。

那么，什么模型可以克服以上这些限制并且是可解释的呢？广义可加模型(Generalized Additive Models，GAM)！GAM 是高度可解释并具有高预测能力的模型。GAM 通过使用平滑函数来建模每个特征之间的非线性关系，并将它们相加，如以下等式所示：

$$y = w_0 + \underbrace{f_1(x_1)}_{\substack{\text{Smoothing Function} \\ \text{for Feature } x_1}} + \underbrace{f_2(x_2)}_{\substack{\text{Smoothing Function} \\ \text{for Feature } x_2}} + ... + \underbrace{f_n(x_n)}_{\substack{\text{Smoothing Function} \\ \text{for Feature } x_n}}$$

在这个等式中，每个特征都有自己关联的平滑函数，从而可以最好地模拟该特征和目标之间的关系。你可以从多种类型的平滑函数中自由选择，但其中回归样条函数因其实用性和高效的计算而使用较为广泛。在本书中，我将重点介绍该函数。现在使用回归样条深入了解 GAM！

2.5.1 回归样条

回归样条(regression splines)表示为基函数的加权和。数学表达式如下。在这个等式中，f_j 是对特征 x_j 和目标变量之间的关系进行建模的函数。该函数表示为基函数的加权和，其中权重表示为 w_k，基函数表示为 b_k。函数 f_j 在 GAM 中称为平滑函数。

$$f_j(x_j) = \underbrace{\sum_{k=1}^{K} w_k b_k(x_j)}_{\substack{\text{Smoothing Function} \\ \text{represented as a} \\ \text{weighted sum of basis functions}}}$$

那么什么是基函数？基函数(basis function)是一组用于捕捉一般形状或非线性关系的变换。对于回归样条，顾名思义，使用样条作为基函数。样条是一个具有 $n-1$ 个导数的 n 次多项式。使用图示将更容易理解样条。图 2.18 展示了不同阶数的样条曲线。左上图显示了最简单的 0 阶样条，从中可以生成更高阶的样条。从左上图可以看出，6 个样条已放置在网格上。我们的思路是将数据的分布分成多个部分，并在每个部分上拟合一个样条。在图 2.18 中，数据分成 6 个部分，将每个部分建模为 0 阶样条。

右上图中所示的 1 阶样条曲线可通过将 0 阶样条曲线与其自身进行卷积来生成。卷积是一种数学运算,它接受两个函数并创建第三个函数,该函数表示第一个函数的相关性和第二个函数的延迟副本。当我们将函数与自身进行卷积时,本质上是在查看函数与自身延迟副本的相关性。通过将 0 阶样条与自身进行卷积,得到 1 阶样条,它是三角形的,并且具有连续的 0 阶导数。

如果现在将 1 阶样条与自身进行卷积,将得到 2 阶样条,如左下图所示。该 2 阶样条具有一阶导数。类似地,可通过对 2 阶样条进行卷积得到 3 阶样条,并且它具有二阶导数。通常,n 阶样条具有 $n-1$ 阶导数。在极限里,随着 n 接近无穷大,我们将获得具有高斯分布形状的样条。在实践中,主要使用 3 阶样条(又称 cubic 样条),因为它可以捕获大多数形状。

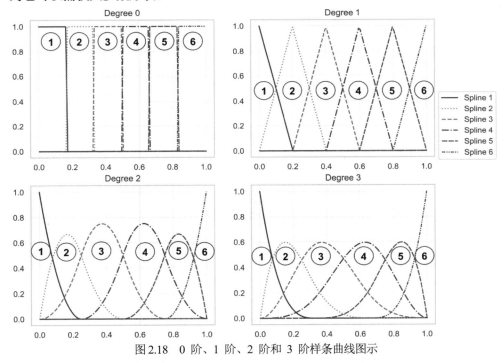

图2.18　0 阶、1 阶、2 阶和 3 阶样条曲线图示

如前所述,图 2.18 中将数据分布划分为六段,并在网格上放置了 6 个样条。在早期的数学等式中,段数或样条数表示为变量 K。回归样条的思想是找到每个样条的权重,以便可以对每段中的数据分布进行建模。网格中的段数或样条数 K 又称自由度(degrees of freedom)。一般来说,如果将 K 个样条放在一个网格上,将有 $K+3$ 个分割点,又称节点(knot)。让我们放大三次样条,如图 2.19 所示,可以看到 6 个样条或 6 个自由度,产生 9 个分割点或节点。

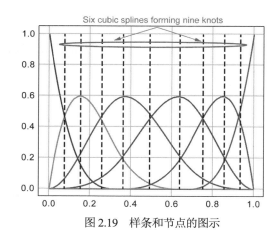

图 2.19 样条和节点的图示

为了捕捉一般形状，需要对样条进行加权求和。在此将使用三阶样条。在图 2.20 中，使用相同的 6 个样条重叠来创建 9 个节点。对于左侧的图表，为所有 6 个样条设置了相同的权重。可以想象，如果对所有 6 个样条进行同等加权的总和，将得到一条水平直线。这说明与原始数据的拟合不佳。然而，对于右图，对 6 个样条曲线进行了不等的加权求和，生成了一个完全拟合原始数据的形状。这显示了回归样条曲线和GAM 的威力。通过增加样条曲线的数量或将数据分成更多段数，可以对更复杂的非线性关系进行建模。在基于回归样条的 GAM 中，分别对每个特征与目标变量的非线性关系进行建模，然后将它们全部加起来得出最终预测。

在图 2.20 中，如上所说，权重是通过反复试错找到的，以最好地描述原始数据。但是，对于最能捕捉特征与目标之间关系的回归样条曲线，如何通过算法计算出权重？回想一下本节开头，回归样条是基函数或样条的加权和。这本质上是一个线性回归问题，可以使用最小二乘法和梯度下降法来学习权重。但是，需要指定节点的数量或自由度。我们可以将其视为一个超参数，并使用一种称为交叉验证的技术来确定它。使用交叉验证技术，会移除一部分数据，并在剩余数据上拟合具有一定数量预定节点的回归样条。然后，在保留的数据集上评估这个回归样条的性能。最佳节点数量是在保留的数据集上表现最好的数量。

在 GAM 中，随着样条数量或自由度的增加很容易就会过拟合。如果样条的数量很高，则作为样条加权和的平滑函数将"摇摆不定"——它会开始拟合数据中的一些噪声。如何控制这种摆动或防止过拟合？可以使用一种称为正则化(regularization)的技术。在正则化中，将在最小二乘代价函数中添加一个项来量化摆动。然后，可通过计算平滑函数二阶导数的平方的积分来量化平滑函数的摆动。然后，使用一个由 λ 表示的超参数(又称正则化参数)，调整摆动的强度。λ 的高值会严重惩罚摆动。可以像使用交叉验证确定其他超参数一样确定 λ。

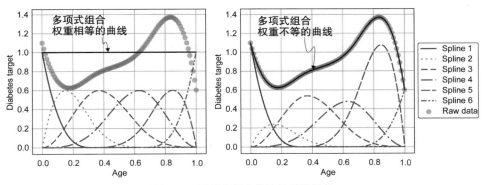

图 2.20　用于建模非线性关系的样条

GAM 总结

GAM 是一个强大的模型，其中目标变量表示为每个特征和目标之间关系的平滑函数的总和。可以使用平滑函数来捕捉任何非线性关系。其数学方程式如下：

$$y = w_0 + f_1(X_1) + f_2(X_2) + ... + f_n(X_n)$$

这是一个白盒模型——可以很容易地看到每个特征是如何使用平滑函数转换为输出的。表示平滑函数的常用方法是使用回归样条。回归样条表示为基函数的简单加权和。广泛用于 GAM 的基函数是三阶样条。通过增加样条数量或自由度，可以将数据的整体分布分段建模。这样，我们可以捕捉到非常复杂的非线性关系。这里的机器学习算法本质就是确定回归样条的权重。可以使用与线性回归相同的方法，使用最小二乘法和梯度下降法。可以使用交叉验证技术来确定样条的数量。随着样条线数量的增加，GAM 很容易过拟合数据。可通过使用正则化技术来防止出现这种情况。使用正则化参数 λ，可以控制摆动量。更高的 λ 确保更平滑的函数。参数 λ 也可以使用交叉验证技术来确定。

GAM 也可用于建模变量之间的相互作用。GA2M 就是一种用于建模成对的相互作用的 GAM，其数学表示如下：

$$y = w_0 + f_1(x_1) + f_2(x_2) + \underbrace{f_3(x_1, x_2)}_{\substack{\text{Modeling interaction} \\ \text{between } x_1 \text{ and } x_2}} + f_4(x_4) + ... + f_n(x_n)$$

借助业务领域专家(SME)(Diagnostics+示例中的医生)，你可以决定对哪些特征的相互影响进行建模。还可以查看特征之间的相关性，以了解哪些特征需要一起建模。

在 Python 中，可以使用名为 pyGAM 的包来构建和训练 GAM。它的灵感来自 R 中流行的 mgcv 包中的 GAM 实现。可以使用 pip 在 Python 环境中安装 pyGAM：

```
pip install pygam
```

2.5.2　GAM 用于 Diagnostics+ AI 预测糖尿病进展

现在回到 Diagnostics+ AI 预测糖尿病进展示例,使用所有 10 个特征训练 GAM 来预测糖尿病进展。注意,患者的性别是一个分类或离散特征,不适合使用平滑函数来建模。在 GAM 中,可以将这样的分类特征视为因子项。下面是使用 pyGAM 包训练 GAM 模型的示例代码。由于决策树的代码已经在前面的章节中给出,这里不再重复。请参考 2.2 节的代码片段。

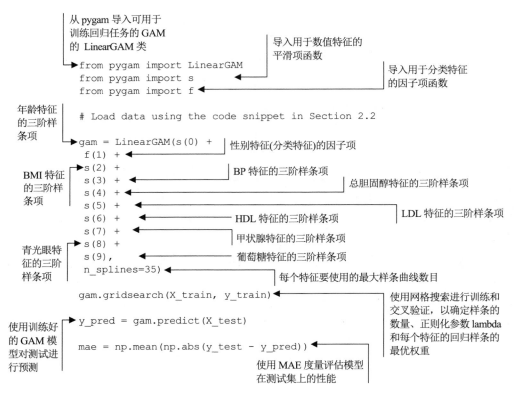

现在到了关键时刻了!GAM 性能如何?GAM 的 MAE 性能为 41.4——与线性回归和决策树模型相比,这是一个相当不错的改进。表 2.2 总结了所有三种模型的性能比较。这里还包括了 Diagnostics+中心和医生一直在使用的基准模型的性能,他们在该模型中查看所有患者的糖尿病进展中位数。所有模型都与基准进行比较,以显示模型给医生带来的改进程度。GAM 的性能看起来是所有模型中最佳的。

表 2.2　线性回归、决策树和 GAM 与 Diagnostics+ AI 基准模型的性能比较

	MAE	RMSE	MAPE
基准	62.2	74.7	51.6
线性回归	42.8 (–19.4)	53.8 (–20.9)	37.5 (–14.1)
决策树	48.6 (–13.6)	60.5 (–14.2)	44.4 (–7.2)
GAM	41.4 (–20.8)	52.2 (–22.5)	35.7 (–15.9)

我们现在已经看到了 GAM 的预测能力。通过对特征的相互影响进行建模，可能会进一步提高性能，尤其是胆固醇特征彼此之间以及与其他可能高度相关的特征(如 BMI)之间。这部分内容就留作练习，让读者尝试使用 GAM 对特征的相互影响进行建模。

GAM 是白盒模型，可以很容易地解释。下一节将学习如何解释 GAM。

用于分类任务的 GAM

GAM 可通过使用逻辑链接函数来训练二分类器，其中变量 y 可以是 0 或 1。你可以使用 pyGAM 包中的 LogisticGAM 来解决二分类问题：

```
from pygam import LogisticGAM
gam = LogisticGAM()
gam.gridsearch(X_train, y_train)
```

2.5.3　解释 GAM

虽然每个平滑函数都是作为基函数的线性组合获得的，但每个特征的最终平滑函数是非线性的，因此，不能像线性回归那样解释权重。然而，可以简单地使用部分依赖图或部分效果图来可视化每个特征对目标的影响。部分依赖通过边缘化其余特征来查看每个特征的影响。它是高度可解释的，因为我们可以看到每个特征值对目标变量的平均影响。可以看到目标对特征的响应是线性的、非线性的、单调的还是非单调的。图 2.21 显示了每个患者特征对目标变量的影响。还绘制了它们周围的 95%置信区间。这将帮助我们确定模型对样本量较小的数据点的敏感性。

现在看一下图 2.21 中的两个特征，即 BMI 和 BP。BMI 对目标变量的影响显示在左下角的图表中。在 x 轴上，我们看到 BMI 的规范化值，在 y 轴上，我们看到 BMI 对患者糖尿病进展的影响。随着 BMI 的增加，对糖尿病进展的影响也会增加。我们从右下角的图表看到了 BP 也显示出类似的趋势。可以看到，血压越高，对糖尿病进展的影响就越大。如果查看 95%置信区间线(图 2.21 中的虚线)，会看到 BMI 和 BP 上下两端的置信区间更宽。这是因为在这个值范围内存在的患者样本较少，导致在这些范围内(算法)认为这些特征的影响具有更高的不确定性。

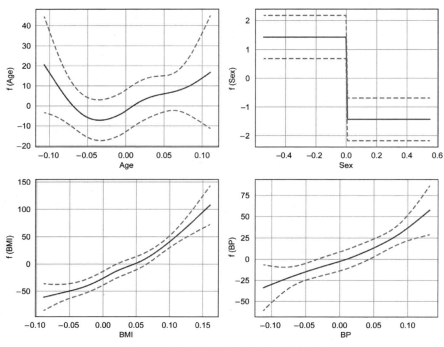

图 2.21　每个患者特征对目标变量的影响

生成图2.21的代码如下：

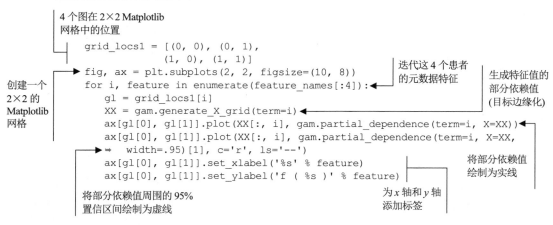

4 个图在 2×2 Matplotlib 网格中的位置

```
grid_locs1 = [(0, 0), (0, 1),
              (1, 0), (1, 1)]
fig, ax = plt.subplots(2, 2, figsize=(10, 8))
for i, feature in enumerate(feature_names[:4]):
    gl = grid_locs1[i]
    XX = gam.generate_X_grid(term=i)
    ax[gl[0], gl[1]].plot(XX[:, i], gam.partial_dependence(term=i, X=XX))
    ax[gl[0], gl[1]].plot(XX[:, i], gam.partial_dependence(term=i, X=XX,
        width=.95)[1], c='r', ls='--')
    ax[gl[0], gl[1]].set_xlabel('%s' % feature)
    ax[gl[0], gl[1]].set_ylabel('f ( %s )' % feature)
```

创建一个 2×2 的 Matplotlib 网格

迭代这 4 个患者的元数据特征

生成特征值的部分依赖值(目标边缘化)

将部分依赖值绘制为实线

将部分依赖值周围的95%置信区间绘制为虚线

为 x 轴和 y 轴添加标签

图 2.22 显示了 6 次血检中指标对目标变量的影响。作为一项练习，你可以观察总胆固醇、LDL(坏胆固醇)、HDL(好胆固醇)和青光眼等特征对糖尿病进展的影响。关于较高的 LDL 值(坏胆固醇)对目标变量的影响，你有什么看法？为什么较高的总胆固醇对目标变量的影响较小？为了回答这些问题,请查看一些胆固醇值非常高的患者病例。使用以下代码放大这些患者的数据：

```
print(df_data[(df_data['Total Cholesterol'] > 0.15) &
             (df_data['LDL'] > 0.19)])
```

执行以上代码你将看到 442 名患者中只有一名患者的总胆固醇读数大于 0.15，LDL 读数大于 0.19。该患者一年后的空腹血糖水平(目标变量)似乎为 84，处于正常范围内。这可能解释了为什么在图 2.22 中，我们看到总胆固醇对目标变量的负面影响在大于 0.15 的范围内非常大。总胆固醇的负面影响似乎大于 LDL (坏胆固醇)对目标变量(糖尿病进展)的正面影响。在这个值范围内，置信区间似乎更宽。模型可能在这个异常值患者记录上过拟合，因此不应过多解读这些影响。通过观察这些影响，可以确定模型对预测的确定性范围和不确定性范围。对于不确定性较高的情况，可以回到诊断中心收集更多的患者数据以获得更具代表性的样本。

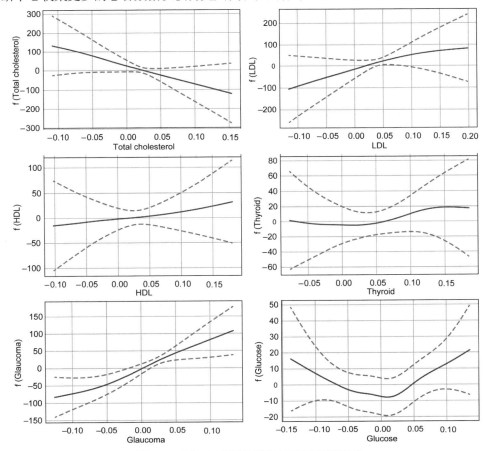

图 2.22　每次血液测试度量对目标变量的影响

生成图2.22的代码如下：

迭代6次血液测试
的度量特征

```
grid_locs2 = [(0, 0), (0, 1),
              (1, 0), (1, 1),
              (2, 0), (2, 1)]
fig2, ax2 = plt.subplots(3, 2, figsize=(12, 12))
for i, feature in enumerate(feature_names[4:]):
    idx = i + 4
    gl = grid_locs2[i]
    XX = gam.generate_X_grid(term=idx)
    ax2[gl[0], gl[1]].plot(XX[:, idx], gam.partial_dependence(term=idx,
      ➥ X=XX))
    ax2[gl[0], gl[1]].plot(XX[:, idx], gam.partial_dependence(term=idx, X=XX,
      ➥ width=.95)[1], c='r', ls='--')
    ax2[gl[0], gl[1]].set_xlabel('%s' % feature)
    ax2[gl[0], gl[1]].set_ylabel('f ( %s )' % feature)
```

6个图在3×2 Matplotlib
网格中的位置

创建一个
3×2 的网格

生成特征值的部分依赖值
(目标对 Matplotlib 图的
其他特征网格进行边缘化)

获取该特征在3×2网格中的位置

将部分依
赖值绘制
为实线

将部分依赖值周
围的95%置信区
间绘制为虚线

为 x 轴和 y 轴添加标签

通过图 2.21 和 2.22，可以更深入地了解每个特征值对目标的边际效应。部分依赖图可用于调试模型的任何问题。通过围绕部分依赖值绘制 95%置信区间，还可以看到样本量较小的数据点。如果样本量较小的特征值对目标有显著影响，则可能存在过拟合问题。还可以可视化平滑函数的摆动，以确定模型是否拟合数据中的噪声。可通过增加正则化参数的值来解决这些过拟合问题。这些部分依赖图也可以与业务领域专家(在本例中为专科医生)共享，以进行验证，这将有助于获得他们的信任。

2.5.4   GAM 的局限性

到目前为止，我们已经看到了 GAM 在预测能力和可解释方面的优势。 GAM 有过拟合的倾向，尽管这可通过正则化来克服。此外，还需要注意以下限制：

- GAM 对训练集范围之外的特征值很敏感，并且在暴露于异常值时往往会失去预测能力。
- 对于一些重要的任务，如果样本较少，GAM 有时可能预测能力不佳，在这种情况下，你可能需要考虑使用更强大的黑盒模型。

2.6   展望黑盒模型

黑盒模型是预测能力非常高的模型，通常应用于模型性能(如准确率)极其重要的任务中。然而，它们本质上是不透明的，导致它们不透明的原因包括：

- 机器学习过程很复杂，你无法轻易理解输入特征是如何转化为输出或目标变量的。
- 你无法轻松识别最重要的特征来预测目标变量。

黑盒模型示例包括集成树(如随机森林和梯度提升树)、深度神经网络(Deep Neural Network，DNN)、卷积神经网络(Convolutional Neural Network，CNN)和循环神经网络(Recurrent Neural Network，RNN)。表 2.3 显示了通常应用这些模型的机器学习任务。

表 2.3 黑盒模型到机器学习任务的映射

黑盒模型	机器学习任务
集成树(随机森林、梯度提升树)	回归和分类
深度神经网络(DNN)	回归和分类
卷积神经网络(CNN)	图像分类、目标检测
循环神经网络(RNN)	序列建模、语言理解

现在已在 2.1 节介绍的"可解释与预测能力的平面图"上加入了黑盒模型(见图 2.23)。

黑盒模型聚集在平面图的左上角，因为它们具有高预测能力但可解释性较低。对于关键任务来说，重要的是不要为了解释性而牺牲模型性能(如准确率)，因此需要应用白盒模型。对于这类任务，需要应用黑盒模型，并找到解释它们的方法。可通过多种方式来解释黑盒模型，这也是本书剩余章节的主要内容。下一章将特别关注集成树以及如何使用全局、与模型无关的技术来解释它们。

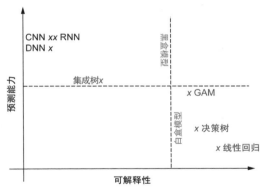

图 2.23 黑盒模型在可解释性与预测能力的平面图

2.7 本章小结

- 白盒模型本质上是透明的。其机器学习过程很容易理解，你可以清楚地解释输入特征如何转换为输出。使用白盒模型，可以识别最重要的特征，并且这些特征是可理解的。

- 线性回归是最简单的白盒模型之一，其中目标变量被建模为输入特征的线性组合。你可以使用最小二乘法和梯度下降法来确定权重。

- 可以使用 Scikit-Learn 包中的 LinearRegression 类在 Python 中实现线性回归。你可通过检查系数或学习权重来解释模型。权重还可用于确定每个特征的重要性。然而，线性回归存在多重共线性和欠拟合的问题。

- 决策树是一种更高级的白盒模型，可用于回归和分类任务。你可通过拆分所有特征数据以最小化代价函数来预测目标变量。我们已经学会了如何使用 CART 算法来学习拆分。

- 在 Python 中，可以用 Scikit-Learn 中的 DecisionTreeRegressor 类来实现执行回归任务的决策树。也可以用 ScikitLearn 中的 DecisionTreeClassifier 类来实现执行分类任务的决策树。还可通过使用 CART 将训练好的决策树模型可视化为二叉树来解释它。Scikit-Learn 也可为你计算特征重要性。决策树可用于对非线性关系进行建模，但往往会受到过拟合的影响。

- GAM 是一个强大的白盒模型，其中目标变量表示为每个特征和目标之间关系的平滑函数的总和。现在你知道了回归样条和三次样条被广泛用于表示平滑函数。

- 回归样条和 GAM 可以使用 Python 中的 pyGAM 包来实现。可以将 LinearGAM 类用于回归任务，将 LogisticGAM 类用于分类任务。你可通过绘制每个特征对目标的部分依赖来解释 GAM。GAM 很容易过拟合，但这个问题可通过正则化来缓解。

- 黑盒模型是预测能力非常高的模型，通常应用于模型性能(如准确率)极其重要的任务。然而，它们本质上是不透明的。其机器学习过程很复杂，你不能轻易理解输入特征是如何转化为输出或目标变量的。因此，你无法轻松识别最重要的特征来预测目标变量。

解释模型处理

第Ⅱ部分重点关注黑盒模型及其处理输入并得出最终预测的过程。

在第3章，你将学习一类名为集成树的黑盒模型，了解它们的特征以及它们成为黑盒的原因，还将学习一些全局与模型无关可解释技术，如部分依赖图(Partial Dependence Plot，PDP)和特征交互图。

在第4章，你将学习深度神经网络，特别是经典的全连接神经网络。你将了解使这些模型成为黑盒模型的特性以及如何使用局部与模型无关可解释技术来解释它们，如局部与模型无关解释(Local Interpretable Model-agnostic Explanations，LIME)、沙普利可加性解释(SHapley Additive exPlanations，SHAP)和锚定。

在第5章，你将学习卷积神经网络，这是一种主要应用于视觉任务(如图像分类和目标检测)的更高级别的架构。你将了解如何使用显著图可视化模型关注的内容。你还将学习诸如标准反向传播、导向反向传播、积分梯度、平滑梯度、梯度加权类别激活图(Grad-CAM)和导向梯度加权类别激活图(Guided Grad-CAM)等技术。

第 *3* 章

全局与模型无关可解释技术

本章涵盖以下主题:
- 与模型无关的方法和全局可解释的特性
- 如何实现集成树,特别是随机森林这类黑盒模型
- 如何解释随机森林模型
- 如何使用模型无关的部分依赖关系图(PDP)来解释黑盒模型
- 如何通过观察特征的相互影响来发现偏见

上一章讲述了两种不同类型的机器学习模型——白盒和黑盒——并将大部分关注点集中在如何解释白盒模型上。黑盒模型具有很强的预测能力,但顾名思义,它很难被解释。本章将聚焦黑盒模型的可解释性,专门讲述全局以及与模型无关的可解释技术。回想一下第 1 章提到的,与模型无关的可解释技术不依赖特定类型的模型。它们可以应用于任何模型,因为它们独立于模型的内部结构。此外,全局可解释技术可以帮助我们将模型作为一个整体来理解。此外,本章还将重点介绍集成树,特别是随机森林。虽然主要介绍随机森林,但你可以将本章学习到的与模型无关的技术应用于任何模型。下一章将把关注点转向其他更复杂的黑盒模型,比如,本章神经网络。在第4 章中,你还将了解局部与模型无关的技术,例如 LIME、SHAP 和锚定。

第 3 章的结构与第 2 章相似。我们将从一个具体的示例开始。本章将暂时放下对Diagnostics+的探讨,转到与教育相关的另一个问题。之所以选择这个问题,是因为它的数据集具有一些有趣的特征,可通过在本章学到的可解释技术来揭示此数据集中的一些问题。与第 2 章一样,本章的重点是介绍可解释技术以更好地理解黑盒模型(特别是集成树)。我们将在模型开发和测试过程中应用这些可解释技术。你还将了解模型训练和测试,尤其是在实现方面。由于模型的学习、测试和理解阶段是迭代的,因此一

起涵盖所有这三个阶段非常重要。已经熟悉训练和测试集成树的读者可以选择跳过这些部分，直接进入可解释部分。

3.1   高中生成绩预测器

让我们从一个具体的示例开始。讲解将从 Diagnostics+和医疗行业转向教育方面。美国一个学区的教育局局长找到你，请求你帮助她解决一个数据科学问题。这位教育局局长希望了解学生的数学、阅读和写作这三个关键学科的成绩，以确定各个学校所需的资金情况，并确保每个学生都能成为"不让一个学生掉队法"(ESSA)的一部分。

这位教育局局长特别希望能预测她所在地区的高中生的数学、阅读和写作这三个学科的成绩。成绩可以是 A、B、C 或 F。基于这些信息，你将如何将其表述成机器学习问题呢？由于模型的目标是预测成绩(即四个离散值之一)，因此可以将问题表述为分类问题。在数据方面，校长收集了她所在地区代表不同学校和背景的 1000 名学生的数据，并为每个学生收集了以下 5 个数据点：

- 性别
- 种族
- 父母受教育程度
- 学生购买的午餐类型
- 备考水平

基于这些数据，你需要训练三个单独的分类器，一个学科一个分类器，如图 3.1 所示。

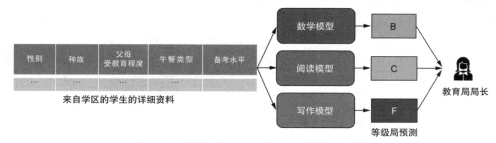

图 3.1   教育局局长所需的学生表现模型的示例图

受保护属性和公平性

受保护属性是指与社会偏见有关的个人属性，包括性别、年龄、种族、民族、性取向等。美国和欧洲等某些地区的法律禁止基于这些受保护属性歧视个人，特别是在住房、就业和信贷等领域。当构建有可能使用这些受保护属性作为特征的机器学习模型时，了解这些法律框架和反歧视法律非常重要。我们希望确保机器学习模型不会嵌入偏见，也不会基于受保护属性歧视某些个体。本章中的数据集包含几个受保护属性，我们将其用作模型的特征，主要是为了学习如何通过可解释技术来揭示模型中与偏见有关的可能问题。我们将在第 8 章更深入介绍有关受保护属性和各种公平标准的法律框架。此外，本章中使用的数据集是虚拟的，并不反映学区学生的实际表现。种族/民族数据也是虚拟的。

探索性数据分析

我们在处理一个新的数据集，因此在训练模型之前，首先要了解它们的不同特征和可能的值。数据集包含 5 个特征：学生的性别、种族、父母受教育程度、所购买的午餐类型以及他们的备考水平。所有这些特征都是分类特征，其值都是离散和有限的。每个学生有 3 个目标变量：数学成绩、阅读成绩和写作成绩。成绩可以是 A、B、C 或 F。

有两个性别类别——男性和女性——女性学生的数量(52%)略高于男性(48%)。现在我们关注另外两个特征——学生的种族和父母受教育程度。图 3.2 显示了每个特征的不同类别以及属于这些类别的学生比例。人群中有 5 个群组或种族，C 组和 D 组代表最多，约占学生人数的 58%。有 6 种不同的父母受教育程度。按升序排列，依次是部分高中学力、高中(或同等学力)、专科、副学士学位、学士学位和硕士学位。从比例上看，父母受教育程度较低的学生要多得多。大约 82%的学生的父母具有高中或大学教育水平或副学士学位。只有 18%的学生的父母拥有学士或硕士学位。

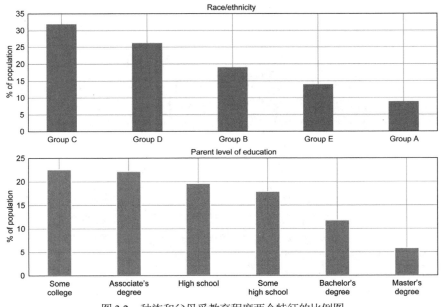

图 3.2　种族和父母受教育程度两个特征的比例图

现在介绍其余两个特征——购买的午餐类型和备考水平。大多数人(约 65%)购买标准午餐,其余购买免费/减量午餐。在备考方面,只有 36% 的学生完成了备考,而其余的学生要么没有完成,要么不清楚。

现在看一下 3 个学科中获得 A、B、C 或 F 的学生比例,如图 3.3 所示。可以看到,大多数学生(48%~50%)获得 B,而极少数学生(3%~4%)获得 F。大约 18%~25% 的学生获得 A,22%~28% 的学生在所有 3 个学科中获得 C。需要重点关注的是,在训练模型之前,数据是相当不平衡的。为什么这很重要呢?如何处理不平衡的数据呢?在分类问题中,当某个分类的样本或数据点的数量不成比例时,我们认为数据是不平衡的。留意到这一点十分重要,因为当每个分类的样本比例大致相同时,大多数机器学习算法的效果最好。大多数算法旨在最小化误差或最大化准确率,这些算法自然偏向于占多数的分类。有一些方法可以处理类别不平衡,包括以下这些常见的方法:

- 使用合适的性能指标测试和评估模型。
- 对训练数据重新采样,对多数类欠采样,或对少数类过采样。

你将在 3.2 节了解有关这些方法的更多信息。

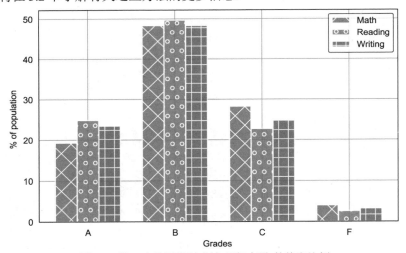

图 3.3　这 3 个关键学科成绩(目标变量)的值和比例

进一步剖析数据。下面的发现将在 3.4 节中非常有用,可以用来解释和验证模型训练到的内容。当父母的受教育程度最低和最高时,学生通常表现如何?比较一下父母受教育程度最低(即高中)的学生和父母受教育程度最高(即硕士学位)的学生的成绩分布。图 3.4 显示了所有 3 个学科的比较。

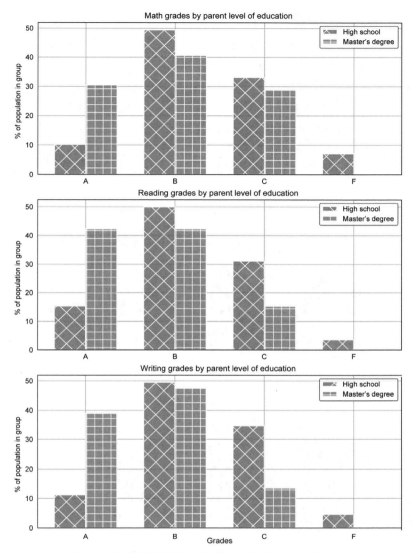

图 3.4　比较父母受过高中教育的学生和父母受过硕士教育的学生的百分比

让我们把重点放在父母受过高中教育的学生身上。从所有 3 个学科来看，总的来说，获得 A 的学生比例较少，获得 F 的学生较多。例如，以数学为例，只有 10%的父母受过高中教育的学生获得 A，而在总体上(如图 3.3 所示)，大约 20%的学生获得 A。现在把重点放在父母拥有硕士学位的学生身上。总的来看，获得 A 的学生比例较多，没有学生获得 F。以数学为例，父母拥有硕士学位的学生中约有 30%获得 A。如果现在比较图 3.4 中的两个条形，可以看到，在父母具有更高教育水平的情况下，更多的学生在所有 3 个学科中获得了更高的成绩(A 或 B)。

在种族方面，占比最多的组的学生的成绩与占比最少的组的学生的成绩相比，情况如何？从图 3.2 中，我们知道占比最多的组是 C，占比最少的组是 A。图 3.5 比较了属于 C 组的学生和属于 A 组的学生的成绩分布。

看起来，一般来说，C 组的学生表现比 A 组的学生更好——很大一部分学生看起来获得了更高的成绩(A 或 B)，而一小部分学生获得了较低的成绩(C 或 F)。如前所述，当我们在 3.4 节中解释和验证模型学到的东西时，本节中的发现将派上用场。

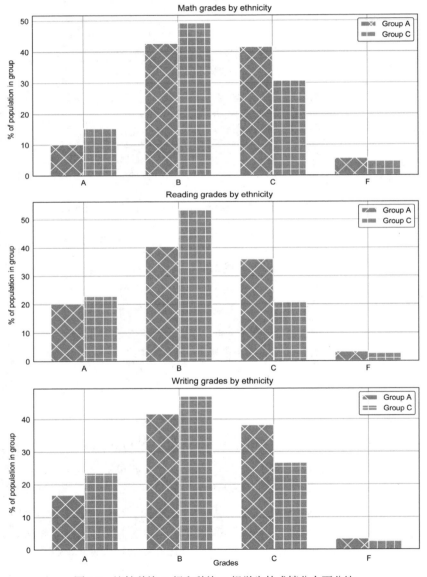

图 3.5 比较种族 A 组和种族 C 组学生的成绩分布百分比

3.2　集成树

第 2 章学习了决策树，这是一种对非线性关系进行建模的强大方法。决策树是白盒模型，易于解释。但我们看到，更复杂的决策树会存在过拟合的问题，包括模型会严重拟合数据中的噪声或方差。为了克服过拟合的问题，可通过修改深度和叶节点所需的最小样本数来修剪决策树，从而降低决策树的复杂性。然而，这也会导致模型的预测能力降低。

通过组合多棵决策树，可以在避免过拟合的同时又不影响预测能力。这就是集成树(tree ensembles)的原理。可通过以下两种主要方式组合决策树：

- 袋装(Bagging)——使用多棵决策树在训练数据里的各个随机子集上进行并行训练。我们使用这些独立的决策树进行预测，并合并它们的平均值以得出最终的预测。随机森林就是使用袋装技术的集成树。除了在数据的随机子集上训练单个决策树，随机森林算法还采用随机特征子集来拆分数据。
- 提升(Boosting)——类似于袋装，提升技术也是训练多棵决策树，但不同的是它是串行的。第一棵决策树通常是浅树，在训练集上进行训练。第二棵决策树的目标是从第一棵树所犯的错误中学习，并进一步提高效果。使用这种技术，我们将多棵决策树串在一起，它们迭代地尝试优化并减少前一棵决策树所犯的错误。自适应提升(adaptive boosting)和梯度提升(gradient boosting)是两种常见的提升算法。

本章将重点介绍袋装技术，特别是随机森林算法，如图 3.6 所示。首先，获取训练数据的随机子集，并在它们之上训练独立的决策树。然后，每棵决策树按随机的特征子集进行拆分。通过在所有决策树中取多数票来获得最终预测。如你所见，随机森林模型比决策树复杂得多。随着集成中决策树数量的增加，复杂性也会增加。此外，理解可视化和解释特征是如何在所有决策树中进行拆分的也要困难得多，因为每棵决策树都随机获取了数据和特征子集。这使得随机森林成为黑盒模型，从而更难解释。在这种情况下，能够解释算法并不能保证结果的可解释性。

为完整起见，我们还将讨论自适应提升和梯度提升算法的工作原理。自适应提升，通常缩写为 AdaBoost，如图 3.7 所示。该算法的工作原理如下：首先，使用所有训练数据训练决策树。对于第一棵决策树，每个数据点的权重相同。训练完第一棵决策树后，通过获取每个数据点的误差加权之和来计算树的错误率。然后，使用此加权错误率来确定决策树的权重。如果某棵树的错误率很高，则将该树赋予较低的权重，因为它的预测能力较低；如果错误率较低，则为该树指定更高的权重，因为它具有更高的预测能力。之后，使用第一棵决策树的权重来确定第二棵决策树每个数据点的权重。

错误分类的数据点将被赋予更高的权重，以便第二棵决策树能够尝试降低错误率。按顺序重复此过程，直到达到在训练期间设置的树的数量。所有的树都完成训练后，通过加权投票数最多的树来确定最终预测。由于权重较高的决策树具有较高的预测能力，因此在最终预测中会赋予它更大的影响力。

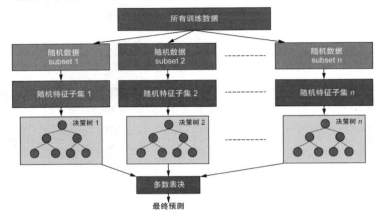

图 3.6　随机森林算法图示

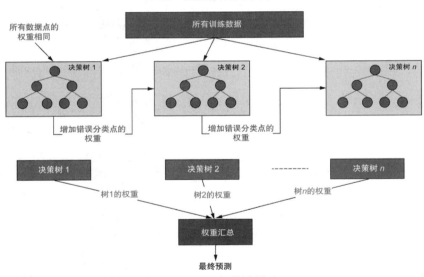

图 3.7　AdaBoost 算法图示

　　梯度提升算法的工作方式略有不同，如图 3.8 所示。与 AdaBoost 一样，第一棵决策树也是针对所有训练数据进行训练的，但与 AdaBoost 不同，权重与数据点无关。训练第一棵决策树后，计算残差指标，即实际目标和预测目标之间的差值。然后，训练第二棵决策树来预测第一棵决策树产生的残差。因此，梯度提升不像 AdaBoost 那样更新每个数据点的权重，而是直接预测残差。每棵树的目标是修复前一棵树的错误。这个过程按顺序重复，直到达到在训练期间设置的树的数量。所有树都完成训练后，通过对所有树的预测求和来得出最终的预测。

如前所述，我们将重点介绍随机森林算法，但用于训练、评估和解释算法的方法也可以扩展到提升技术。

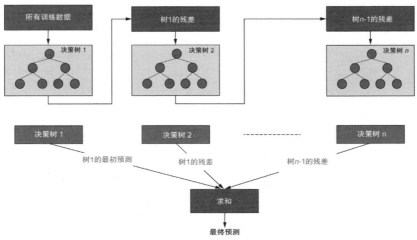

图 3.8　梯度提升算法图示

训练随机森林

现在训练随机森林模型来预测高中生的成绩。以下代码演示了如何在训练模型之前准备数据。注意，我们将数据拆分为训练集、验证集和测试集时，其中 20% 的数据用于测试，其余数据用于训练和验证。此外，在数学这个目标变量上取一个分层样本，以确保训练集和测试集的成绩分布是相同的。你也可以对阅读和写作的成绩轻松创建类似的拆分：

```
import pandas as pd
from sklearn.preprocessing import LabelEncoder

# Load the data
df = pd.read_csv('data/StudentsPerformance.csv')

# First, encode the input features
gender_le = LabelEncoder()
race_le = LabelEncoder()
parent_le = LabelEncoder()
lunch_le = LabelEncoder()
test_prep_le = LabelEncoder()
df['gender_le'] = gender_le.fit_transform(df['gender'])
df['race_le'] = race_le.fit_transform(df['race/ethnicity'])
df['parent_le'] = parent_le.fit_transform(df['parental level of education'])
df['lunch_le'] = lunch_le.fit_transform(df['lunch'])
df['test_prep_le'] = test_prep_le.fit_transform(df['test preparation
  ➥ course']);
```

将数据加载到一个 Pandas DataFrame

因为输入特征是文本的和分类的，所以需要将它们编码为一个数值

拟合并将输入的特征转换为数值

```
# Next, encode the target variables
math_grade_le = LabelEncoder()                          初始化目标变量的标签编码器,
reading_grade_le = LabelEncoder()                       因为必须要将以字母表示的成绩
writing_grade_le = LabelEncoder()                       转换为一个数值
df['math_grade_le'] = math_grade_le.fit_transform(df['math grade'])
df['reading_grade_le'] = reading_grade_le.fit_transform(df['reading grade'])
df['writing_grade_le'] = writing_grade_le.fit_transform(df['writing grade'])

                                                        拟合并将目标变量转换为数值
# Creating training/val/test sets
df_train_val, df_test = train_test_split(df, test_size=0.2,
stratify=df['math_grade_le'], #F shuffle=True, random_state=42)    将数据分成训练集、
feature_cols = ['gender_le', 'race_le',                 验证集、测试集
 'parent_le', 'lunch_le',[CA] 'test_prep_le']
X_train_val = df_train_val[feature_cols]
X_test = df_test[feature_cols]
y_math_train_val = df_train_val['math_grade_le']
y_reading_train_val = df_train_val['reading_grade_le']
y_writing_train_val = df_train_val['writing_grade_le']    提取训练集、验证集、
y_math_test = df_test['math_grade_le']                   测试集的数学、阅读和
y_reading_test = df_test['reading_grade_le']             写作目标向量
y_writing_test = df_test['writing_grade_le']
```

提取训练集、验证集、
测试集的特征矩阵

准备好数据后,现在可以为数学、阅读和写作学科训练 3 个随机森林模型,具体如以下代码所示。注意,可以使用交叉验证技术来确定随机森林分类器的最佳参数。另外,随机森林算法首先获取训练数据的随机子集来训练每棵决策树,对于每棵决策树,模型用特征的随机子集来拆分数据。对于算法中的这两个随机元素,使用 random_state 参数为随机数生成器设置种子非常重要。如果未设置此种子,你将无法获得可重复且一致的结果。首先使用辅助函数创建具有预定义参数的随机森林模型:

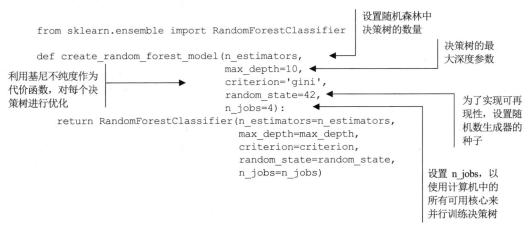

```
from sklearn.ensemble import RandomForestClassifier    设置随机森林中
                                                        决策树的数量
def create_random_forest_model(n_estimators,                    决策树的最
                               max_depth=10,                    大深度参数
利用基尼不纯度作为               criterion='gini',
代价函数,对每个决               random_state=42,
策树进行优化                     n_jobs=4):                      为了实现可再
    return RandomForestClassifier(n_estimators=n_estimators,    现性,设置随
                                  max_depth=max_depth,          机数生成器的
                                  criterion=criterion,          种子
                                  random_state=random_state,
                                  n_jobs=n_jobs)
                                                        设置 n_jobs,以
                                                        使用计算机中的
                                                        所有可用核心来
                                                        并行训练决策树
```

现在使用这个辅助函数来初始化和训练 3 个针对数学、阅读和写作学科的随机森林模型,如下面的代码所示:

用 50 棵决策树初始化数学
模型随机森林分类器

以数学成绩为目标来
拟合分类器

```
math_model = create_random_forest_model(50)
math_model.fit(X_train_val, y_math_train_val)
y_math_model_test = math_model.predict(X_test)

reading_model = create_random_forest_model(25)
reading_model.fit(X_train_val, y_reading_train_val)
y_reading_model_test = reading_model.predict(X_test)

writing_model = create_random_forest_model(40)
writing_model.fit(X_train_val, y_writing_train_val)
y_writing_model_test = writing_model.predict(X_test)
```

使用预训练好的模型
预测测试集中所有学
生的数学成绩

用 25 棵决策树初始
化和训练随机森林分
类器来预测阅读成绩

用 40 棵决策树初始化
和训练随机森林分类
器来预测写作成绩

现在已经分别为数学、阅读和写作学科训练了 3 个随机森林模型,下面评估它们,并与基准模型进行比较,该基准模型始终将所有学科成绩预测为得分人数最多的成绩(本例中为 B)。通常用于分类问题的指标是准确率(accuracy)。但是,此指标不含分类不平衡的情况。在我们的示例中,已经看到学生的成绩非常不平衡,如图 3.3 所示。如果 98%的学生数学获得 B,你可通过始终预测所有学生的成绩都为 B 来蒙骗自己构建了一个准确率达到 98%的高准确率模型。为了度量模型在所有分类中的表现,需要使用更好的指标,如查准率(Precision)、查全率(Recall)和 F1。查准率是度量准确预测分类比例的指标。查全率是度量模型准确预测的实际分类比例的指标。查准率和查全率的等式如下:

$$查准率 = \frac{真阳性}{真阳性 + 假阳性}$$

$$查全率 = \frac{真阳性}{真阳性 + 假阴性}$$

完美的分类器查准率为 1,查全率为 1,因为假阳性(False Positives,又称误报)和假阴性(False Negatives,也称漏报)的数量均为 0。但在实践中,这两个指标是相互矛盾的——需要在误报和漏报之间进行权衡。当你努力减少误报来提高查准率时,代价将是漏报数量的增加(更低的查全率)。为了在查准率和查全率之间找到最佳平衡,可以将这两个指标组合成一个新指标——F1。F1 是查准率和查全率的调和平均值,具体如下所示:

$$F1 = 2 \cdot \frac{查准率 \cdot 查全率}{查准率 + 查全率}$$

表 3.1 展示了所有 3 种模型的性能。并将它们与每个学科的基准模型进行比较，以确定新模型在性能方面的改进程度。教育局局长最可能使用的基准模型是预测所有人每个学科的成绩为多数人得分成绩(本例中为 B)。

表 3.1   3 种模型的性能

	查准率(%)	查全率(%)	F1 分数(%)
数学基准	23	49	32
数学模型	39	41	39
阅读基准	24	49	32
阅读模型	39	43	41
写作基准	18	43	25
写作模型	44	45	41

在模型性能方面，可以看到数学和阅读学科的随机森林模型在查全率和 F1 方面的性能优于基准模型。然而，基准模型的数学和阅读模型在查全率方面比随机森林模型性能更好。由于基准模型始终将 3 个学科的成绩预测为得分人数最多的那一档(本例中为 B)，那么其预测结果多数会是正确的。但查全率和 F1 给了我们一个更好的度量整体预测准确率的指标。写作学科的随机森林模型在所有 3 个指标上都比基准模型的好。教育局局长很满意这个结果，但她想了解模型是如何做出预测的。3.3 和 3.4 节将了解如何解释随机森林模型。

训练 AdaBoost 和梯度提升树

可使用 Scikit-Learn 提供的 AdaBoostClassifier 类来训练 AdaBoost 分类器。可使用如下代码在 Python 中初始化一个 AdaBoost 分类器：

```
from sklearn.ensemble import AdaBoostClassifier
math_adaboost_model = AdaBoostClassifier(n_estimators=50)
```

可使用 Scikit-Learn 提供的 GradientBoostingClassifier 类来训练梯度提升树分类器，具体如下所示：

```
from sklearn.ensemble import GradientBoostingClassifier
math_gbt_model = GradientBoostingClassifier(n_estimators=50)
```

训练模型的方式与使用随机森林分类器的方式相同。梯度提升树的变体(如 CatBoost 和 XGBoost)的执行速度更快，并且可扩容。作为本节的练习题，你可以尝试针对所有 3 个学科训练 AdaBoost 和梯度提升分类器，并将结果与随机森林模型进行比较。

3.3　解释随机森林

随机森林是多棵决策树的集合，因此可通过平均所有决策树的规范化特征重要性来查看每个特征的全局相对重要性。通过第 2 章的学习，我们知道如何计算决策树的特征重要性。假设有如下所示的决策树 t：

$$
\underbrace{I_{i,t}^{\text{feature}}}_{\substack{\text{Importance} \\ \text{of feature } i \\ \text{in decision tree } t}} = \frac{\overbrace{\displaystyle\sum_{j\in\mathbb{J}} I_{j,t}^{\text{node}}}^{\substack{\text{Sum of importance} \\ \text{of all nodes } j \\ \text{that split on feature } i \\ \text{in decision tree } t}}}{\underbrace{\displaystyle\sum_{k\in\mathbb{K}} I_{k,t}^{\text{node}}}_{\substack{\text{Sum of importance} \\ \text{of all nodes } k \\ \text{in decision tree } t}}}
$$

为了计算相对重要性，需要规范化前面展示的特征重要性，方法是将其除以所有特征重要性的和，如下所示：

$$
\underbrace{I_{i,t}^{\text{feature}}}_{\substack{\text{Importance} \\ \text{of feature } i \\ \text{in decision tree } t}} = \frac{\overbrace{\displaystyle\sum_{j\in\mathbb{J}} I_{j,t}^{\text{node}}}^{\substack{\text{Sum of importance} \\ \text{of all nodes } j \\ \text{that split on feature } i \\ \text{in decision tree } t}}}{\underbrace{\displaystyle\sum_{k\in\mathbb{K}} I_{k,t}^{\text{node}}}_{\substack{\text{Sum of importance} \\ \text{of all nodes } k \\ \text{in decision tree } t}}}
$$

现在可通过对所有决策树中每个特征的规范化特征重要性进行平均来轻松计算随机森林中每个特征的全局相对重要性。需要注意的是，对于 AdaBoost 和梯度提升树，特征重要性的计算方式是相同的。

$$
\underbrace{I_{i}^{\text{feature}}}_{\substack{\text{Relative Importance} \\ \text{of feature } i}} = \frac{\overbrace{\displaystyle\sum_{t\in\text{all trees}} \overline{I}_{i,t}^{\text{feature}}}^{\substack{\text{Sum of normalized importance} \\ \text{of feature } i \\ \text{across all decision trees}}}}{\underbrace{T}_{\substack{\text{Total number of trees}}}}
$$

可以使用 Python 从 Scikit-Learn 随机森林模型中获取特征重要性值并绘制相关图表：

获取数学学科随机森林
模型的特征重要性

获取阅读学科随机森林
模型的特征重要性

```
math_fi = math_model.feature_importances_ * 100
reading_fi = reading_model.feature_importances_ * 100
writing_fi = writing_model.feature_importances_ * 100

feature_names = ['Gender', 'Ethnicity', 'Parent Level of Education',
                 'Lunch', 'Test Preparation']
```

初始化特征名列表

获取写作学科随机森林
模型的特征重要性

```
# Code below plots the relative feature importance
# of the math, reading and writing random forest models
fig, ax = plt.subplots()
index = np.arange(len(feature_names))
bar_width = 0.2
opacity = 0.9
error_config = {'ecolor': '0.3'}
ax.bar(index, math_fi, bar_width,
       alpha=opacity, color='r',
       label='Math Grade Model')
ax.bar(index + bar_width, reading_fi, bar_width,
       alpha=opacity, color='g',
       label='Reading Grade Model')
ax.bar(index + bar_width * 2, writing_fi, bar_width,
       alpha=opacity, color='b',
       label='Writing Grade Model')
ax.set_xlabel('')
ax.set_ylabel('Feature Importance (%)')
ax.set_xticks(index + bar_width)
ax.set_xticklabels(feature_names)
for tick in ax.get_xticklabels():
    tick.set_rotation(90)
ax.legend(loc='center left', bbox_to_anchor=(1, 0.5))
ax.grid(True);
```

特征及其重要性值如图 3.9 所示。从图中可以看出，3 个学科最重要的两个特征是父母受教育程度和学生的种族。这是有用的信息，但它并没有告诉我们任何关于不同受教育程度和种族如何影响成绩的信息。

此外，可以很容易地计算和可视化集成树的特征重要性，但是当观察神经网络和更复杂的黑盒模型时，这会变得更困难，第 4 章你将更加明显地感受到这一点。因此，需要研究与模型无关的可解释技术。这些与模型无关的方法将在下一节介绍。

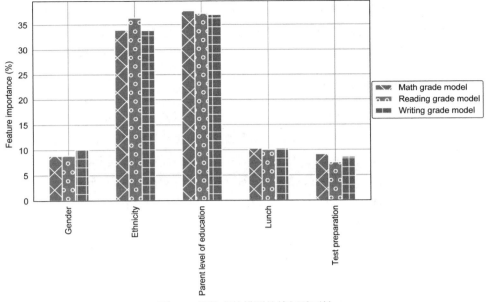

图 3.9　随机森林模型的特征重要性

3.4　模型无关方法：全局可解释

到目前为止，我们一直在讨论基于特定模型或者模型依赖的可解释技术。对于白盒模型，我们学习了如何使用最小二乘法学习的权重来解释线性回归模型。通过将其可视化为二叉树来解释决策树，其中每个节点使用 CART 算法决定的特征来拆分数据。还可以基于特定模型的计算来可视化特征的全局重要性。通过可视化单个特征在目标上的基础样条的平均效应，然后边缘化其余特征来解释 GAM。这些可视化工具称为部分依赖图或部分效果图。

对于像集成树这样的黑盒模型，可以计算特征的全局相对重要性，但不能将这种计算扩展到神经网络等其他黑盒模型。为了更好地解释黑盒模型，现在将探索与模型无关的方法，并把它们应用于任何类型的模型。本章还会把关注点集中在全局可解释技术上。全局可解释技术旨在更好地理解整个模型，即特征对目标变量的全局影响。其中一种全局可解释与模型无关的方法是部分依赖图(Partial Dependence Plots，PDP)。你将在下一节了解如何将第 2 章学到的针对 GAM 的 PDP 扩展到随机森林等黑盒模型。我们将正式确定 PDP 的定义，并了解如何扩展 PDP 以可视化任何两个特征之间的交互，以验证模型是否依赖于它们之间的相互关系。

与模型无关的可解释技术也可以是局部的。可以使用这些技术来解释特定局部实例或预测模型。LIME、SHAP 和锚定等技术是模型无关的局部可解释技术，你将在第 4 章中了解有关它们的更多信息。

3.4.1 部分依赖图

正如第 2 章看到的 GAM 所示，部分依赖图(PDP)的思想是显示特征的不同取值对模型预测的边际或平均影响。假设 f 为模型要学习的函数。对于高中生成绩的预测问题，f_{math}、$f_{reading}$ 和 $f_{writing}$ 分别是基于随机森林模型为数学、阅读和写作这 3 个学科训练得到的函数。对于每个学科，只要给定输入特征的值，该函数会预测得到某成绩的概率。现在为方便理解，先关注随机森林数学模型。之后你可以轻松地把接下来要学到的理论扩展到其他学科。

假设在随机森林数学模型中，想要了解父母受教育程度对预测给定成绩(A，B，C，或 F)的影响。为此，需要执行以下操作：

- 对其余(不感兴趣的)特征使用与数据集中相同的值。
- 通过把样本集中所有父母受教育程度设置为你感兴趣的值来创建一个人工数据集——如果你对观察(父母受教育程度为)高中对学生成绩的平均影响感兴趣，则把样本集中所有父母的受教育程度设置为高中。
- 运行整个模型，并获取这个新建人工数据集(模型输入)中所有数据点的预测值(模型输出)。
- 取预测结果的平均值，以获得父母受教育程度的总体平均影响。

换成更正式的讲法就是，如果想绘制特征 S 的部分依赖性，将其余特征边缘化称为集合 C，将特征 S 设置为感兴趣的值，然后观察数学模型对特征 S 的平均响应，这里假设集合 C 中所有特征的值都是已知的。来看一个具体的示例。假设我们对父母受教育程度对学生数学成绩的边际影响感兴趣，在本例中，特征 S 表示父母受教育程度，其余特征被表示为 C。为了理解高中教育水平的效应，将特征 S 设置为对应高中教育的值(感兴趣的值)，并且在已知其余特征值的情况下，取数学模型输出的平均值。数学上的表示如下：

$$\hat{f}_{math,x_s}(x_s \mid \mathbf{X}_C) = \frac{1}{n}\sum_{i-1}^{n} f_{math}(x_s, x_C^{(i)})$$

在这个等式中，特征 S 的局部函数是通过计算学习函数 f_{math} 输出的平均值获得的，这里假设集合 C 中的特征值对于训练集中的所有样本(样本总数 n)都是已知的。

　　请务必注意，如果特征 S 与集合 C 中的特征有关系，那么 PDP 是不可信任的。为什么呢？为了确定特征 S 的给定值的平均影响，我们创建了一个人造数据集，其中使用集合 C 中所有特征的实际特征值，但把特征 S 的值更改为感兴趣的特征值。如果特征 S 与集合 C 中的任何特征高度相关，则我们可能创建了一个和真实情况相距甚远的人工数据集。举个具体的示例，假设想了解父母的高中受教育程度对学生成绩的平均影响。我们将在训练集中将父母的受教育程度设置为高中。现在，如果父母的受教育程度与种族高度相关，我们知道在给定种族的情况下父母的受教育程度，那么某些种族的父母只有高中受教育程度是非常不太可能的。因此，创建了一个人工数据集，其分布与原始训练数据不匹配。因为模型没有接触过那种数据分布，所以该模型的预测可能会大大偏离，导致 PDP 不可信。我们将在 3.4.2 节中再探讨这种局限性。

　　现在看看如何实现 PDP。在 Python 中，你可以使用 Scikit-Learn 提供的实现，但这导致你只能使用梯度提升的回归器或分类器。Python 中真正与模型无关的、更好的实现是由 Jiangchun Lee 开发的 PDPBox。你可以使用如下方式安装此库：

```
pip install pdpbox
```

　　现在来看看 PDP 的实际应用。我们将首先关注 3.3 节中涉及的最重要的特征——父母受教育程度(见图 3.9)。可以看看不同受教育程度对预测数学成绩 A、B、C 和 F 的影响：

仅提取由标签编码的特征列　　　　　　　　　从 PDPBox 导入 PDP 函数
```
from pdpbox import pdp

feature_cols = ['gender_le', 'race_le', 'parent_le', 'lunch_le',
  'test_prep_le']

pdp_education = pdp.pdp_isolate(model=math_model,
                                dataset=df,
                                model_features=feature_cols,
                                feature='parent_le')
ple_xticklabels = ['High School',
                   'Some High School',
                   'Some College',
                   "Associate\'s Degree",
                   "Bachelor\'s Degree",
                   "Master\'s Degree"]
# Parameters for the PDP Plot
plot_params = {
    # plot title and subtitle
    'title': 'PDP for Parent Level Educations - Math Grade',
    'subtitle': 'Parent Level Education (Legend): \n%s' % (parent_title),
    'title_fontsize': 15,
    'subtitle_fontsize': 12,
    # color for contour line
```

使用预加载的数据集

用学习到的数学随机森林模型获得父母受教育程度的部分依赖函数

除了父母受教育程度之外边缘化所有其他特征

按从低到高排序的受教育程度来初始化 x 轴标签

```
            'contour_color': 'white',
            'font_family': 'Arial',
            # matplotlib color map for interact plot
            'cmap': 'viridis',
            # fill alpha for interact plot
            'inter_fill_alpha': 0.8,
            # fontsize for interact plot text
            'inter_fontsize': 9,
}
# Plot PDP of parent level of education in matplotlib
fig, axes = pdp.pdp_plot(pdp_isolate_out=pdp_education,
  feature_name='Parent Level Education',
                    center=True, x_quantile=False, ncols=2,
  plot_lines=False, frac_to_plot=100,
                    plot_params=plot_params, figsize=(18, 25))
axes['pdp_ax'][0].set_xlabel('Parent Level Education')
axes['pdp_ax'][1].set_xlabel('Parent Level Education')
axes['pdp_ax'][2].set_xlabel('Parent Level Education')
axes['pdp_ax'][3].set_xlabel('Parent Level Education')
axes['pdp_ax'][0].set_title('Grade A')
axes['pdp_ax'][1].set_title('Grade B')
axes['pdp_ax'][2].set_title('Grade C')
axes['pdp_ax'][3].set_title('Grade F')
axes['pdp_ax'][0].set_xticks(parent_codes)
axes['pdp_ax'][1].set_xticks(parent_codes)
axes['pdp_ax'][2].set_xticks(parent_codes)
axes['pdp_ax'][3].set_xticks(parent_codes)
axes['pdp_ax'][0].set_xticklabels(ple_xticklabels)
axes['pdp_ax'][1].set_xticklabels(ple_xticklabels)
axes['pdp_ax'][2].set_xticklabels(ple_xticklabels)
axes['pdp_ax'][3].set_xticklabels(ple_xticklabels)
for tick in axes['pdp_ax'][0].get_xticklabels():
    tick.set_rotation(45)
for tick in axes['pdp_ax'][1].get_xticklabels():
    tick.set_rotation(45)
for tick in axes['pdp_ax'][2].get_xticklabels():
    tick.set_rotation(45)
for tick in axes['pdp_ax'][3].get_xticklabels():
    tick.set_rotation(45)
```

以上代码将生成图3.10。每个成绩(A、B、C 和 F)的父母受教育程度的部分依赖性被单独显示出来。部分依赖函数的值的范围为0～1，因为此分类器的输出也是0～1的概率度量。现在，我们聚焦到特定的成绩，并分析父母受教育程度对学生成绩的影响。

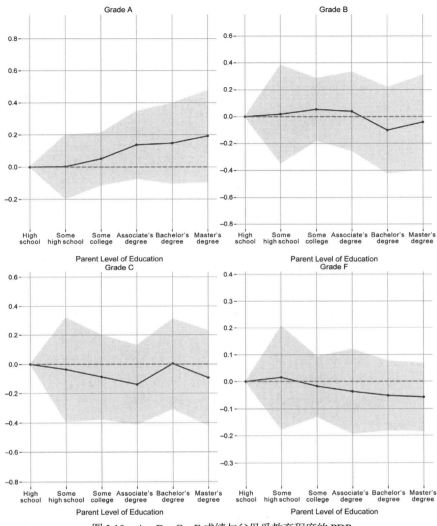

图 3.10　A、B、C、F 成绩与父母受教育程度的 PDP

在图 3.11 中，集中看看数学成绩为 A 的 PDP。在 3.1.1 节中看到，当父母拥有硕士学位时，获得数学成绩 A 的学生比例高于父母拥有高中学位的学生(见图 3.4)。随机森林模型是否得到这个结论？从图 3.11 可以看出，随着父母受教育程度的提高，对学生获得成绩 A 的影响也在增加。如果父母只受过高中教育，这个特征对预测数学成绩 A 的影响接近 0，可以忽略不计。这意味着拥有高中教育这个特征对模型不会有任何改变，并且在预测成绩 A 时，除了父母受教育程度之外的其他特征也会发挥作用。然而，当父母拥有硕士学位时，可以看到有大约+0.2 的额外影响。这意味着父母的硕士学位对其子女(学生)获得成绩 A 的概率提高了大约 0.2。

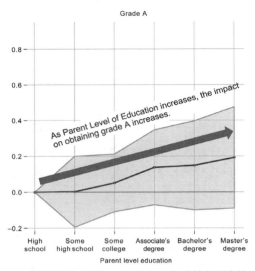

图 3.11　解释数学成绩为 A 的学生父母受教育程度的 PDP

　　在图 3.12 中，我们集中看看数学成绩为 F 的 PDP。可以注意到成绩 F 的下降趋势——父母受教育程度越高，对预测成绩 F 的负面影响就越大。可以看到，父母拥有硕士学位时，在预测成绩 F 时平均有大约 -0.05 的负面影响。这意味着拥有硕士学位的父母降低了其子女(学生)获得成绩 F 的可能性，因此也增加了子女(学生)获得成绩 A 的可能性。该发现非常有用，这是仅仅通过观察特征重要性不可能得到的结论。这将使系统的最终用户(即教育局局长)更信任她正在使用的模型。

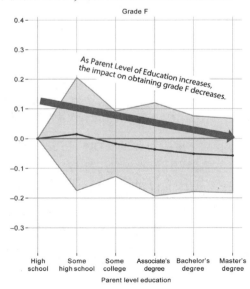

图 3.12　解释数学成绩为 F 的学生父母受教育程度的 PDP

最后，作为练习题，我鼓励你把数学成绩和父母受教育程度的 PDP 代码扩展到其他学科——阅读和写作。你可以检查随机森林模型是否掌握了 3.1.1 节中观察到的模式(见图 3.4)。还可以将代码扩展到其他功能。也可以选择次要特征，即学生的种族或民族，并为这个特征生成 PDP。

3.4.2　特征的相互作用

可以扩展 PDP 来理解特征间的相互作用。回顾 3.4.1 节中的等式，现在看一下集合 S 中的两个特征，并把其余特征边缘化。下面介绍这两个最重要的特征之间的相互作用，即用父母受教育程度和学生种族来预测数学成绩 A、B、C 和 F。使用 PDPBox，可以很容易地把成对的特征交互作用可视化出来：

从学习到的数学随机森林
模型中获得了两个特征之
间的特征相互作用

使用预加载的数据集

设置特征列名

需要获取相互作用的
特征列表

```
pdp_race_parent = pdp.pdp_interact(model=math_model,
                                   dataset=df,
                                   model_features=feature_cols,
                                   features=['race_le', 'parent_le'])

# Parameters for the Feature Interaction plot
plot_params = {
    # plot title and subtitle
    'title': 'PDP Interaction - Math Grade',
    'subtitle': 'Race/Ethnicity (Legend): \n%s\nParent Level of Education
    ↪ (Legend): \n%s' % (race_title, parent_title),
    'title_fontsize': 15,
    'subtitle_fontsize': 12,
    # color for contour line
    'contour_color': 'white',
    'font_family': 'Arial',
    # matplotlib color map for interact plot
    'cmap': 'viridis',
    # fill alpha for interact plot
    'inter_fill_alpha': 0.8,
    # fontsize for interact plot text
    'inter_fontsize': 9,
}

# Plot feature interaction in matplotlib
fig, axes = pdp.pdp_interact_plot(pdp_race_parent, [CA]['Race/Ethnicity',
↪ 'Parent Level of Education'],
                        plot_type='grid', plot_pdp=True,
                          ↪ plot_params=plot_params)
axes['pdp_inter_ax'][0]['_pdp_x_ax'].set_xlabel('Race/Ethnicity (Grade A)')
axes['pdp_inter_ax'][1]['_pdp_x_ax'].set_xlabel('Race/Ethnicity (Grade B)')
axes['pdp_inter_ax'][2]['_pdp_x_ax'].set_xlabel('Race/Ethnicity (Grade C)')
axes['pdp_inter_ax'][3]['_pdp_x_ax'].set_xlabel('Race/Ethnicity (Grade F)')
axes['pdp_inter_ax'][0]['_pdp_x_ax'].grid(False)
```

以上代码将生成图 3.13。总共包括 4 张图，每个成绩一张图。特征的相互作用在 2-D 网格中被可视化，其中 6 个父母受教育程度的特征位于 y 轴上，5 个种族特征位于 x 轴上。我将集中在成绩 A 中分解和进一步解释这个绘图。

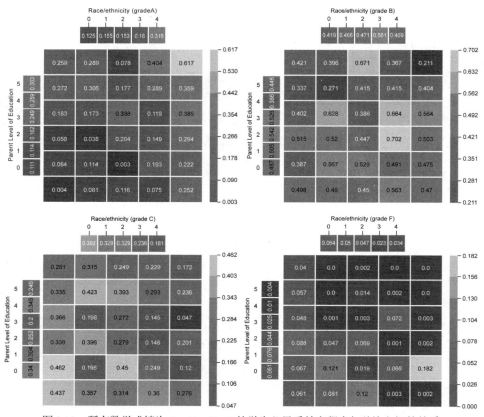

图 3.13   所有数学成绩为 A、B、C、F 的学生父母受教育程度与种族之间的关系

图 3.14 展示了数学成绩 A 的特征交互图，父母受教育程度在 y 轴上，学生的虚构种族在 x 轴上。当你从 y 轴的底部向顶部看时，父母受教育程度从高中到硕士学位排列。高中教育由值 0 来表示，硕士学位由值 5 来表示。x 轴显示 5 个不同的种族——A、B、C、D 和 E。种族 A 由值 0 来表示，B 由值 1 来表示，C 由值 2 来表示，依此类推。每个单元格中的数字表示特定的父母受教育程度和学生种族对获得成绩 A 的影响。

举例说明，最下一行和最左列中的单元格表示属于种族 A 和父母受过高中教育对学生获得成绩 A 的平均影响。另请留意网格的每个单元格中的数值——较小的数字表示较低的影响，较高的数字表示对预测成绩 A 的影响较高。

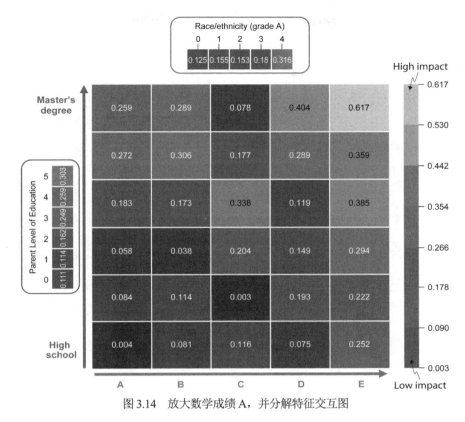

图 3.14　放大数学成绩 A，并分解特征交互图

现在我们聚集在种族 A，它是网格中的最左列，就是图 3.15 中突出显示的那个列。可以看到，随着父母受教育程度的提高，对预测成绩 A 的影响也在增加。这是有道理的，因为它表明父母受教育程度对成绩的影响大于种族。图 3.9 中所示的特征重要性图也验证了这一点。因此，该模型很好地掌握了这种模式。

但是，图 3.16 中突出显示的第三列种族 C 发生了什么呢？看起来，父母拥有高中学历在预测成绩 A 方面比父母拥有硕士学位具有更高的正面影响(将最下面的单元格与突出显示列的最上面的单元格进行比较)。看起来，父母拥有副学士学位在预测成绩 A 方面的正面影响比其他受教育程度都要高(请参阅突出显示列往下的第三个单元格)。

这有点让人担心，因为它可能会暴露以下一个或多个问题：

- 父母受教育程度可能与种族特征相关，因此会产生不可信的特征交互图。
- 数据集不能准确地表达人口比例，尤其是在种族 C 上，这称为采样偏差。
- 该模型存在偏见，没有很好地理解父母受教育程度与种族之间的相互作用。
- 该数据集揭示了社会中的系统性偏见。

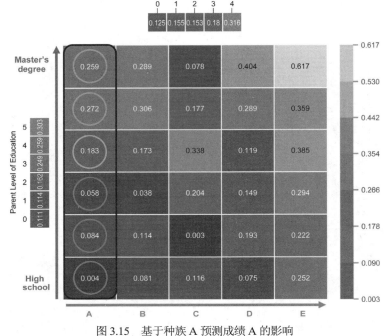

图 3.15 基于种族 A 预测成绩 A 的影响

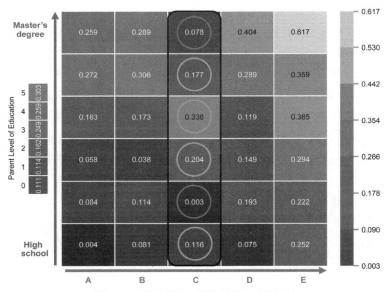

图 3.16 基于种族 C 预测成绩 A 的影响

第一个问题暴露了 PDP 的局限性，我们将在下一段讨论这个局限性。第二个问题可通过收集更多具有代表性的人口数据来解决。你将在第 8 章了解其他形式的偏见以及如何缓解这些问题。第三个问题可通过添加或设计更多特征并训练更好、更复杂的模型来解决。最后一个问题较难解决，需要改善政策和法律，这超出了本书的讨论范围。

为了检查第一个问题是否存在，看看父母受教育程度与种族之间的相关性。你在第 2 章学习了如何计算可视化相关矩阵。我们使用皮尔逊相关系数来量化这个问题的特征之间的相关性。此系数只能用于数值特征，而不能用于分类特征。由于此示例中处理的是分类特征，因此必须使用不同的指标。这里使用 Cramer's V 统计法，因为它能度量两个分类变量之间的关联。它的统计结果可以介于 0 和 1 之间，其中 0 表示无相关性/关联，1 表示最大相关性/关联。以下辅助函数可用于计算这种统计信息：

```
import scipy.stats as ss

def cramers_corrected_stat(confusion_matrix):
    """ Calculate Cramers V statistic for categorial-categorial association.
        uses correction from Bergsma and Wicher,
        Journal of the Korean Statistical Society 42 (2013): 323-328
    """
    chi2 = ss.chi2_contingency(confusion_matrix)[0]
    n = confusion_matrix.sum().sum()
    phi2 = chi2/n
    r,k = confusion_matrix.shape
    phi2corr = max(0, phi2 - ((k-1)*(r-1))/(n-1))
    rcorr = r - ((r-1)**2)/(n-1)
    kcorr = k - ((k-1)**2)/(n-1)
    return np.sqrt(phi2corr / min( (kcorr-1), (rcorr-1)))
```

可以计算父母受教育程度与种族之间的相关性：

```
confusion_matrix = pd.crosstab(df['parental level of education'],
                               df['race/ethnicity'])
print(cramers_corrected_stat(confusion_matrix))
```

通过执行这段代码，可以看到父母受教育程度与种族之间的相关性或关联性为 0.0486。这是相当低的，因此，可以排除特征交互图或 PDP 不值得信任的问题。

在图 3.5 中看到，属于种族 C 的学生总体上比属于种族 A 的学生表现得更好，可能是模型已经掌握了这种模式。可通过查看图 3.14、3.15 和 3.16 中最上面的图例来验证它。如果学生属于种族 C，则对预测成绩 A 有+0.153 的正面影响，这比学生属于种族 A 时的影响(即+0.125)更大。现在看一下种族 A 和种族 C 之间父母受教育程度分布的差异，如图 3.17 所示。

在图 3.17 中可以看到，属于种族 A 的学生父母比属于种族 C 的学生父母有更多人属于高中教育(或同等学力)水平。看起来种族 C 的学生父母拥有副学士学位的比例高于总体人口和种族 A。分布的差异非常惊人。我们不确定数据集是否准确地代表了总体人口和每个种族群体的情况。作为数据科学家，重要的是要向利益相关者(本例中为教育局局长)强调这个发现，并确保数据集是合理的和没有抽样偏差的。

本节中要理解的重点是，可解释技术(尤其是 PDP 和特征交互)是在将模型部署到生产环境之前发现模型或数据潜在问题的绝佳工具。仅通过观察特征重要性，不会发现本节中的任何见解。作为练习，我鼓励你在其他黑盒模型(如梯度提升树)上使用 PDPBox 包。

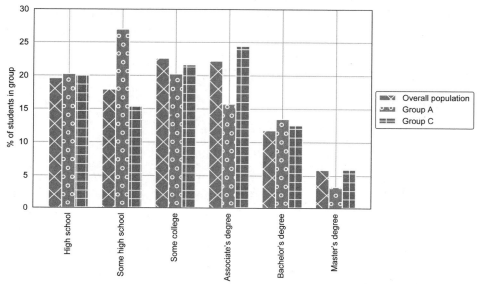

图 3.17　种族 A 和种族 C 的学生父母受教育程度分布的比较

累积局部效应

本章中，我们已经看到，如果特征彼此相关，则基于它们的 PDP 和特征交互图是不可信的。一种无偏倚的并能克服 PDP 局限性的可解释技术称为累积局部效应(Accumulated Local Effects，ALE)。这项技术由 Daniel W. Apley 和 Jingyu Zhu 于 2016 年提出。在撰写本文时，ALE 仅以 R 编程语言实现。Python 实现仍在开发中，尚不支持分类特征。由于 ALE 的实现尚未成熟，我们将在本书的后续版本中更深入地介绍这项技术。

下一章将进入黑盒神经网络的世界。我们将做出很大的飞跃，因为神经网络本质上是复杂的，因此需要更复杂的可解释技术来理解它们。我们将特别关注局部与模型无关的技术，如 LIME、SHAP 和锚定。

3.5　本章小结

- 与模型无关的可解释技术不依赖于特定类型的模型。它们可应用于任何模型，因为它们独立于模型的内部结构。

- 全局可解释技术将帮助我们将整个模型作为一个整体来理解。

- 为了克服过拟合的问题，可通过两种广泛使用的方式——组合或集成决策树：袋装和提升。

- 使用袋装技术，在训练数据的多个随机子集上并行训练多棵决策树。使用这些独立的决策树来做出预测，并通过合并它们的平均值得出最终预测。随机森林就是使用袋装技术的集成树。

- 与袋装技术一样，提升技术也会训练多棵决策树，但是串行的。第一棵决策树通常是浅树，在训练集上进行训练。第二棵决策树的目标是从第一棵树所犯的错误中学习，并进一步提升表现。使用这种技术，我们将多棵决策树串在一起，它们迭代地尝试优化和减少前一棵决策树所犯的错误。自适应提升和梯度提升是两种常见的提升算法。

- 可以使用 Scikit-Learn 包提供的 RandomForestClassifier 类作为 Python 中的分类任务训练随机森林模型。此实现还能帮助你轻松计算特征的全局相对重要性。

- 可以分别使用 Scikit-Learn AdaBoostClassifier 和 GradientBoostingClassifier 类来训练 Scikit-Learn 自适应提升和梯度提升分类器。梯度提升树的变体(如 CatBoost 和 XGBoost)的执行速度更快，并可扩容。

- 对于集成树，可以计算特征的全局相对重要性，但不能将此计算扩展到其他黑盒模型，如神经网络。

- 部分依赖图(PDP)是一种全局与模型无关的可解释技术，可以用来理解不同特征值对模型预测的边际或平均影响。如果特征彼此相关，则 PDP 不可信。可以使用 PDPBox Python 包来实现 PDP。

- 也可扩展 PDP 来了解特征交互。PDP 和特征交互图可用于揭示潜在的问题，如采样偏差和模型偏差。

第4章

局部与模型无关可解释技术

本章涵盖以下主题：

- 深度神经网络的特性
- 如何实现深度神经网络(本质上是黑箱模型)
- 作用于局部的基于扰动且模型无关的方法，如 LIME、SHAP 和锚定
- 如何使用 LIME、SHAP 和锚定来解释深度神经网络
- LIME、SHAP 和锚定的优缺点

上一章研究了集成树，特别是随机森林模型，并学习了如何使用全局与模型无关方法来解释它们，如部分依赖图(PDP)和特征交互图。我们已看到，PDP 是理解单个特征值如何在全局尺度上影响最终模型预测的一种很好的方法。我们还能够使用特征交互图看到特征如何相互作用，以及如何使用它们来暴露潜在的问题，如偏见。PDP易于理解和直观，但主要缺点是它们假定特征是相互独立的。此外，特征交互图不能对高阶特征交互进行可视化。

本章将研究黑盒神经网络，特别是关注深度神经网络(DNN)。这些模型本身就很复杂，需要更复杂的可解释技术来理解它们。我们将特别关注诸如局部与模型无关解释(Local Interpretable Model-agnostic Explanations，LIME)、沙普利可加性解释(SHapley Additive exPlanations，SHAP)和锚定(anchor)等技术。与 PDP 和特征交互图等全局可解释技术不同，这些技术是局部可解释技术，这意味着可以使用它们来解释单个实例或预测结果。

我们将遵循与前面章节类似的结构。从一个具体的示例开始讲解：构建一个乳腺癌诊断模型。我们将探索新的数据集，并学习如何使用 PyTorch 训练和评估 DNN。然后，将学习如何解释它们。值得重申的是，虽然本章的重点是解释 DNN，但也将涵盖

DNN 的基本概念以及如何训练和测试它们。因为学习、测试和理解阶段是迭代的，所以同时涵盖这 3 个阶段很重要。我们还将在前面部分介绍一些关键的见解和概念，这些见解和概念在模型解释过程中非常有用。已熟悉 DNN 以及如何训练和测试它们的读者可以跳过前面部分，直接跳到 4.4 节(介绍模型的可解释)。

4.1　Diagnostics+ AI 示例：乳腺癌诊断

下面介绍一个具体的示例。回到第 1 章和第 2 章介绍的 Diagnostics+中心。该中心希望扩大其 AI 能力，以诊断乳腺癌，并已将约 570 名患者乳腺肿块的细针抽吸图像数字化。然后从这些数字化图像中提取出以下细胞特征。对于每个细胞，使用以下 10 个特征来描述：

- 半径
- 纹理
- 周长
- 面积
- 平滑度
- 紧密度
- 凹面
- 凹点
- 对称性
- 分形维数

对于患者图像中出现的所有细胞，分别计算这 10 个特征的均值、标准误差和最大值(又称最差值[1])。因此，每个患者共有 30 个特征。鉴于这些输入特征，AI 系统的目标是预测细胞是良性还是恶性，并为医生提供一个置信度分数，以帮助他们诊断。整个流程详见图 4.1。

图 4.1　Diagnostics+ AI 乳腺癌诊断示意图

---

1 译者注："最差值"与"最大值"是同一概念，因为恶性肿瘤的细胞通常比良性肿瘤的更大。

4.2　探索性数据分析

现在进行探索性数据分析以更好地理解这个数据集。探索性数据分析是模型开发阶段的一个重要步骤。我们将重点研究数据的体量、目标分类的分布，以及细胞的面积、半径和周长等特征是否可以用来区分良性和恶性病例。我们将使用本节讲解的很多见解来确定应该使用哪些特征来训练模型，应该使用哪些指标来评估模型，以及如何使用本章稍后介绍的技术来解释模型。

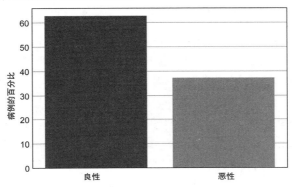

图 4.2　良性和恶性病例的分布情况

该数据集共包含 569 例患者病例和 30 个特征。这些特征都是连续值。图 4.2 为良性和恶性病例的比例。569 例中，357 例(约 62.7%)为良性，212 例(约 37.3%)为恶性。这表明数据集是不平衡的。正如在第 3 章所见，当一个类存在不成比例的样本或数据点时，数据是不平衡的。大多数机器学习算法在样本分布均匀时效果最好。大多数算法旨在最小化误差或最大化准确率，这些算法自然偏向于占多数的分类。概括地说，在处理不平衡数据集时，应该注意以下两点：

- 使用合适的性能指标(如查准率、查全率和 F1 度量)测试和评估模型。
- 对训练数据重新采样，对多数类欠采样，或对少数类过采样。

我们将在 4.3.2 节进一步讨论这个问题。现在看看细胞的面积、半径和周长的分布，了解良性和恶性病例之间是否存在主要区别。图 4.3 显示了细胞面积的均值、最差值(最大值)的分布。

从图 4.3 中可以看到，如果细胞面积均值大于 750，那么该病例更有可能是恶性而不是良性病例。此外，如果细胞面积最差值(最大值)大于 1000，那么该病例更有可能是恶性病例。通过观察与细胞区域相关的两个特征，恶性和良性病例之间似乎有一个很好辨识但很微弱的区别。

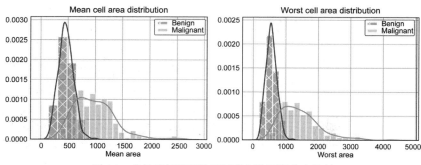

图 4.3   良性病例和恶性病例的细胞面积分布比较

下面再看看细胞的半径和周长。图 4.4 和图 4.5 分别显示了半径和周长的分布。我们看到良性和恶性病例之间也有类似的区别。例如，半径均值大于 15 的病例更有可能是恶性而不是良性病例。此外，如果细胞周长最差值(最大值)大于 100，那么该病例更有可能是恶性病例。

这种探索性数据分析旨在了解这些特征在预测目标变量(即给定病例是良性还是恶性)方面的表现如何。通过查看图 4.3、4.4 和图 4.5 的分布，可以看到在我们所考虑的 6 个特征中良性和恶性病例之间有很好的分离信号。在本章后续部分，还将使用这些见解来验证通过 LIME、SHAP 和锚定获得的解释。

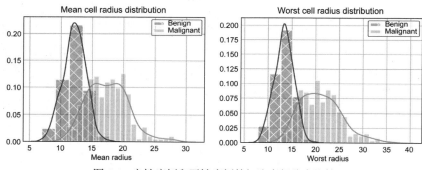

图 4.4   良性病例和恶性病例的细胞半径分布比较

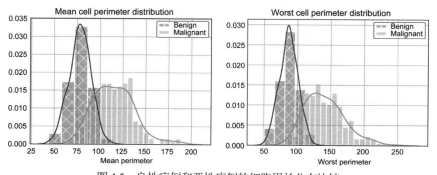

图 4.5   良性病例和恶性病例的细胞周长分布比较

最后来看看每个输入特征彼此之间和目标变量之间的相关性。我们知道输入特征是连续值，但目标变量是离散值和二进制值。在数据集中，恶性病例编码为 0，良性病例编码为 1。因为输入的特征和目标都是数值，所以可以使用皮尔逊相关系数或标准相关系数来度量相关性。正如你在第 2 章所见，皮尔逊相关系数度量了两个变量之间的线性相关性，并得出一个在-1 和 1 之间的值。如果系数大于 0.7，则意味着具有很高的相关性；如果系数在 0.5 到 0.7 之间，则意味着具有中等相关性；如果系数在 0.3 到 0.5 之间，则表示相关性较低；如果系数小于 0.3，则表示很少或没有相关性。使用 Pandas 提供的 corr()函数可以轻松地计算成对相关性。作为练习，请重复使用 2.2 节学到的代码来计算和绘制相关矩阵。加载数据集的代码可以在 4.3.1 节找到。乳腺癌数据集相关性分析的结果如图 4.6 所示。

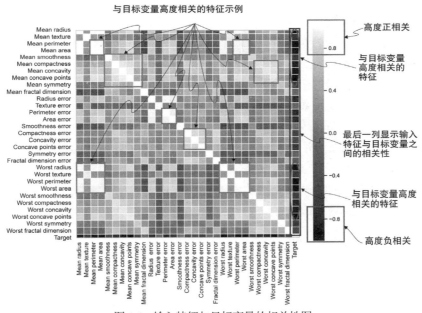

图 4.6　输入特征与目标变量的相关性图

在图 4.6 中，首先关注最后一列，该列显示了所有输入特征与目标分类的相关性。可以看到，细胞面积、半径和周长等特征与目标高度相关。但相关系数为负，即特征的值越大，目标变量的值就越小。这是有意义的，因为目标分类对于恶性编码为 0，而对于良性编码为 1。正如图 4.3、4.4 和 4.5 中所示，这些特征的值越大，该病例就越有可能是恶性的。还可以看到，相当多的特征彼此之间是高度相关的。例如，细胞半径均值、面积均值和周长均值等特征与细胞半径最差值、面积最差值和周长最差值等特征高度相关。如第 2 章所述，相互关联的特征被称作是多重共线性或冗余的。处理多重共线性的一种方法是去除模型的冗余特征(变量)。我们将在下一节进一步讨论这个问题。

4.3 深度神经网络

人工神经网络(Artificial Neural Network，ANN)是一种模拟生物大脑的机器学习系统，属于深度学习这一广泛的机器学习方法类别。深度学习的核心思想是通过简单的概念或特征构建复杂的概念或表示。ANN 通过将输入映射到输出来学习复杂的函数，并由许多较简单的函数组成。本章将重点介绍由多层单元或神经元组成的 ANN，这些神经元之间完全相互连接，又称深度神经网络(DNN)、全连接神经网络(FCNN)或多层感知机(MLP)。在后续章节中，将介绍卷积神经网络(CNN)和循环神经网络(RNN)，这些是更高级的神经网络结构，用于复杂的计算机视觉和语言理解任务。

图 4.7 说明了一个简单的人工神经网络，它由输入层、隐藏层和输出层组成，其中输入层作为数据的输入，该层中的单元数等于数据集中的特征数。在图 4.7 中，只考虑了乳腺癌数据集中的两个特征，即细胞半径均值和细胞面积均值。这就是为什么输入层会有两个单元。

将输入层连接到第一个隐藏层中的所有单元。隐藏层根据其单元的激活函数来转换输入。在图 4.7 中，函数 f 表示隐藏层中所有单元的激活函数。一层中的单元使用边与另一层中的单元进行连接。每条边都与一个权重相关联，该权重定义了它所连接的单元之间的连接强度。注意，偏置项也连接到隐藏层中的每个单元，边的权重为 1。在使用激活函数进行变换之前，取输入和偏置项的加权和。如果存在多个隐藏层，那么人工神经网络就被称为"深"。因此，一个具有两个或两个以上隐藏层的神经网络被称为 DNN(深度神经网络)。

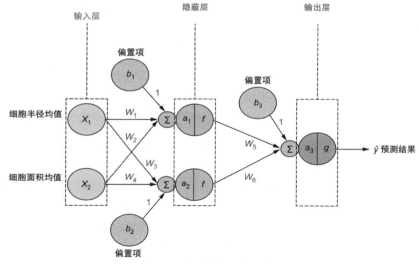

图 4.7   人工神经网络示意图

然后，将最终隐藏层中的单元连接到输出层中的单元。在图 4.7 中，输出层只有一个单元，因为对于乳腺癌检测任务，输出是一个二分类结果(给定的细胞是恶性的或良性的)。输出层中的单元也具有激活函数 g，它将该单元的输入转换为输出预测。创建神经网络的挑战之一是确定神经网络的结构——网络应该有多深(隐藏层的数量)和有多宽(每一层的单元数)。我们将在 4.4 节简要讨论如何确定和解释神经网络的结构，并在接下来的章节中讲述 CNN 和 RNN 时更详细地介绍它。

现在看看输入数据在通过神经网络时是如何转换为输出的。这个过程称为正向传播(又称前向传播)，如图 4.8 所示。输入数据通过输入层中的单元进行输入。这两个特征的输入单元的值用 x_1 和 x_2 表示。然后，这些值通过神经网络的隐藏层正向传播。在隐藏层的每个单元上，输入的加权和被计算出来，并通过一个激活函数传递。在图 4.8 中，隐藏层中的第一个单元计算输入 x_1 和 x_2 的加权和以及偏置项 b_1，得到预激活值 a_1。然后通过激活函数 f 得到 $f(a_1)$。类似的一组操作也发生在隐藏层的第二个单元上。注意，隐藏层中的两个单元使用相同的激活函数。我们将在本节后面更深入地讨论激活函数。

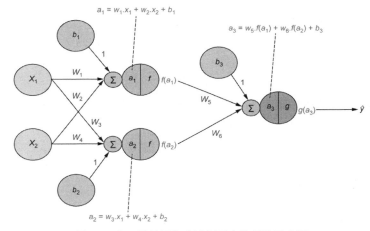

图 4.8　人工神经网络中进行正向传播的示意图

计算出隐藏层上的单元输出之后，这些输出将作为后续层中的单元输入。在图例右半部分，来自隐藏层的两个单元输出作为输入传送到输出层的单个单元中。与前面一样，首先获得所有输入的加权和与偏置项，以获得预激活值 a_3。然后通过激活函数 g，得到该输出层单元的值 $g(a_3)$。这个最终单元的输出也就是(我们)对目标变量 y 的一个估算，表示为 $\hat{y}$。网络中所有边的权重将在开始时被随机初始化。

现在，学习算法的目标是确定每条边的权重(或叫单元之间连接的强度)，以便输出预测尽可能接近目标变量的实际值。你会如何学习这些权重？我们将应用第 2 章学到的梯度下降法技术来确定线性回归模型的权重。最优的权重集合是能够最小化代价函数(又称损失函数)的权重。对于回归问题，代价函数通常是预测输出和实际输出之间的平方误差(或简称方差)。对于二分类问题，代价函数通常是对数损失或二元交叉熵(Binary Cross-Entropy，BCE)损失函数。

方差代价函数和它对预测输出($\hat{y}$)的导数(这里视实际值 y 为常数)如下：

$$J(\hat{y} \mid y) = \frac{(\hat{y} - y)^2}{2}$$

$$J'(\hat{y} \mid y) = \hat{y} - y$$

对数损失或 BCE 损失函数及其对应于预测输出的导数如下：

$$J(\hat{y} \mid y) = \begin{cases} -\log(\hat{y}), & \text{如果}\, y = 1 \\ -\log(1 - \hat{y}), & \text{如果}\, y = 0 \end{cases}$$

$$J'(\hat{y} \mid y) = \begin{cases} -\dfrac{1}{\hat{y}}, & \text{如果}\, y = 1 \\ \dfrac{1}{1 - \hat{y}}, & \text{如果}\, y = 0 \end{cases}$$

当代价函数的梯度为 0 或接近于 0 时，认为代价函数达到了最小值(全局或局部最小值)。对于线性回归或逻辑回归类型的问题，可以很容易地确定权重，因为权重的数量等于输入特征的数量(加上一个额外的偏置项)。另一方面，对于 DNN，权重的数量取决于网络的结构。随着向网络中添加更多的单元和层，权重的数量可能会急剧增加。直接应用梯度下降法在计算上是不可行的。在 DNN 中确定这些权重的一种有效算法是反向传播。

前面所述的简单人工神经网络结构的反向传播算法如图 4.9 所示。评估了网络在正向传播的输出后，下一步是计算代价函数(损失函数)和代价函数相对于预测输出的梯度。然后以反向顺序访问节点，并传播一个误差信号，可以用它来计算网络中所有边的权重梯度。下面从右到左逐步解析图 4.9。

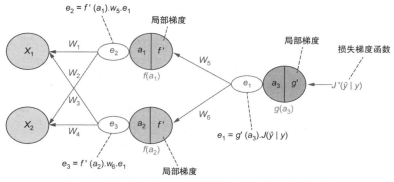

图 4.9　误差信号在人工神经网络中的反向传播示意图

首先计算代价函数对预测输出变量 $\hat{y}$ 的梯度。在图 4.9 中表示为 J'。然后，这个梯度反向通过输出层中的单元。在输出层中，存储了激活函数 g 的局部梯度，表示为 g'。在正向传播过程中评估的预激活值 a_3 也被存储下来。这些值用于计算单元的输出误差信号，表示为 e_1。图 4.9 中显示的值是损失函数的梯度乘以激活函数的局部梯度。这里使用微积分中的术语应用链式法则来计算损失函数相对于输出层单元输入的梯度。然后，将该误差信号 e_1 传播到隐藏层中的两个单元。然后，重复这个过程计算隐藏层单元的输出误差信号。当误差信号通过网络传播到输入层时，可通过将反向传播过程中流经它的误差信号乘以正向传播过程中流经它的值来计算相对于每个边权重的梯度。有许多在线资源和书籍详细解释了反向传播和数学概念。所以本章不会更深入地涵盖这些概念。

激活函数是神经网络中的一个重要特性。它决定一个神经元是否应该被激活及激活程度。激活函数的特性是可微分(即存在一阶导数)和单调(即完全非递减或非递增)。神经网络中常用的激活函数包括 sigmoid 函数、双曲正切函数(tanh)和修正线性单元(ReLU)，具体定义详见表 4.1。

表 4.1　神经网络常用的激活函数

激活函数	描述
sigmoid	sigmoid 函数的定义如下： $$\text{sigmoid}(x) = 1 / (1 + \exp(-x))$$ 该函数的输出范围为 0～1。它是可微分和单调的，具体如上所示。
双曲正切(tanh)	tanh 函数的定义如下： $$\text{tahn}(x) = 2 * \text{sigmoid}(2x) - 1$$ 该函数的输出范围为 -1～1。它也是可微分和单调的，具体如上所示。

(续表)

激活函数	描述
修正线性单元 (ReLU)	ReLU 函数的定义如下: $$\mathrm{ReLu}(X) = \max(0, X)$$ 该函数的输出范围从 0 到无穷大(取决于输入 x 的值)。它是可微分和单调的,具体如下所示:

sigmoid 激活函数通常用于分类器,因为该函数的输出范围为 0~1。对于本章中的乳腺癌检测问题,将在输出层中使用 sigmoid 函数作为激活函数 g。tanh 函数具有与 sigmoid 类似的特性,但输出范围为-1~1。sigmoid 和 tanh 激活函数都存在梯度消失的问题。即对于输入值非常大或非常小的情况,这两个函数的梯度都为 0(又称饱和),如表 4.1 所示。

ReLU 是神经网络中最常用的激活函数,因为它能很好地处理梯度消失问题。可以看到,如果输入为负数,ReLU 的值为 0。这意味着如果具有 ReLU 激活函数的神经元的输入为负数,则该神经元的输出为 0,因此未被激活。只有非负输入的神经元才会被激活。由于不是所有神经元同时被激活,ReLU 激活函数在计算上更高效。在实践中,为了简单起见,隐藏层中的所有单元都使用相同的激活函数。

4.3.1　数据准备

现在训练一个针对乳腺癌检测问题的 DNN。我们将使用 PyTorch 来构建和训练这个网络。PyTorch 是一个可用于在 Python 中构建神经网络的库。PyTorch 由于其易用性而在行业研究人员和机器学习从业者中越来越受欢迎。也可以使用其他库(如 TensorFlow 和 Keras)来构建神经网络,但本书中重点关注 PyTorch。因为这个库是基于 Python 的,所以已熟悉 Python 的数据科学家和工程师将更容易使用它。要了解更多关于 PyTorch 的信息,请参见附录 B。

训练 DNN 之前的第一步是准备数据。下面的代码展示了如何加载数据——将其分成训练集、验证集和测试集，然后再转换为用 PyTorch 实现的神经网络的输入：

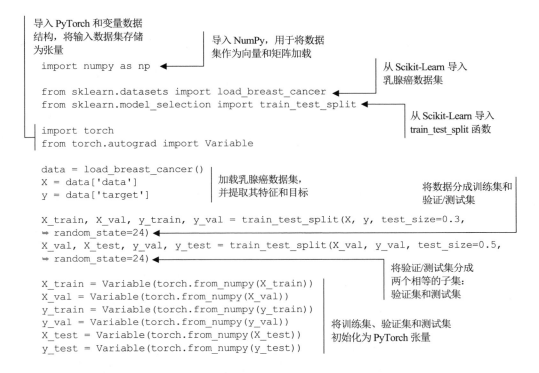

注意，70%的数据用于训练，15%的数据用于验证，其余的 15%用于测试集。现在检查一下图 4.10 所示的目标变量的分布在这 3 个集中是否相似。可以看到，在这 3 个集中，大约 60%～62%的病例是良性的(目标变量=1)，38%～40%的病例是恶性的(目标变量=0)。

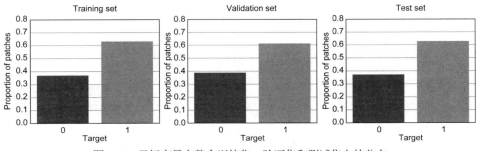

图 4.10　目标变量在整个训练集、验证集和测试集上的分布

4.3.2 训练和评估 DNN

现在已经准备好数据，下一步是定义 DNN。我们将创建一个类，其中(神经网络)层和单元的数量可以作为属性传入：

创建从 PyTorch Sequential 类
继承的 Model 类

将神经网络的层数和
每层单元数作为数组
传递给构造函数

```
class Model(torch.nn.Sequential):
    def __init__(self, layer_dims):
        super(Model, self).__init__()
        for idx, dim in enumerate(layer_dims):
            if (idx < len(layer_dims) - 1): #E
                module = torch.nn.Linear(dim, layer_dims[idx + 1])
                self.add_module("linear" + str(idx), module)
            else:
                self.add_module("sig" + str(idx), torch.nn.Sigmoid())
            if (idx < len(layer_dims) - 2):
                self.add_module("relu" + str(idx), torch.nn.ReLU())
```

遍历数组中的每个元素，
提取该层的索引和单元数

初始化 PyTorch
Sequential 超类

创建一个层模块，
包含直到最终输出
层的所有线性单元

对隐藏层中的所有单元
配置 ReLU 激活函数

对输出层中的单元使用
sigmoid 激活函数

注意，DNN 模型类继承了 PyTorch Sequential 类，该类按照模块初始化的顺序对模块进行分层。对于输入层和隐藏层，线性单元用于计算到该单元的所有输入的加权和。对于隐藏层，使用 ReLU 激活函数。最后的输出层由一个单元组成，对此使用 sigmoid 激活函数。sigmoid 激活函数的输出是一个范围在 0~1 的分数。理论上这个输出是对分类任务中阳性类(Positive)的概率估量。本例中阳性类是指良性病例。现在有了 Model 类，将其初始化如下：

输入层的单元数等于训
练集中的特征数

输出层中的单元数是 1，
因为我们正在处理一个
二分类问题

```
dim_in = X_train.shape[1]
dim_out = 1
layer_dims = [dim_in, 20, 10, 5, dim_out]
model = Model(layer_dims)
```

初始化层维度数组，
以定义 DNN 的结构

使用预定义的结构
初始化 DNN 模型

如果使用命令打印模型，将得到以下输出，其中总结了 DNN 的结构：

```
Model(
    (linear0): Linear(in_features=30, out_features=20, bias=True)
    (relu0): ReLU()
    (linear1): Linear(in_features=20, out_features=10, bias=True)
    (relu1): ReLU()
    (linear2): Linear(in_features=10, out_features=5, bias=True)
    (relu2): ReLU()
    (linear3): Linear(in_features=5, out_features=1, bias=True)
    (sig4): Sigmoid()
)
```

在这个输出中，你可以看到 DNN 由一个输入层、三个隐藏层和一个输出层组成。输入层由 30 个单元组成，因为数据集包含 30 个输入特征。第一个隐藏层由 20 个单元组成，第二个隐藏层由 10 个单元组成，第三个隐藏层由 5 个单元组成。ReLU 激活函数用于隐藏层中的所有单元。最后，输出层由一个具有 sigmoid 激活函数的单一单元组成。对于这个数据集，输入层和输出层中的单元数量必须分别为 30 和 1，因为特征的数量是 30，并且二分类任务只需要一个输出。但是，你可以自由调整隐藏层的数量和每个隐藏层中的单元数量，具体取决于哪个结构能够提供最佳性能。可以使用验证集来确定这些超参数。

有了模型后就可以定义损失函数和优化器，以确定反向传播期间的权重，具体如下：

初始化二元交叉熵(BCE)
损失作为优化准则

使用学习率为 0.001 的 Adam
优化器来确定反向传播过程中
的权重

```
criterion = torch.nn.BCELoss(reduction='sum')
optimizer = torch.optim.Adam(model.parameters(), lr=0.001)
```

如前一节所述，BCE 损失被用作二分类问题的优化准则。我们还使用有预定义初始学习率的 Adam 优化器来确定反向传播期间边的权重。Adam 优化器是一种自适应确定梯度下降法学习率的技术。最后，使用以下代码训练模型：

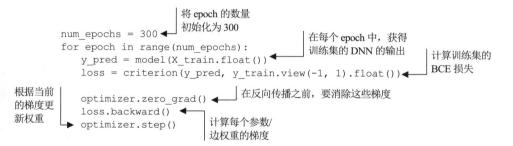

将 epoch 的数量
初始化为 300

在每个 epoch 中，获得
训练集的 DNN 的输出

计算训练集的
BCE 损失

根据当前
的梯度更
新权重

在反向传播之前，要消除这些梯度

计算每个参数/
边权重的梯度

```
num_epochs = 300
for epoch in range(num_epochs):
    y_pred = model(X_train.float())
    loss = criterion(y_pred, y_train.view(-1, 1).float())
    optimizer.zero_grad()
    loss.backward()
    optimizer.step()
```

注意，我们使用了超过 300 个 epoch 来训练这个模型。epoch 是一个超参数，它定义了通过神经网络正向和反向传播整个训练集的次数。在每个 epoch 中，首先通过网络正向传播训练集来获得 DNN 的输出。然后，计算关于每个参数或边的权重的梯度，并在反向传播期间更新权重。注意，在开始反向传播前，每个 epoch 中的梯度都被设置为 0，因为默认情况下，PyTorch 在反向传播期间会累积梯度。如果不将梯度设置为 0，那么权重将不会被正确地更新。

下一步是使用测试集来评估模型的性能。因为这是一个分类问题，我们将使用与第 3 章使用的对学生成绩预测问题相同的指标。将使用的指标是查准率、查全率和 F1 度量。严格来说，应该使用一个合理的基准模型与训练出的 DNN 模型进行比较来评估性能。但是因为条件不允许，这里只能使用一个始终预测良性的基准模型。如 4.2 节所示，数据集中的大多数病例都是良性的。这个基准模型并不理想，因为我们发现所有的恶性病例都会预测错。在现实生活中，基准模型通常是由人类或业务领域专家或企业正在使用的现有模型做出的预测。对于这个示例，遗憾的是，我们无法访问这些信息，因此只能将该模型与总是预测成良性的基准模型进行比较。

表 4.2 显示了用于对模型进行基准测试的 3 个关键性能指标——查准率、查全率和 F1 度量。如果只看查全率度量，基准模型比 DNN 做得更好。这是意料之中的，因为基准模型一直在预测阳性类(即良性)，因此，将正确预测所有阳性病例。同时，基准模型的阴性类(即恶性)查全率为 0。然而，综合所有度量，DNN 模型比基准模型要好得多，查准率达到 98.1%(比基准高 35.4%)，F1 分数为 96.2%(比基准高 19.1%)。

作为练习，我强烈建议你调整模型的超参数，看看能否提高这个模型的性能。你可以改变每个隐藏层和单元的数量，以及用于训练的 epoch 数来调整神经网络的结构。在 4.2 节(图 4.6)中，我们还看到了一些输入特征彼此之间的高度相关性。通过去除一些冗余特征，可以进一步提高模型的性能。作为另一个练习，你可以进行特征选择，以确定最大化模型性能的最佳特征子集。

表 4.2　DNN 模型和基准模型的性能比较

模型	查准率(%)	查全率(%)	F1 分数(%)
基准模型	62.7	100	77.1
DNN 模型	98.1 (+35.4)	94.4 (−5.6)	96.2 (+19.1)

DNN 模型的性能比基准模型更好，现在来解释该模型，以了解黑盒模型是如何得出最终预测的。

4.4　解释 DNN

正如上一节所述，为了使用 DNN 进行预测，我们将通过多层传播数据，每一层都由多个单元组成。每一层的输入都经过一个基于单元权重和激活函数的非线性变换。一个单一的预测可以涉及许多数学运算，这取决于神经网络的结构。对于上一节用于乳腺癌检测的相对简单的架构，一个基于训练参数或权重数量的单一预测就涉及了大约 890 个数学等式运算:

```
+----------------+------------+
|    Modules     | Parameters |
+----------------+------------+
| linear0.weight |    600     |
| linear0.bias   |     20     |
| linear1.weight |    200     |
| linear1.bias   |     10     |
| linear2.weight |     50     |
| linear2.bias   |     5      |
| linear3.weight |     5      |
| linear3.bias   |     1      |
+----------------+------------+
Total Trainable Parameters: 891
```

　　添加更多的隐藏层和每个隐藏层的单元后，这个示例就很容易涉及数百万个数学等式运算。这就是 DNN 是一个黑盒模型的原因——很难理解每个层在做什么转换以及模型是如何做出最终预测的。你将在后面的章节中看到，对于更复杂的结构，如 CNN 和 RNN，这点将变得更困难。

　　解释 DNN 的一种方法是观察连接到输入层中各单元边的权重(或叫连接强度)。这可以看作是一个确定输入特征对输出预测的总体影响的间接方法。但通过这种方法无法得出准确的度量值(如前几章在白盒模型和集成树的特征重要性上得到的)。主要原因是神经网络在隐藏层学习输入的表示。这种表示将初始输入特征转换为中间特征和概念。因此，这些输入特征的重要性不仅取决于连接到输入层中单元的边的权重，还取决于隐藏层对输入的表示，那么如何解释 DNN 呢？

　　有多种解释 DNN 的方法。可以使用上一章学到的模型无关的方法，这些方法是全局的。我们了解了 PDP 和特征交互图这些模型无关的技术(模型无关意味着它们是可以解释任何机器学习模型的技术)。它们都是全局可解释技术，因为它们着眼于模型对最终预测的总体影响。PDP 和特征交互图易于使用且直观，它们是揭示特定特征值如何影响模型输出的重要工具。我们还了解了如何利用它们来揭示潜在的问题，如数据和模型偏见。可以很容易地将这些技术应用到为乳腺癌检测而训练的 DNN 模型中。然而，要使 PDP 和特征交互图起作用，模型的输入特征必须是独立的，而我们在 4.2 节看到它们不是独立的。

　　在接下来的章节中，你将了解更先进的模型无关技术，将特别关注 LIME、SHAP 和锚定。这些可解释技术是局部可解释技术，也就是说，它们使用一个具体的实例或样本来进行解释。在后面的章节中，我们将学习特征归因法，这种方法旨在量化每个输入特征对最终预测的贡献，并学习如何剖析神经网络并可视化中间隐藏层和单元学习到的特征。

4.5 LIME

LIME 是局部与模型无关解释(Local Interpretable Model-Agnostic Explanations)的缩写，由 Marco Tulio Ribeiro 团队于 2016 年提出。下面深入了解一下这种技术。在上一节中，我们训练了一个 DNN，学习了如何使用 30 个特征来区分良性病例和恶性病例。通过将特征空间折叠为二维空间来简化它，具体如图 4.11 所示。图中展示了由 DNN 学习到的复杂决策函数，其中该模型分离了良性病例和恶性病例。在图 4.11 中，我们有意夸大决策边界以说明一个复杂的函数，这个函数很难进行全局解释但可以更容易使用像 LIME 这样的技术来进行局部解释。

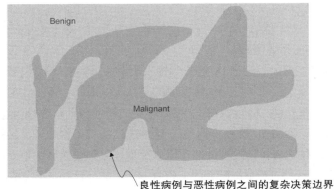

良性病例与恶性病例之间的复杂决策边界

图 4.11 由 DNN(或任何黑盒模型)学习的复杂决策函数示意图(分离了良性病例和恶性病例)

我们选择了一个恶性病例进行解释，具体如图 4.12 所示。其目的是尽可能多次探测模型以解读其如何对所选样本进行预测。还可通过扰动数据集以获得新数据集及其对应的模型预测输出。

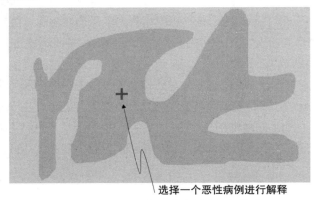

选择一个恶性病例进行解释

图 4.12 LIME 选择一个实例来解释模型

如何创建这个新的扰动数据集？给定训练数据，计算每个特征的关键统计信息。对于数值特征或连续特征，计算均值和标准差。对于分类特征，计算每个值的频率。然后，基于这些汇总的统计数据，通过抽样创建一个新的数据集。对于数值特征，从高斯分布中抽样数据，给出该特征的平均值和标准差。对于分类特征，基于频率分布或概率质量函数进行抽样。创建了这个数据集后，就可以通过分析它们对应的预测输出来探测这个模型，如图 4.13 所示。被选中的实例在图中用大加号表示。扰动数据集上的恶性和良性预测分别用小加号和圆圈表示。

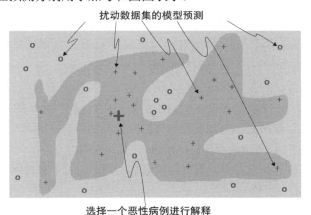

图 4.13　扰动数 据集和相应模型预测的示意图

创建了扰动数据集并获得当前模型预测值后，我们会根据它们与选定实例的相似度对这些新样本进行加权，并通过观察在特征上与选定实例相似的样本来解释选定实例。这种加权反映了解释的局部性，这就是 LIME 中的 L "局部" (local)。图 4.14 显示了与选定实例接近的扰动样本被赋予更高的权重。

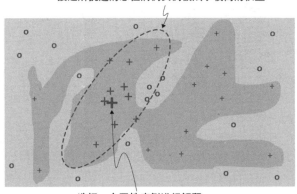

图 4.14　与要解释的选定实例非常接近的加权实例示意图

现在，如何根据新样本与选定实例的相似度来加权？在原论文中，作者使用了指数核函数。指数核函数采用以下两个参数作为输入：

- 扰动样本与选定实例的距离——对于乳腺癌数据集(或一般的表格数据)，使用欧氏距离来度量扰动样本与特征空间中选定实例的距离。欧氏距离也被用于图像(数据)。对于文本(数据)，则使用余弦距离度量。

- 核宽度——这是一个可调的超参数。如果核宽度很小，只有接近所选实例的样本才会影响解释。然而，如果核宽度很大，距离较远的样本也会影响解释。这是一个重要的超参数，稍后我们将更深入地研究其对解释的影响。默认情况下，核宽度设置为 $0.75 \times \sqrt{特征数}$ 。因此，对于有 30 个输入特征的模型，默认的核宽度是 4.1。核宽度的值可以从零到无穷大。

使用指数核函数，距离更接近的样本将比远处的样本有更大的权重。

最后一步是拟合一个在加权样本上易于解释的白盒模型。LIME 中使用的是线性回归，正如你在第 2 章所见，可以使用线性回归模型的权重来解释所选实例的特征重要性——即 LIME 中的 I "可解释" (interpretable)。我们得到了一个局部可信的解释，由于拟合的是一个线性代理模型，所以与具体最终模型(DNN 或其他黑盒模型)完全无关——即 LIME 中的 M "模型无关(model-agnostic)"。图 4.15 说明了这个线性代理模型(如灰色虚线所示)，该模型在被选定要解释的实例附近和周围的区域是可信的。

现在让我们亲自动手，看看 LIME 在前面训练出的乳腺癌诊断 DNN 模型中的作用。首先，使用 pip 安装 LIME 库：

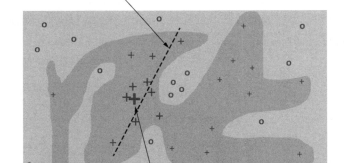

图 4.15 使用周围加权样本解释所选择实例的线性代理模型示意图

安装之后，第一步是初始化一个 LIME 解释器对象。因为数据集是表格形式的，所以使用 LIME 解释器类 LimeTabularExplainer。其他解释器类还有 LimeImage Explainer(用于解读使用图像作为输入的模型)以及 LimeTextExplainer。我们将在下一章处理图像时使用 LimeImageExplainer 类。

```
import lime                          │ 导入库和
import lime.lime_tabular             │ 相关模块                          使用训练数据集
                                                                      初始化解释器
explainer = lime.lime_tabular.LimeTabularExplainer(X_train.numpy(),◀
提供特征名称 ━━━▶ feature_names=data.feature_names,
          ┌──▶ class_names=data.target_names,
提供目标类名│     discretize_continuous=True)◀               离散连续变量以
(良性/恶性)│                                                 降低计算复杂度
```

现在选择两个病例来解释，一个良性，一个恶性。我们将使用以下代码从测试集的良性和恶性病例中各挑选第一个病例来解释：

```
benign_idx = np.where(y_test.numpy() == 1)[0][0]
malignant_idx = np.where(y_test.numpy() == 0)[0][0]
```

需要创建一个辅助函数来为扰动数据集生成 DNN 模型预测值：

```
def prob(data):
    return model.forward(Variable(torch.from_numpy(data)).float()).\
    detach().\
    numpy().\
    reshape(-1, 1)
```

还需要创建另一个函数，用于在 Matplotlib 中绘制 LIME 解释。虽然可以直接使用该库来创建绘图，但这样就无法自定义绘图内容。因此创建以下辅助函数来添加标题、标签和改变颜色，甚至使用 LIME 解释来创建自定义的图：

```
def lime_exp_as_pyplot(exp, label=0, figsize=(8,5)):
    exp_list = exp.as_list(label=label)
    fig, ax = plt.subplots(figsize=figsize)
    vals = [x[1] for x in exp_list]
    names = [x[0] for x in exp_list]
    vals.reverse()
    names.reverse()
    colors = ['green' if x > 0 else 'red' for x in vals]
    pos = np.arange(len(exp_list)) + .5
    ax.barh(pos, vals, align='center', color=colors)
    plt.yticks(pos, names)
    return fig, ax
```

现在解释一下良性病例。使用如下代码将选择的良性病例传给 LIME 解释器：

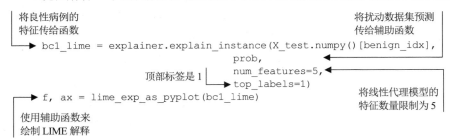

将良性病例的
特征传给函数

将扰动数据集预测
传给辅助函数

```
bc1_lime = explainer.explain_instance(X_test.numpy()[benign_idx],
                         prob,
                         num_features=5,
                         top_labels=1)
f, ax = lime_exp_as_pyplot(bc1_lime)
```

顶部标签是 1

将线性代理模型的
特征数量限制为 5

使用辅助函数来
绘制 LIME 解释

注意，将线性代理模型的特征数量限制为 5。LIME 默认使用岭回归模型作为代理模型。岭回归模型(ridge regression model)是线性回归模型的一种变体，它允许通过正则化进行变量选择或参数消除。通过使用一个较大的正则化参数，可以创建稀疏模型，这些模型仅使用几个顶级特征进行预测。也可以使用一个较低的正则化参数来创建较低稀疏模型。图 4.16 为生成的良性病例 LIME 解释。

对用 LIME 解释的良性病例，DNN 模型预测其良性概率为 0.99(置信度为 99%)。为了理解它如何生成这个预测，图 4.16 显示了线性代理模型的前 5 个最重要的特征及其相应的权重或重要性。看起来最重要的特征是具有很大正权重的细胞面积最差值。根据 LIME，该模型预测良性的原因是细胞面积最差值的范围为 511～683.95。LIME 是如何得到这个值范围的？这个值范围是基于线性代理模型所使用的加权扰动数据集的标准差计算得到的。

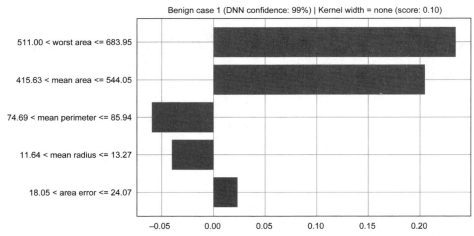

图 4.16　良性病例的 LIME 解释，其中 DNN 模型预测良性的置信度为 99%

现在，这个解释有意义吗？为了验证这一点，必须回到 4.2 节中所做的探索性数据分析。我们从图 4.3 中看到，当细胞面积最大值(最差值)小于 700 时，良性病例比恶性病例多得多。如果现在看看 LIME 确定的第二个最重要的特征，可以发现，如果细胞面积均值在 415.63 到 544.05 之间，那么这个病例更有可能是良性的。图 4.3 中所看到的观察结果进一步证实了这一点。我们也可以对第三个最重要的特征——细胞周长均值进行类似的观察。你可能已经观察到图 4.16 顶部所示的核宽度和分数。我们稍后会讲到这个问题。

现在来看看使用 LIME 解释测试集第一个恶性病例的结果。可以使用以前相同的代码，但是需要记住修改 malignant_idx 以从测试集中选择正确的特征值。具体实现就留作练习题。所得到的 LIME 解释如图 4.17 所示。图中所示的两个最重要的特征与良性病例相同，但取值范围不同。此外，最重要的特征(细胞面积最差值)的权重也是负的。这是有意义的，因为我们期望该特征会对模型的输出产生负面影响。DNN 被训练来预测阳性类(良性病例)的概率。因此，如果该病例是恶性的，我们期望模型的输出值尽可能低；也就是说，该病例是良性的概率必须尽可能低。

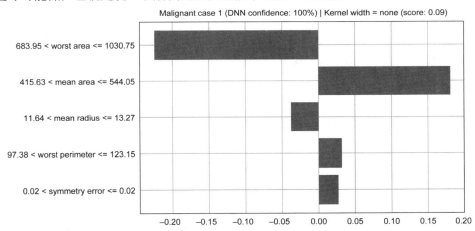

图 4.17　恶性病例的 LIME 解释，其中 DNN 模型预测恶性的置信度为 100%

对于该恶性病例，DNN 预测该病例为良性的概率为 0。这意味着该模型 100% 相信该病例是恶性的。现在来检查一下特征值的范围。可以看到，该模型预测结果是恶性的，因为细胞面积最大值(最差值)大于 683.95，但小于 1030.75。这是有道理的，因为从探索性数据分析来看，我们在该范围内观察到的恶性病例多于良性病例(见图 4.3)。也可以对其他特征进行类似的观察。

核宽度的影响

在此必须要强调核宽度的影响，核宽度是 LIME 的一个重要超参数。选择正确的核宽度是很重要的，并且会影响解释的质量。我们不能为希望解释的所有实例选择相同的核宽度。核宽度的选择对 LIME 所考虑的线性代理模型的加权扰动样本有影响。

如果选择一个较大的核宽度，远离选择实例的样本将影响线性代理模型。这可能并不理想，因为我们希望代理模型尽可能地局部忠实于原始的黑盒模型。默认情况下，LIME 库使用的核宽度是特征数量的平方根乘以 0.75 的因子。如果设置 kernel_width=None，则使用该默认值。但需要注意的是，并不是所有使用 LIME 解释的实例都适用相同的核宽度。为了评估解释的质量，LIME 提供了解释准确率得分的参数。较高的得分意味着 LIME 使用的线性代理模型较接近于黑盒模型。图 4.16 和图 4.17 上方的标题显示了核宽度和 LIME 准确率得分。

现在，通过查看另一个良性病例来看看核宽度的影响。从测试集的良性病例中选择了第二个病例：

```
benign_idx2 = np.where(y_test.numpy() == 1)[0][1]
```

之前创建的 LIME 解释器使用了默认值，即 0.75×sqrt(特征数量)。这个计算结果(核宽度)为 4，因为数据集中的特征数为 30。我们还将创建另一个 LIME 解释器，它使用核宽度为 1 来初始化，从而以更小的核宽度来查看其对解释的影响。下面的代码展示了如何创建一个核宽度为 1 的 LIME 解释器：

```
explainer_kw1 = lime.lime_tabular.LimeTabularExplainer(X_train.numpy(),
feature_names=data.feature_names,
            class_names=data.target_names,        设置 ernel_width
        kernel_width=1,      ◄──────────          参数为 1
            discretize_continuous=True)
```

对于第二个良性病例，使用默认核宽度和核宽度为 1 时所得到的 LIME 解释分别如图 4.18a 和图 4.18b 所示。

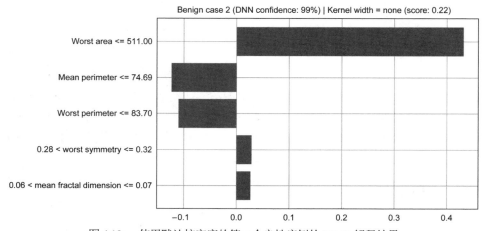

图 4.18a　使用默认核宽度的第二个良性病例的 LIME 解释结果

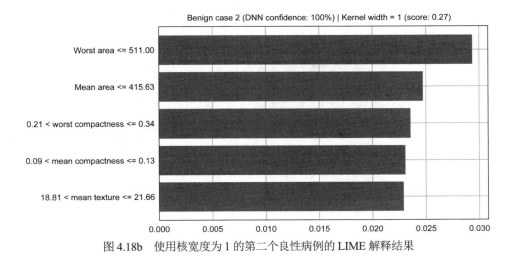

图 4.18b　使用核宽度为 1 的第二个良性病例的 LIME 解释结果

首先比较一下第二个良性病例和前面显示的第一个良性病例的默认 LIME 解释。最重要的特征是相同的。然而，可以看到特征的取值范围是不同的。对于第二个良性病例，可以看到模型预测为良性是因为细胞面积最差值小于 511，而不是在 511 到 683.95 之间(这是第一个良性病例的情况)。这仍然是一个有效的预测，因为当细胞面积最差值小于 511 时，会有更多的病例是良性的。第二个良性病例的解释准确率得分也更高。这意味着第二个良性病例与第一个良性病例相比，LIME 中的线性代理模型更接近 DNN 模型。

现在切换到图 4.18b，可以看到如果使用一个更小的核宽度，解释结果会有多大的差异。最上面的特征仍然是相同的，但之后我们看到不同的特征及小得多的取值范围，因为更小的核宽度将线性代理模型集中在非常接近选定实例的扰动数据样本上。哪种核宽度对第二个良性病例解释更好？可以看到,核宽度为 1 时的解释准确率仅为 0.27，而默认核宽度的解释准确率为 0.22。因此，对于第二个良性病例，核宽度为 1 时会更好。作为练习，我强烈鼓励你增加第二个良性病例的核宽度，看看是否能够获得更高的解释准确率，并分析生成的 LIME 图。我还建议你针对第一个良性病例调整核宽度超参数，看看是否能得到一个更可信的解释。

图 4.19a 和图 4.19b 展示了第二个恶性病例两个核宽度的 LIME 解释——一个核宽度为默认值，另一个核宽度为 1。你可以将这些解释与第一个恶性病例进行比较，看看哪个核宽度能够提供更高的解释准确率。

LIME 是一个很好的解释黑盒模型的工具。它是模型无关的，可用于不同类型的模型。LIME 还可用于不同类型的数据——表格数据、图像和文本。本节已经介绍了它分析表格数据模型时的实际操作。我们将在后面的章节中探讨图像和文本数据，你可以在 LIME 库文档中找到相关示例。LIME 是一个被广泛使用的库，拥有许多活跃的贡献者。

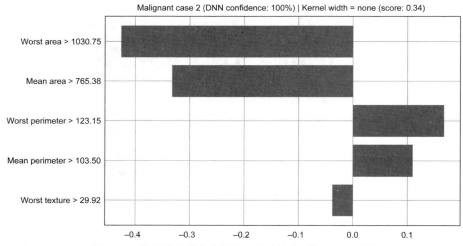

图 4.19a　使用默认核宽度的第二个恶性病例的 LIME 解释

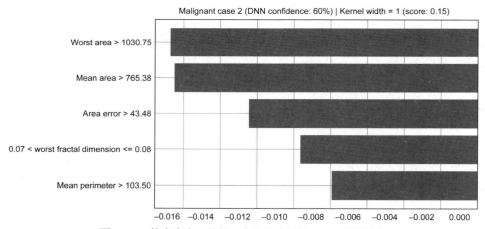

图 4.19b　核宽度为 1 的第二个恶性病例的 LIME 解释结果

　　然而，LIME 解释的质量在很大程度上取决于核宽度的选择，核宽度是用于加权扰动样本的核函数的输入。这是一个重要的超参数，我们已经看到，对于要解释的不同实例，合适的核宽度可能会不同。可以使用 LIME 库提供的(默认的)解释准确率来确定正确的核宽度，但是目前尚未有更科学更先进地选择正确核宽度的方法。LIME 的另一个局限性是，扰动数据集是通过从高斯分布中采样来创建的，它忽略了特征之间的相关性。因此，扰动数据集可能没有与原始训练数据集相同的特征。

4.6　SHAP

SHAP 是沙普利可加性解释(SHapley Additive exPlanations)的首字母缩写，由 Scott M. Lundberg 和 Su-In Lee 于 2017 年提出，它将 LIME 和线性替代模型的思想与博弈论相结合，对解释的准确性提供了更多的数学保证。沙普利值是博弈论中的一个概念，用于量化合作博弈中一组玩家的影响力。在模型可解释的背景下，模型及其预测结果相当于合作博弈，输入特征相当于玩家，而玩家的联合则是相互作用以得出最终预测的特征集。因此，可以使用沙普利值来量化特征(即玩家)及其相互作用(即玩家联合)对模型预测(即合作博弈)的影响。接下来，通过图 4.20 中的具体示例来解释 SHAP 可解释性技术。

SHAP 背后的思路和 LIME 背后的思路非常相似。第一步是选择一个实例来进行解释。在图 4.20 中，所选择的实例显示为索引 0 的第一行。SHAP 使用博弈论概念，所选择的实例包含一个特征组。当特征组中所有特征都被选中(或称"点亮")时，选定实例将用一个所有特征都为 1 的向量来表示(详见图 4.20 左侧)。对于所选定的实例(图 4.20 左侧索引为 0 的部分)，向量全部由 1 组成，所以当我们将该向量转换到特征空间时，实际上选择了该实例的所有特征的实际值(详见图 4.20 右侧)。

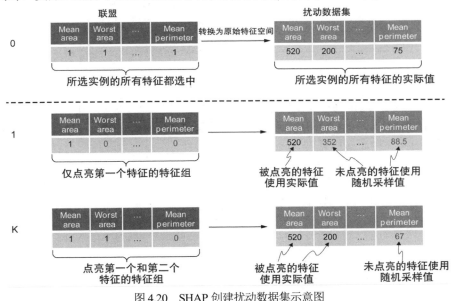

图 4.20　SHAP 创建扰动数据集示意图

选择了要解释的实例后，下一步就是创建扰动数据集。这个过程与 LIME 相似，但与 LIME 不同的是，SHAP 的思路是生成一组向量，其中特征被随机"点亮"或"关闭"。如果一个特征被点亮，它在向量中的值为 1；如果该特征被关闭，它在向量中的值为 0。当特征被点亮时，我们知道如何在特征空间中表示特征——使用该特征的实际值；当特征被关闭时，将从该特征所属的训练集中随机选择一个值。

创建扰动数据集后，下一步是根据数据集距离选定实例的远近对其加权处理。这个过程再次类似于 LIME，但与 LIME 不同的是，SHAP 使用 SHAP 核而不是指数核函数来确定扰动数据集中的样本权重。SHAP 核函数给予由极少或极多特征组成的联合向量更高的权重。接下来的步骤与 LIME 相同，即在加权数据集上拟合一个线性模型，并返回线性模型的系数或权重作为对所选实例的解释。这些系数或权重被称为沙普利值。

现在看看 SHAP 在前面训练出的乳腺癌诊断模型上的作用。SHAP 的作者在 GitHub 中创建了一个 Python 库。可以使用以下 pip 命令安装这个库：

```
pip install shap
```

使用与上一节 LIME 相同的辅助函数 prob 来为扰动数据集提供 DNN 模型预测。现在可以创建扰动数据集并初始化 SHAP 解释器：

```
import shap            ◄── 初始化用于可视化
shap.initjs() ◄──           交互的 JavaScript

shap_explainer = shap.KernelExplainer(prob, ◄── 使用 prob 辅助函数
                           X_train.numpy(),       获得 DNN 的预测
                           link="logit") ◄── 使用 link 参数 logit(因为
                                              DNN 是一个分类器)
```

注意，这里的 link 参数使用了 logit 函数，因为我们处理的是一个二分类器，它输出一个阳性类概率估计。对于回归问题，可以将 link 参数切换为 identity。接下来将获取测试集中所有数据的 SHAP 值：

```
shap_values = shap_explainer.shap_values(X_test.numpy())
```

你现在可以获得第一个良性病例的 SHAP 解释(生成一个 Matplotlib 图)：

```
plot = shap.force_plot(shap_explainer.expected_value[0],
                    shap_values[0][benign_idx,:],
                    X_test.numpy()[benign_idx,:],
                    feature_names=data['feature_names'],
                    link="logit")
```

结果如图 4.21 所示。回想一下，对于第一个良性病例，DNN 模型预测其为良性病例的概率为 0.99 或置信度为 99%。

SHAP 库提供了更好的可视化，你可以看到每个特征值如何向上或向下推动基础

预测。在图 4.21 中,你可以看到 0.63 左右的基值。这是用良性病例比例表示的阳性类概率。当在 4.2 节探索数据时,我们观察到,数据集中大约 63%的病例是良性的。SHAP 可视化背后的思路是,看看特征值是如何将基准预测概率从 0.63 推高到 0.99 的。该特征的影响可通过条的长度来显示。从图中可以看出,细胞面积最差值和细胞面积均值特征具有最大的沙普利值,对基础预测的推动最大。下一个最重要的特征是细胞周长最差值。

图 4.21　第一个良性病例的 SHAP 解释,其中 DNN 模型预测良性的概率为 0.99(或置信度为 99%)

图 4.22 显示了第二个良性病例的 SHAP 解释,其中 DNN 模型预测良性的概率为 0.99。

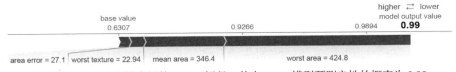

图 4.22　第二个良性病例的 SHAP 解释,其中 DNN 模型预测良性的概率为 0.99
(或置信度为 99%)

可以看到这里两个最重要的特征是细胞面积最差值和细胞面积均值。由于细胞面积最差值和细胞面积均值相当低,分别为 424.8 和 346.4,这足以将基准预测一直推到 0.99。作为练习,你可以修改前面的代码来解释这两个恶性病例。结果如图 4.23 和 4.24 所示。

图 4.23　第一个恶性病例的 SHAP 解释,其中 DNN 模型预测良性的概率为 0
(或对恶性的置信度为 100%)

对于第一个恶性病例,该模型预测其为良性,概率为 0。在图 4.23 中,可以看到特征值如何将基准预测概率降至 0。看起来对最终预测影响最大的特征是细胞面积最差值和细胞面积均值以及细胞周长均值。

对于第二个恶性病例,该模型还预测其为良性,概率为 0。可以看到,最具影响力的特征也是细胞面积最差值。因为这个值相当大——大于 1417——这就足以将基准预测概率降至 0,如图 4.24 所示。

SHAP 是解释黑盒模型的另一个好工具。和 LIME 一样,它也是模型无关的,它使用博弈论中的概念来量化特征对单个实例的模型预测的影响。它比 LIME 提供了更多的数学保证。SHAP 库还提供了很棒的特征来影响可视化工具，能够显示特征值如何将基准预测向上或向下推到最终预测。然而，基于 SHAP 核计算沙普利值是计算密集型的。计算复杂度随输入特征的数量呈指数级增长。

图 4.24   第二个恶性病例的 SHAP 解释，其中 DNN 模型预测良性的概率为 0
(或对恶性的置信度为 100%)

4.7   锚定

锚定是另一种与模型无关的局部可解释技术。它由 LIME 的同一作者于 2018 年提出。它通过以下两点改进 LIME：一是提供高精度的规则或谓词[1]来解释模型如何给出预测值；二是在全局范围内量化这些规则的覆盖率。现在分别说明一下。

在这种技术中，模型解释以锚点的形式生成。锚点本质上是一组包含想要解释的选定实例的 if 条件或谓词。图 4.25 中的方框表示了这一点。图中的锚点可以解释为两个 if 条件，使得二维特征空间中的两个特征被一个下界和一个上界包围形成一个针对选定实例的边界框。该算法的第一个目标是基于(拟合模型)目标预测值形成包含选定实例的高精度锚点。这里的精度是锚点质量的度量，定义为(拟合模型)目标预测值与选定实例值相同的扰动样本数量与锚内实例样本总数的比值。该算法的一个重要超参数是精度阈值。

算法提出了一组高精度的锚点之后，下一步就是量化每个锚点的范围。锚点的范围使用一个称为覆盖率(coverage)的指标来量化。覆盖率指标度量锚点(又称谓词)在其他样本或特征空间的剩余部分成立的概率。有了这个度量标准，就可以了解锚点解释在全局范围内的适用性。该算法的目标是选择覆盖率最高的锚点。

确定满足精度阈值和覆盖率要求的所有谓词是一项计算密集型任务。该算法的作者使用了一种自下而上的方法来构造谓词或规则。该算法从一个空的规则集开始，在每次迭代中，算法逐步构建一个满足精度阈值和覆盖要求的锚点，并将其添加到集合中。为了估计锚点的精度，作者将这个问题形式化为一个多臂博彩机问题，并特别使用 KL-LUCB 算法来识别具有最高精度的规则。

---

1 译者注：在机器学习和逻辑编程中，"if condition"也被称为"predicates"，即谓词。在这些领域，它们被用来描述逻辑语句中的条件部分，即描述某种条件是否成立的表达式。在可解释的机器学习方法中，谓词被用来表示模型预测的解释规则。

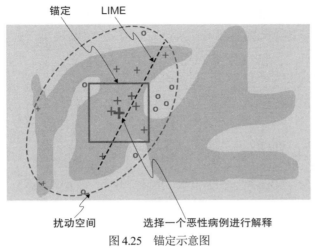

图 4.25　锚定示意图

现在用锚定来解释乳腺癌的 DNN 模型。锚定法的作者在 GitHub 上创建了一个 Python 库。你可以使用以下 pip 命令安装该库：

```
pip install anchors_exp
```

正如对 LIME 和 SHAP 所做的那样，现在为乳腺癌数据集创建锚定解释器：

```
from anchor import anchor_tabular        ◄─── 从库导入 anchor_tabular 模块

anchor_explainer = anchor_tabular.AnchorTabularExplainer(
    data.target_names,          ◄─── 设置目标标签名称
    data.feature_names,         ◄─── 设置数据集的特征名称
    X_train.numpy(),
    categorical_names={})       ◄─── 提供分类特征名称（如果有）
anchor_explainer.fit(X_train.numpy(),
                     y_train.numpy(),
                     X_val.numpy(),
                     y_val.numpy())       在训练集和验证集上安装锚定解释器
```

我们需要为锚定创建一个不同的辅助函数，将 DNN 预测值变成离散标签而不是概率。该辅助函数的代码如下：

```
def pred(data):
    pred = model.forward(
        Variable(torch.from_numpy(data)).float()).\
    detach().numpy().reshape(-1) > 0.5          如果输出概率大于 0.5，则预测值为 1，否则为 0
    return np.array([1 if p == True else 0 for p in pred])
```

现在用锚定来解释第一个良性病例。以下代码展示了如何解释实例、提取谓词或规则，并获得解释精度和覆盖率：

提供了有模型标签预测功能的辅助函数

将所选中的实例作为第一个参数进行传递

设置精度阈值

打印由模型进行的标签预测

打印规则或谓词

打印锚点的精度

打印锚点的覆盖率

```
exp = anchor_explainer.explain_instance(X_test.numpy()[benign_idx],
                                         pred,
                                         threshold=0.95)
print('Prediction: ',
  ⮕ anchor_explainer.class_names[pred(X_test.numpy()[benign_idx])][0])
print('Anchor: %s' % (' AND '.join(exp.names())))
print('Precision: %.3f' % exp.precision())
print('Coverage: %.3f' % exp.coverage())
```

注意，精度阈值设置为 0.95。规则或谓词使用 AND 串在一起并以字符串的形式打印。以上代码的输出结果如下：

```
shown here:
Prediction:  benign
Anchor: worst area <= 683.95 AND mean radius <= 13.27
Precision: 1.000
Coverage: 0.443
```

可以看到，模型正确地预测了良性结果，而具有最高精度的解释或锚点由两个规则或谓词组成。如果细胞面积最差值小于或等于 683.95，细胞半径均值小于或等于 13.27，那么该模型预测选定实例周围区域 100% 都是良性。在覆盖率方面，该锚点的表现相当不错，覆盖率为 44.3%。这意味着该规则适用于全局范围内相当多的良性病例。还可以使用以下几行代码获得这种解释的 HTML 可视化结果(如图 4.26 所示)：

```
exp.save_to_file('anchors_benign_case1_interpretation.html')
```

锚定库目前没有提供 Matplotlib 可视化功能。

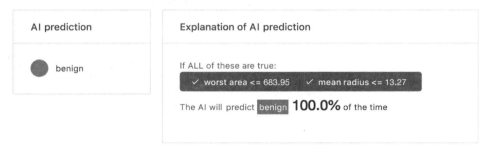

图 4.26　第一个良性病例的锚定解释，解释精度为 100%，覆盖率为 44.3%

作为练习，你可以将以上代码扩展到其他良性和恶性病例。第二个良性病例的可视化结果如图 4.27 所示。可以看到，模型正确地预测了良性结果并且锚定算法给出了解释精度为 1 的两个规则：如果细胞面积最差值小于或等于 683.95 且细胞半径最差值小于或等于 12.98，模型 100%预测良性。然而，该锚点的覆盖率比第一个良性病例低 20.9%。这意味着对第二个良性病例的解释比第一个更局部。

图 4.27 第二个良性病例的锚定解释，解释精度为 100%，覆盖率为 20.9%

第一个恶性病例的锚定解释如图 4.28 所示。该模型正确地预测了它是恶性的，并且解释由两个规则或谓词组成，解释精度为 1。规则如下：如果细胞面积最差值大于 683.95，细胞半径均值小于或等于 544.05，该模型 100%预测恶性。然而，该锚点的覆盖率非常低，只有 1.2%。因此，这种解释是非常局部的，并不真正适用于许多其他恶性病例样本。

图 4.28 第一个恶性病例的锚定解释，解释精度为 100%，覆盖率为 1.1%

最后，锚定对第二个恶性病例的解释如图 4.29 所示。该模型再次正确地预测了恶性结果，该解释由一个精度为 1 的规则组成。规则如下：如果细胞面积最差值大于 1030.75，该模型 100%预测恶性。这个锚点的覆盖率比第一个病例要好得多，为 27.1%。这是有道理的，因为如果回到 4.2 节所做的探索性分析，并仔细查看图 4.3，我们会看到更多的恶性病例，细胞面积最差值大于 1030。

图 4.29   第二个恶性病例的锚定解释，解释精度为 100%，覆盖率为 27.1%

　　锚定是一种强大的模型无关的可解释技术，它提供了对一组高精度规则、谓词或人类可读的 if 条件的解释。该技术还能够让我们了解这些规则的覆盖率或规则范围，即这些规则在全局范围内的适用性。然而，锚定的 Python 库仍在开发中，并不像 LIME 或 SHAP 库的开发社区那样活跃。

　　在后续章节中，你将更深入地了解神经网络，并了解更复杂的结构，如 CNN 和 RNN。还将学习神经网络的特征图，以及如何解析它们，以更好地理解神经网络学到了什么。

4.8   本章小结

- 人工神经网络(ANN)是一种用来松散地模拟生物大脑的系统。它属于一类广泛的机器学习方法，称为深度学习。基于人工神经网络的深度学习的核心思想是从更简单的概念或特征中构建复杂的概念或表示。

- 具有两个或两个以上隐藏层的人工神经网络被称为深度神经网络(Deep Neural Network，DNN)。

- 反向传播是确定 DNN 中权重值的一种有效算法。

- 激活函数是神经网络中的一个重要特性。它决定了一个神经元是否应该被激活以及激活程度。激活函数是可微分和单调的。

- ReLU 函数是神经网络中应用最广泛的激活函数，因为它们能很好地处理梯度消失问题。其计算效率也较高。

- 可以用多种方式来解释神经网络。我们可以使用全局与模型无关方法，如 PDP。本章了解了更先进的基于扰动的模型无关技术，如 LIME、SHAP 和锚定。这些可解释技术是局部可解释技术，也就是说，它们专注于使用具体的实例或样本来解释。

- LIME 是局部与模型无关解释(Local Interpretable Model-agnostic Explanations) 的英文缩写。它选择一个实例，随机扰动它，根据扰动样本与选定实例的接近程度对扰动样本进行加权，并在加权样本上拟合一个更简单的白盒模型。

- LIME 解释的质量在很大程度上取决于核宽度的选择，核宽度是用于加权扰动样本的核函数的输入。这是一个重要的超参数，我们已经看到，对于选择的不同示例，核宽度可能会有所不同。可以使用 LIME 库提供的解释准确率来确定正确的核宽度，目前尚未有更科学更先进的选择正确核宽度的方法。

- LIME 的另一个缺点是，扰动数据集是通过从高斯分布中采样来创建的，它忽略了特征之间的相关性。因此，扰动数据集可能不具有与原始训练数据集相同的特征。

- SHAP 是沙普利可加性解释(SHapley Additive exPlanations，SHAP)的英文缩写。和 LIME 一样，它也是模型无关的，它使用博弈论中的概念来量化特征对单个实例的模型预测的影响。理论上，SHAP 比 LIME 提供了更多的数学保证。

- SHAP 库提供了基于特征影响的可视化，显示了特征值如何将基准预测向上或向下推到最终预测。

- 然而，基于 SHAP 内核计算沙普利值是计算密集型的。计算复杂度随输入特征的数量呈指数级增长。

- 锚定是另一种改进 LIME 的技术，通过提供一组高精度规则、谓词或人类可读的 if 条件来解释。该技术还让我们了解了这些规则的覆盖率，即这些规则在全局范围内的适用性。然而，锚定的 Python 库仍在开发中，并不像 LIME 或 SHAP 库的开发社区那样活跃。

第 *5* 章

显著图

本章涵盖以下主题：
- 使卷积神经网络成为黑盒模型的特性
- 如何为图像分类任务实现卷积神经网络
- 如何使用显著图技术解释卷积神经网络，如标准反向传播、导向反向传播、梯度加权类别激活图(Grad-CAM)和平滑梯度(SmoothGrad)
- 这些显著图技术的优缺点以及如何对它们执行健全性检查

上一章研究了深度神经网络，并学习了如何使用局部与模型无关方法解释它们。我们专门学习了三种技术：LIME、SHAP和锚点。本章将重点介绍卷积神经网络(CNN)，这是一种更复杂的神经网络架构，主要用于视觉任务，如图像分类、图像分割、对象检测和面部识别。你将学习如何将上一章学到的技术应用于CNN。此外，还将重点介绍显著图，这是一种局部的、依赖于模型的、事后归因的可解释技术。显著图是解释CNN的一个很好的工具，因为它可以帮助我们可视化模型的显著或重要特征。我们将专门介绍诸如标准反向传播、导向反向传播、积分梯度、平滑梯度、梯度加权类别激活图(Grad-CAM)和导向梯度加权类别激活图(Guided Grad-CAM)等技术。

本章遵循与前几章类似的结构。将从一个具体的示例开始，扩展第4章中的乳腺癌诊断示例。我们将探索这个包含图像的新数据集，并学习如何使用PyTorch训练和评估CNN以及如何解释它们。值得重申的是，尽管本章的主要重点是使用显著图来解释CNN，但还是会介绍模型训练和测试。我们将在前面部分收集一些在模型解释阶段有用的关键见解。已经熟悉训练和测试CNN的读者可以自由地跳过前面部分，直接跳到介绍模型可解释的5.4节。

5.1　Diagnostics+ AI 示例：浸润性导管癌检测

浸润性导管癌(IDC)是最常见的乳腺癌形式。本章将对上一章的乳腺癌诊断示例进行扩展。Diagnostics+的病理学家对患者进行活检，他们取出小组织样本并在显微镜下分析，以确定患者是否患有 IDC。病理学家再将采集的小组织样本拆分为更小的切片，并确定每个切片的 IDC 阴阳性。通过勾勒出组织样本中 IDC 的确切区域，病理学家可以确认癌症进程并给患者匹配(进一步检验治疗)等级。

Diagnostics+中心希望扩展第 4 章构建的 AI 系统的功能，以自动评估组织样本的图像。目标是让 AI 系统确定组织支架样本中的每个切片是 IDC 阳性还是阴性，并为其分配置信度，如图 5.1 所示。通过使用这个 AI 系统，Diagnostics+中心可以自动执行预处理步骤，即描绘组织中的 IDC 区域，以便病理学家可以轻松为其分配等级，从而确定癌症进程。鉴于这些信息，你将如何将其表述为机器学习问题？由于模型的目标是预测给定的图像或切片是 IDC 阳性还是阴性，因此可以将此问题表述为二分类问题。等式类似于第 4 章中的等式，但分类器的输入是图像，而不是结构化的表格数据。

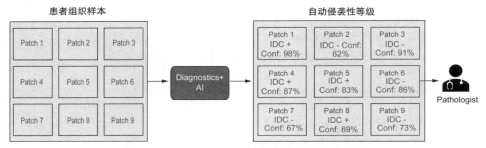

图 5.1　Diagnostics+ AI 示例：浸润性导管癌检测

5.2　探索性数据分析

现在进行探索性数据分析以更好地理解这个新的图像数据集。本节中收集的许多见解将帮助我们进行模型训练、评估和解释。在这个数据集中，有来自 279 名患者的组织样本和 277 524 张组织切片图像。原始数据集是从 Kaggle 获取的，并经过预处理以提取与这些图像关联的元数据。预处理代码和预处理好的数据集可以在本书配套的 GitHub 存储库中找到。

在图 5.2 中，可以看到 IDC 阳性切片和阴性切片的分布。在 277 524 个切片中，大约 70% 为 IDC 阴性，30% 为 IDC 阳性。因此，数据集高度不平衡。总而言之，在处理不平衡的数据集时，需要注意以下两点：

- 使用合适的性能指标(如查准率、查全率和 F1 度量)测试和评估模型。
- 对训练数据重新采样，对多数类欠采样，或对少数类过采样。

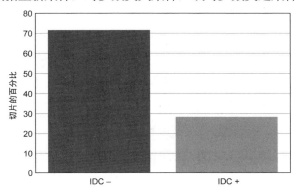

图 5.2　IDC 阳性和阴性切片分布

现在随机观察一些切片样本。通过可视化这些图像，可以看到 IDC 阳性切片和阴性切片是否有一些明显的特征。这将有助于以后我们解释模型。图 5.3 显示了四个 IDC 阳性切片的随机样本，图 5.4 显示了四个 IDC 阴性切片的随机样本。每个切片图像的尺寸为 50 像素 × 50 像素。可以观察到，IDC 阳性切片具有更多深色细胞，深色斑块的密度也更高，较深的颜色通常用于对细胞着色。而 IDC 阴性切片的亮色斑块的密度更高，较亮的颜色通常用于突出细胞质和细胞外结缔组织。因此，可以直观地说，如果给定的切片具有高密度的深色细胞，则它更可能是 IDC 阳性。如果给定的切片具有高密度的亮色和非常低密度的细胞，则它更有可能为 IDC 阴性。

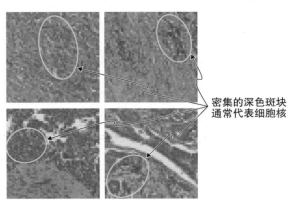

图 5.3　随机 IDC 阳性切片的可视化

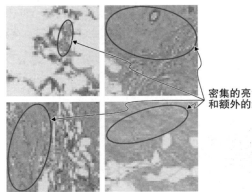

密集的亮色通常代表细胞质
和额外的结缔组织

图 5.4   随机 IDC 阴性切片的可视化

　　现在可视化一个患者或组织样本的所有切片以及 IDC 阳性区域(详见图 5.5)。图左侧显示了为组织样本缝合在一起的所有斑块。图右侧是与图左侧相同的图像,但以较深的阴影突出显示了 IDC 阳性斑块。这证实了我们之前的观察,即如果斑块具有非常高的深色斑块密度,则它们更有可能是 IDC 阳性。当必须解释我们将为 IDC 检测进行训练的 CNN 时,会回到这个可视化结果。

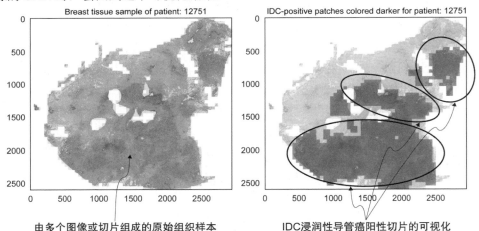

由多个图像或切片组成的原始组织样本　　　　IDC浸润性导管癌阳性切片的可视化

图 5.5   组织样本和 IDC 阳性切片的可视化

　　下一节将准备数据并训练 CNN。CNN 用于将每个图像或切片分类为 IDC 阳性或阴性。由于数据集非常不平衡,因此需要使用查准率、查全率和 F1 度量等指标来评估 CNN。

5.3　卷积神经网络

卷积神经网络(CNN)是一种神经网络架构,通常用于视觉任务,如图像分类、对象检测和图像分割。为什么用于视觉任务的是 CNN 而不是全连接深度神经网络(DNN)呢?因为全连接的 DNN 不能很好地捕获图像中的像素依赖性,它会在将图像输入到神经网络之前,将其扁平化为一维结构。相比之下,CNN 利用图像的多维结构,能很好地捕获图像中的像素依赖性或空间依赖性。CNN 也是平移不变的,这意味着它们非常适合检测图像中的形状,而不管形状在图像中的位置如何。此外,CNN 架构还可以更有效地训练以拟合输入数据集,因为 CNN 会重用网络中的权重。图 5.6 显示了用于图像二分类的 CNN 架构。

图 5.6 中的架构由一系列称为卷积层和汇聚层的层组成。这两类层的组合称为特征学习层。特征学习层的目标是从输入图像中提取分层特征。前几层将提取低级特征,如边缘、颜色和梯度。通过添加更多卷积和汇聚层,该架构将学习高级特征,从而能够更好地了解数据集中图像的特征。我们将在本节后面更深入地介绍卷积层和汇聚层。

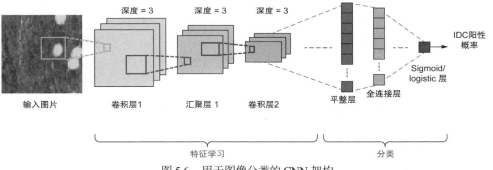

图 5.6　用于图像分类的 CNN 架构

特征学习层之后是全连接的神经元层(又称单元层),就像我们在第 4 章中看到的 DNN 架构一样。全连接层的目的是进行分类,其输入是卷积层和汇聚层学习的高级特征,输出是分类任务的概率度量。因为第 4 章中介绍了 DNN 的工作原理,所以现在将大部分注意力集中在卷积层和汇聚层上。

第 1 章中,我们学习了如何表示图像,以便 CNN 可以轻松处理它,如图 5.7 所示。在示例中,组织切片的图像是大小为 50 像素×50 像素的彩色图像,由三个主要通道组成:红色(R)、绿色(G)和蓝色(B)。该 RGB 图像以数学形式表示为三个像素值矩阵,每个通道一个,每个大小为 50×50。

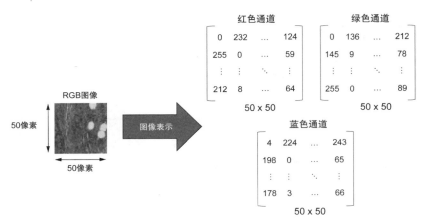

图 5.7 如何表示 50 × 50 的组织切片图像

现在我们逐步介绍卷积层如何处理表示为像素值矩阵的图像。该层由卷积核(又称滤波器)组成，并与输入图像一起卷积，以获得称为特征图像的图像表示。图 5.8 显示了卷积层中执行的操作的简化说明。在图中，图像表示为维度 3×3 的矩阵，而卷积核(又称滤波器)表示为维度 2×2 的矩阵。卷积核从图像的左上角开始，从左向右移动，直到它处理图像的完整宽度。然后卷积核向下移动一格，从图像的左侧再次启动，重复此移动，直到处理完整个图像。卷积核的每次移动都称为一次步进。卷积核的一个重要超参数是步幅(Stride)。如果步幅为 1，则卷积核在每次移动时移动一步。图 5.8 所使用的卷积核步幅为 1。如你所见，卷积核从图像的左上角开始，需要执行三个步幅才能处理完整个图像。

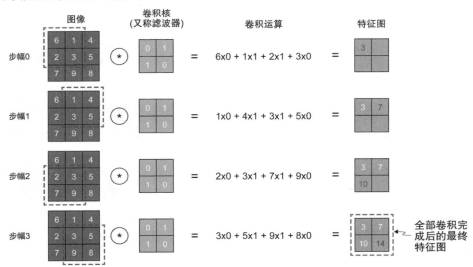

图 5.8 卷积层如何对输入图像创建特征图

在每次步进期间，所处理的图像部分与卷积核一起卷积。如第 2 章所见，在 GAM 的上下文中，卷积运算本质上是一个点积。从图像中用卷积核处理的部分取一个元素乘积，然后进行求和。图 5.8 中的所有步进都显示了这一点。例如，对于步幅 0，卷积核处理的图像部分用虚线框突出显示。将此图像与卷积核进行点积运算得到的值为 3，并将该值放置在特征图矩阵的左上角。在步幅 1 中，向右移动一步，然后再次执行卷积运算。卷积后获得的值为 7，并将该值放置在特征图矩阵的右上角。重复此过程，直到处理完整个图像。卷积操作结束时，将获得大小为 2×2 的特征图矩阵，该矩阵旨在捕获输入图像的高级特征表示。卷积核(又称滤波器)中的数字称为权重。注意，图 5.8 中的卷积层使用相同的权重。这种权重共享使 CNN 的训练效率比 DNN 高得多。

CNN 学习算法的目标是确定卷积层中卷积核的权重。这是在反向传播期间完成的。特征图矩阵的大小由几个超参数确定：输入图像的大小、卷积核的大小、步幅和另一个称为填充的超参数。填充(Padding)是指在执行卷积运算之前添加到图像中的像素数。图 5.8 的填充为 0，即没有向图像添加其他像素。如果填充设置为 1，则会在图像周围添加一个像素边框，边框中的所有像素值都设置为 0，如图 5.9 所示。添加填充会增加特征图的大小，从而能够更准确地表示图像。在实践中，卷积层由多个卷积核组成。卷积核的数量是训练之前必须指定的另一个超参数。

图 5.9　填充图示

CNN 中的卷积层后面通常会跟一个汇聚层(pooling layer)。汇聚层的目的是进一步降低特征图的维数，以降低模型训练期间所需的计算能力。常见的汇聚层是最大汇聚。与卷积层一样，汇聚层也由卷积核组成。最大汇聚卷积核返回该卷积核覆盖的所有值的最大值，如图 5.10 所示。

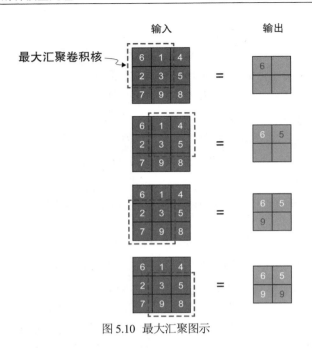

图 5.10　最大汇聚图示

CNN 过去十年中在各种任务中取得了快速进展，如图像识别、对象检测和图像分割。这要归功于大量的注解数据(ImageNet、CIFAR-10 和 CIFAR-100 就是其中的一些)，以及深度学习模型利用了图形处理单元(GPU)带来的算力进步。图 5.11 显示了过去十年来 CNN 研究取得的进展，特别是在使用 ImageNet 数据集的图像分类任务方面。ImageNet 数据集是一个大型带注解的图像数据库，通常用于图像分类和对象检测任务。它由一百多万张图像组成，这些图像以分层结构组织，由 20 000 多个标注类别组成。图 5.11 来自 Papers with Code，这是目前最先进的机器学习技术的有用存储库。性能方面的重大突破之一发生在 2013 年(使用了 AlexNet 架构)。目前最好的 CNN 基于一种称为残差网络(ResNet)的架构。其中一些最先进的架构已经在 PyTorch 和 Keras 等深度学习框架中实现。我们将在下一节为 IDC 检测任务训练 CNN 时了解如何使用它们。我们将特别关注 ResNet 架构，因为它是使用最广泛的架构之一。

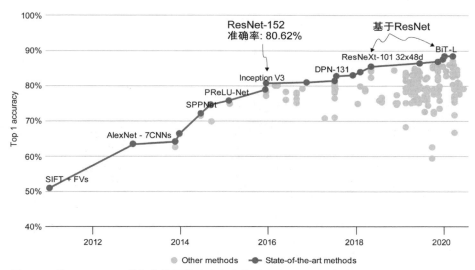

图 5.11　基于 ImageNet 数据集的图像分类任务的最先进 CNN 架构(来源：http://mng.bz/9K8o)

5.3.1　数据准备

本节将为模型训练准备数据。这里的数据准备与前几章略有不同，因为我们处理的是图像而不是结构化的表格数据。注意，此处使用预处理的数据集。用于预处理的代码和预处理的数据集可以在本书配套的 GitHub 存储库中找到。首先，准备训练集、验证集和测试集。需要注意的是，我们没有按切片拆分数据，而是使用患者 ID。这样可以防止训练集、验证集和测试集之间的数据泄露。如果按切片随机拆分数据集，则一个患者的切片可能会分布在所有这三个集中，从而泄漏有关该患者的一些信息。以下是如何按患者 ID 拆分数据集的具体代码：

将数据加载到
Pandas DataFrame

从数据中提取
所有患者 ID

将数据拆分成训练集和
验证/测试集

将验证/测试集分割为单独
的验证集和测试集

在验证集中按患者 ID
提取所有切片

在训练集中按患者 ID
提取所有切片

在测试集中按患者 ID
提取所有切片

```
df_data = pd.read_csv('data/chapter_05_idc.csv')
patient_ids = df_data.patient_id.unique()
train_ids, val_test_ids = train_test_split(patient_ids,
                                           test_size=0.4,
                                           random_state=24)

val_ids, test_ids = train_test_split(val_test_ids,
                                     test_size=0.5,
                                     random_state=24)

df_train =
➥ df_data[df_data['patient_id'].isin(train_ids)].reset_index(drop=True)
df_val = df_data[df_data['patient_id'].isin(val_ids)].reset_index(drop=True)
df_test =
➥ df_data[df_data['patient_id'].isin(test_ids)].reset_index(drop=True)
```

按照训练集 60%、验证集 20%、测试集 20%的比例进行拆分。现在检查一下目标变量在三个集中的分布是否相似(如图 5.12 所示)。可以看到，在这三个集中，大约 25%～30%的切片是 IDC 阳性，70%～75%是 IDC 阴性。

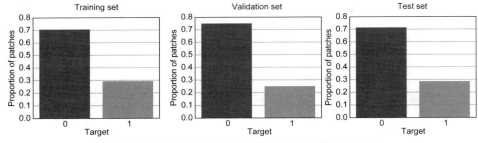

图 5.12　目标变量在训练集、验证集和测试集中的分布

现在创建一个自定义类，以便轻松加载切片程序的图像及其相应的标签。PyTorch 为此提供了一个名为 Dataset 的类。本章将为 IDC 数据集扩展此类。有关 Dataset 类和 PyTorch 的更多详细信息，请参阅附录 A。该自定义类的具体代码如下：

加载由 PyTorch
提供的 Dataset 类

```
from torch.utils.data import Dataset
```

创建一个新的 Dataset 类以轻松加载
切片程序的图像及其相应的标签

```
class PatchDataset(Dataset):
    def __init__(self, df_data, images_dir, transform=None):
        super().__init__()
        self.data = list(df_data.itertuples(name='Patch', index=False))
        self.images_dir = images_dir
        self.transform = transform
```

构造函数将初始化切片列表，以及设置图像目录和图像转换器

```
    def __len__(self):
        return len(self.data)
```

重写__len__方法以返回数据集中切片图像的数量

```
    def __getitem__(self, index):
```

重写__getitem__方法，以按照位置索引从数据集返回图像和标签

从数据集中提取图像 ID 和标签

```
        image_id, label = self.data[index].image_id, self.data[index].target
        image = Image.open(os.path.join(self.images_dir, image_id))
        image = image.convert('RGB')
        if self.transform is not None:
            image = self.transform(image)
        return image, label
```

读取图像并将其转换为 RGB

如果已定义，则对图像应用转换

返回图像和标签

现在定义一个函数来变换切片图像。常见的图像变换(如裁剪、翻转、旋转和调整大小)在 Torchvision 包中都有实现。有关变换的完整列表参见 http://mng.bz/jy6p。以下代码将对训练集中的图像执行五个变换,其中作为数据增强步骤,第二个和第三个变换围绕水平和垂直轴随机翻转图像。作为练习,你可以对验证集和测试集中的图像进行变换。注意,在验证集和测试集上,不需要通过水平或垂直翻转图像来增强数据。可以将变换后的验证集和测试集命名为 trans_val 和 trans_test:

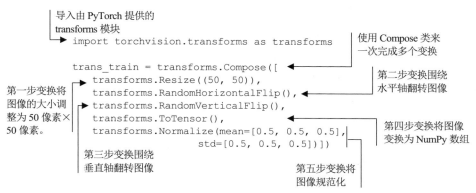

数据集类和变换就位后,现在可以初始化数据集和加载器。以下代码段演示了如何为训练集初始化它们。PyTorch 提供的 DataLoader 类允许使用多线程对数据进行批处理、随机排序和并行加载:

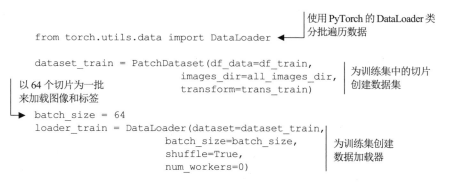

作为练习,可以为验证集和测试集创建类似的数据集和加载器,并将对象分别命名为 dataset_val 和 dataset_test。

这些练习的参考答案可以在本书配套的 GitHub 存储库中找到。

5.3.2　训练和评估 CNN

有了数据集和加载器,现在可以创建 CNN 模型了。我们将使用在 PyTorch 的 torchvision 包中实现的 ResNet 架构。使用 torchvision,还可以初始化其他最先进的架构，如 AlexNet、VGG、Inception 和 ResNeXt。还可通过将预训练标志设置为 true 来加载这些具有预训练权重的模型架构。如果设置为 true，则 torchvision 包返回在 ImageNet 数据集上预训练的模型。对于本章中的 IDC 检测示例，我们不会使用预训练模型，因为它会随机初始化模型权重，并且将使用包含组织切片图像的新数据集从头开始训练模型。作为练习，你可以将预训练参数设置为 true，以初始化通过 ImageNet 数据集进行训练获得的权重。

还需要将全连接层连接到 CNN 以执行二分类任务。可以使用以下代码来初始化 CNN：

```
                             设置数据集分类数
                             量(本例为二分类)
# Hyper parameters
num_classes = 2

# Device configuration
device = torch.device('cuda:0' if torch.cuda.is_available() else 'cpu')
                                                                          如果 CUDA 可用，
                                                                          则使用 GPU，否则
# Use the ResNet architecture for the CNN                                  将使用 CPU
model = torchvision.models.resnet18(pretrained=False)
num_features = model.fc.in_features
                                                            初始化 ResNet 模型，
# Create the fully connected layers for classification      并从模型中提取特征
model.fc = nn.Sequential(                                   的数量
    nn.Linear(num_features, 512),
    nn.ReLU(),                              将全连接层连接到
    nn.BatchNorm1d(512),                    ResNet 模型，以进
    nn.Dropout(0.5),                        行分类
    nn.Linear(512, 256),
    nn.ReLU(),
    nn.BatchNorm1d(256),
    nn.Dropout(0.5),
    nn.Linear(256, num_classes))      将模型转移到
                                      设备上
model = model.to(device)
```

注意，默认情况下，模型将加载到 CPU。为了加快处理速度，可以将模型加载到 GPU。所有流行的深度学习框架，包括 PyTorch，都使用 CUDA 来调用 GPU 执行通用计算。CUDA 是 NVIDIA 构建的一个平台，提供了直接访问 GPU 的 API。

可以使用以下代码训练模型。注意，在该示例中，模型训练了五个 epoch。使用 CPU 来训练模型大约需要 17 个小时。如果使用 GPU 训练，时间会短得多。还可通过增加 epoch 数来延长模型的训练时间，从而获得更好的性能：

```
# Hyper parameters
num_epochs = 5
learning_rate = 0.002

# Criterion or loss function
criterion = nn.CrossEntropyLoss()
```

```
# Optimizer for CNN
optimizer = torch.optim.Adamax(model.parameters(), lr=learning_rate)

for epoch in range(num_epochs):
    model.train()

    for idx, (inputs, labels) in enumerate(loader_train):
            inputs = inputs.to(device, dtype=torch.float)
            labels = labels.to(device, dtype=torch.long)

            # zero the parameter gradients
            optimizer.zero_grad()

            with torch.set_grad_enabled(True):
                outputs = model(inputs)
                _, preds = torch.max(outputs, 1)
                loss = criterion(outputs, labels)

                # backpropagation
                loss.backward()
                optimizer.step()
```

现在看看这个模型在测试集上的性能如何。正如前面章节所做的那样，我们将模型性能与合理的基准模型进行比较。我们在 5.2 节中看到了目标分类高度不平衡(见图 5.2)，其中 IDC 阴性是多数类。基准模型其中一种选择是始终预测多数类，即始终预测组织切片为 IDC 阴性。然而，这样的基准模型是不合理的，因为在医疗方面，特别是在癌症诊断方面，假阴性的代价远远大于假阳性。一个更合理的策略是在假阳性方面犯错——始终预测给定的组织切片是 IDC 阳性。虽然这种策略并不理想，但它至少可以正确处理所有阳性病例。在现实工作中，基准模型通常是由人类或业务领域专家(本例中为病理学专家)进行的评估或业务正在使用的现有模型所做的预测。但遗憾的是，这里无法获得这类信息，因此只能使用始终预测 IDC 为阴性的基准模型。

表 5.1 显示了用于对模型进行基准测试的三个关键性能指标：查准率、查全率和 F1 度量。查准率是度量准确预测分类比例的指标。查全率是度量模型准确预测的实际分类比例的指标。F1 是查准率和查全率的调和平均值。有关这些指标的更详细说明，请参阅第 3 章。

从表 5.1 可以看到，就查全率指标而言，基准模型比 CNN 表现得更好。这是预料之中的，因为基准模型一直预测 IDC 为阴性。但总体而言，CNN 模型的性能比基准模型好得多，达到了 74.4%的查准率(比基准高出 45.8%)，F1 分数为 74.2%(比基准高出 29.7%)。作为练习，你可以调整模型并通过增加 epoch 数或更改 CNN 架构来延长训练时间，从而实现更高的性能。

表 5.1　基准模型与 CNN 模型的性能比较

模型	查准率(%)	查全率(%)	F1 分数(%)
基准模型	28.6	100	44.5
CNN 模型(ResNet)	74.4 (45.8)	74.1 (−25.9)	74.2 (29.7)

由于 CNN 模型的性能优于基准模型，因此现在解释它并了解黑盒模型如何做出最终预测。

5.4　解释 CNN

如在上一节中所见，为了使用 CNN 进行预测，图像要经过多个卷积层和汇聚层进行特征学习，然后经过多层全连接深度神经网络进行分类。对于用于 IDC 检测的 ResNet 模型，训练期间学习的参数总数为 11 572 546。神经网络需要执行数百万个复杂的操作，因此很难理解模型是如何做出最终预测的。这就是 CNN 是黑盒模型的原因。

5.4.1　概率分布图

上一章讲述了解释 DNN 的一种方法是可视化(连接神经元的)边的权重。通过这种技术，可以在高层面看到输入特征对最终模型预测的影响。这种技术不能应用于 CNN，因为可视化卷积层中的卷积核(滤波器)以及它们对所学习的中间特征和最终模型输出的影响并非易事。但可以可视化 CNN 的概率分布图。什么是概率分布图(Probability Landscape)？在二分类器的上下文中使用 CNN，我们基本上得到了目标分类的概率度量。在 IDC 检测的示例中，从 CNN 获得给定输入切片 IDC 为阳性的概率。对于组织中的所有切片，可以绘制分类器的输出概率并将其可视化为热力图。将此热力图叠加在图像上可以指示 CNN 检测到极有可能出现的 IDC 阳性区域的热点。这就是概率分布图。

图 5.13 显示了三个图。最左边的图是患者 ID 12930 所有切片的可视化。中间的图突出显示了基于从病理学专家收集的基准事实(标签)的 IDC 阳性斑块。前两个图类似于我们在 5.2 节中看到的图(见图 5.5)。最右边的图显示了经过训练以检测 IDC 的 ResNet 模型的概率图。颜色越亮，给定切片为 IDC 阳性的可能性就越大。通过与真实标注进行比较，可以看到模型预测和标注图像之间有很好的重叠。但是，存在一些假阳性(其中模型突出显示的区域不一定是 IDC 阳性)。图 5.13 的实现可以在本书配套的 GitHub 存储库中找到。你可以加载 5.3.2 节训练的模型，以直接进入模型可解释阶段。

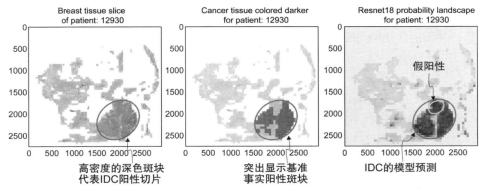

图 5.13　全组织样本 ResNet 模型的概率分布图

可视化概率分布图是验证模型输出的好方法。通过与基准事实标签进行比较，可以看到模型出错的情况，并相应地调整模型。这也是在生产环境中部署模型后可视化和监控模型输出的好方法。然而，概率分布图并没有提供任何关于模型如何做出预测的信息。

5.4.2　LIME

解释 CNN 的一种方法是使用上一章学到的任何一种与模型无关的可解释技术。现在具体看看如何将 LIME 可解释技术应用于图像和 CNN。总之，LIME 技术是一种局部与模型无关的技术。在表格数据集上，该技术的工作原理如下：

(1) 选定一个实例进行解释。

(2) 从一个与给定表格数据集中特征的均值和标准差相同的高斯分布中抽样来创建扰动数据集。

(3) 为黑盒模型输入扰动数据集，获得黑盒模型预测结果。

(4) 根据扰动样本与选定实例的接近程度对样本进行加权，其中更接近选定实例的样本被赋予更高的权重。正如我们在第 4 章所见，超参数核宽度用于对样本进行加权。如核宽度较小，则只有接近选定实例的样本才会影响解释。

(5) 最后，拟合一个在加权扰动样本上易于解释的白盒模型(LIME 使用的是线性回归)。

线性回归模型的权重可用于确定所选实例特征的重要性。解释是通过代理模型获得的,该模型局部区域(选定实例周围)忠实于我们希望解释的实例。现在,如何将 LIME 应用于图像？与表格数据一样，首先需要选择一个想要解释的图像。接下来，必须创建一个扰动数据集。我们不能像对表格数据那样，通过从高斯分布中采样来创建扰动数据集。我们会在图像中随机关闭和打开像素，但这样做会具有相当高的计算强度，因为要获得一个局部忠实的解释，必须要生成大量样本来运行模型。此外，像素可能

有空间相关性,即多个像素属于同一个目标分类。为此,将图像分割成多块,又称超
像素,并随机打开和关闭某些超像素,具体如图 5.14 所示。

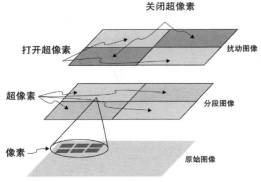

图 5.14   如何为 LIME 创建扰动图像

可以从下到上阅读图 5.14。这个思路是通过将多个像素分组为一个超像素来分割
原始图像。图 5.14 使用的是一种简单的分割算法,其中原始图像被分割成四个不重叠
的矩形分割。使用超像素分割图像后,可通过打开和关闭随机超像素来创建扰动图像。
默认情况下,LIME 实现使用快速移位分段算法。创建扰动数据集后,该技术的其余
部分与表格数据相同。线性代理模型的权重将使我们了解特征或超像素在所选输入图
像的最终模型预测中的影响。我们将图像分割成超像素,因为我们试图将相关像素组
合在一起,并查看对最终预测的影响。

现在看看如何为前面训练出的 ResNet 模型应用 LIME 技术。首先需要将之前使用
的一个 PyTorch 变换(函数)拆分为两个。第一个函数将输入的 Python 图像变换为一
个 50×50 的张量,第二个函数对其规范化。LIME 中的图像分割算法需要应用第一个
函数:

第一个函数将输入图像的
大小调整为图像分割算法
所需的 50 像素×50 像素

```
trans_pil = transforms.Compose([transforms.Resize((50, 50)),])
trans_pre = transforms.Compose([transforms.ToTensor(),
                    transforms.Normalize(mean=[0.5, 0.5, 0.5],
                                        std=[0.5, 0.5, 0.5])])
```

第二个函数对变换后的 50 像素×50 像素的
输入图像进行规范化处理

接下来,需要两个辅助函数——一个将图像文件作为 PIL 图像加载,另一个使用
模型对扰动数据集执行预测。这些函数的具体代码如下,其中 get_image 是加载 PIL
图像的函数,batch_predict 是在模型上运行扰动图像数据的函数。还创建了一个偏函
数,该函数使用了上一节训练的 ResNet 模型预设模型参数:

该辅助函数将输入的
RGB 图像写入内存

```
def get_image(images_dir, image_id):
    image = Image.open(os.path.join(images_dir, image_id))
    image = image.convert('RGB')
    return image
```

返回
图像

读取图像并将其
变换为 RGB

该辅助函数对扰动数据
集中的图像进行预测

```
def batch_predict(images, model):
    def sigmoid(x):
        return 1. / (1 + np.exp(-x))
    batch = torch.stack(tuple(trans_pre(i) for i in images), dim=0)
    outputs = model(batch)
    proba = outputs.detach().cpu().numpy().astype(np.float)
```

计算输入
参数的
sigmoid
函数

为输入图像
叠加所有变
换后的张量

分离输出张量并将其
变换为 NumPy 数组

运行该模型以获得
所有图像的输出

```
    return sigmoid(proba)
```

通过 sigmoid 函数将预测值
变换为概率返回

```
from functools import partial
batch_predict_with_model = partial(batch_predict, model=model)
```

该偏函数使用预训练的 ResNet
模型进行批量预测

　　注意，在以上代码中，定义了一个名为 batch_predict_with_model 的偏函数。Python
中的偏函数允许我们在函数中设置一定量的参数并返回一个新函数。我们使用
batch_predict 函数，并使用之前训练的 ResNet 模型设置模型参数。你可以将这个 ResNet
模型替换为你希望使用 LIME 解释的任何其他模型。

　　因为 LIME 是一种局部可解释技术，所以我们需要通过实例来解释。对于 ResNet
模型，将从测试集中选择两个要解释的切片——一个是 IDC 阴性的，另一个是 IDC 阳
性的：

id 为 142 的 IDC 阴性样本

id 为 41291 的
IDC 阳性样本

加载 IDC 阴性样本的
PIL 图像

```
non_idc_idx = 142
idc_idx = 41291
non_idc_image = get_image(all_images_dir,
                    df_test.iloc[non_idc_idx, :]['image_id'])
idc_image = get_image(all_images_dir,
                    df_test.iloc[idc_idx, :]['image_id'])
```

加载 IDC 阳性样本的
PIL 图像

　　现在，将初始化 LIME 解释器，并使用它解释我们选择的两个样本。以下代码详
细演示了如何获取 IDC 阴性实例的 LIME 解释。作为练习，你可以获取 IDC 阳性样本
的 LIME 解释，并将其命名为 idc_exp 的变量：

从 LIME 库导入
lime_image 模块

初始化 LIME
图像解释器

首先变换 IDC 阴性
图像以进行分割

```
from lime import lime_image
explainer = lime_image.LimeImageExplainer()
non_idc_exp = explainer.explain_instance(np.array(trans_pil(non_idc_image)),
                            batch_predict_with_model,
                            num_samples=1000)
```

干扰分割后的图像，
创建 1000 个样本

使用 ResNet 模型对
扰动数据集进行预测

以上代码的 LIME 解释变量将获取 RGB 图像和二维掩码图像。作为练习，你可以获取 IDC 阳性样本的 LIME 掩码图像，并将掩码图像命名为 i_img_boundary。对此，你需要完成前面的练习，以获取 IDC 阳性样本的 LIME 解释。这些练习的答案可以在本书配套的 GitHub 存储库找到。

从 skimage 库中导入 mark_boundaries
函数，以绘制分割后的图像

获取 IDC 阴性样本
的 LIME 掩码图像

```
from skimage.segmentation import mark_boundaries
ni_tmp, ni_mask = non_idc_exp.get_image_and_mask(non_idc_exp.top_labels[0],
                            positive_only=False,
                            num_features=20,
                            hide_rest=True)
ni_img_boundary = mark_boundaries(ni_tmp/255.0, ni_mask)
```

使用 mark_boundaries
函数绘制掩码图像

现在可以使用以下代码可视化 IDC 阳性切片和阴性切片的 LIME 解释：

获得 IDC 阳性切片的图像

获得 IDC 阴性切片的图像

获得 IDC 阳性切片的模型置信度

获得 IDC 阴性切片的
模型置信度

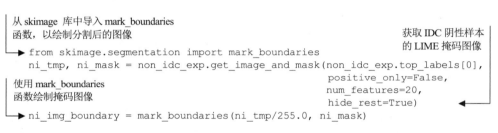

```
non_idc_conf = 100 - df_test_with_preds.iloc[non_idc_idx]['proba'] * 100
idc_conf = df_test_with_preds.iloc[idc_idx]['proba'] * 100
non_idc_image = df_test.iloc[non_idc_idx]['image_id']
idc_image = df_test.iloc[idc_idx]['image_id']
non_idc_patient = df_test.iloc[non_idc_idx]['patient_id']
idc_patient = df_test.iloc[idc_idx]['patient_id']
```

获取 IDC 阴性
切片的患者 ID

获取 IDC 阳性切片的患者 ID

```
f, ax = plt.subplots(2, 2, figsize=(10, 10))

# Plot the original image of the IDC negative patch
ax[0][0].imshow(Image.fromarray(imread(os.path.join(all_images_dir,
➥ non_idc_image))))
ax[0][0].axis('off')
ax[0][0].set_title('Patch Image (IDC Negative)\nPatient Id: %d' %
➥ non_idc_patient)
```

创建一个 2×2 的图形来绘
制原始图像和 LIME 解释

在左上角的单元
格绘制 IDC 阴性
切片的原始图像

在右上角的单元格
绘制 IDC 阴性切片
的 LIME 解释

```
# Plot the LIME explanation for the IDC negative patch
ax[0][1].imshow(ni_img_boundary)
ax[0][1].axis('off')
ax[0][1].set_title('LIME Explanation (IDC Negative)\nModel Confidence:
➥ %.1f%%' % non_idc_conf)

# Plot the original image of the IDC positive patch
ax[1][0].imshow(Image.fromarray(imread(os.path.join(all_images_dir,
➥ idc_image))))
ax[1][0].axis('off')
ax[1][0].set_title('Patch Image (IDC Positive)\nPatient Id: %d' %
    idc_patient)

# Plot the LIME explanation for the IDC positive patch
ax[1][1].imshow(i_img_boundary)
ax[1][1].axis('off')
ax[1][1].set_title('LIME Explanation (IDC Positive)\nModel Confidence:
➥ %.1f%%' % idc_conf);
```

在左下角的单元格
绘制 IDC 阳性切片
的原始图像

在右下角的单元格
绘制 IDC 阳性切片
的 LIME 解释

　　生成的可视化效果详见图 5.15。我们已经为该图添加了注释，其中左上角的图像是 IDC 阴性切片的原始图像。右上角的图像是 IDC 阴性切片的 LIME 解释。可以看到，该模型预测该切片为 IDC 阴性，置信度为 82%。从原始图像中，可以看到亮色斑块的密度更高，这与我们在 5.2 节看到的图案相匹配(见图 5.4)。亮色斑块通常用于突出细胞质和细胞外结缔组织。如果看一下 LIME 的解释，可以看到分割算法突出显示了两个超像素，其中分割边界将高密度的亮色斑块与图像的其余部分分开。对预测产生正面影响的分割或超像素以红色(较深的阴影)显示。这被注释为分割图像的左半部分。对预测产生负面影响的分割或超像素以绿色(亮色)显示。这被注释为分割图像的右半部分。因此，LIME 的解释似乎正确强调了致密的亮色斑块对高置信度预测 IDC 阴性值有正面影响。

　　图 5.15 左下角的图像是 IDC 阳性切片的原始图像。右下角的图像是对应的 LIME 解释。从原始图像中可以看出，深色斑块密度要高得多，这与我们在 5.2 节看到的图案相匹配(见图 5.3)。如果现在看一下 LIME 的解释，可以看到分割算法将整个图像视为超像素，并且整个超级像素对高置信度预测 IDC 阳性值有正面影响。虽然这种解释在高层次上是有意义的(整个图像由高密度深色斑块组成)，但它并没有提供任何关于哪些特定像素会影响模型预测的额外信息。

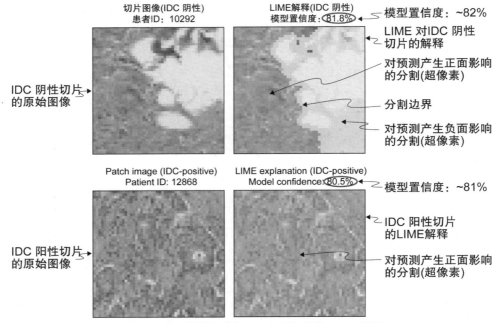

图 5.15 IDC 阴性切片和 IDC 阳性切片的 LIME 解释

　　这体现了 LIME 的一些缺点。正如我们在第 4 章和本节中所见，LIME 是一种很好的可解释技术，因为它与模型无关，可应用于任何复杂的模型。但是，它也有一些缺点。LIME 解释的质量在很大程度上取决于核宽度的选择。正如在第 4 章中看到的，这是一个重要的超参数，相同的核宽度可能不适用于我们希望解释的所有样本。LIME 解释也可能不稳定，因为它取决于扰动数据集的采样方式。解释还取决于我们使用的特定分割算法。如图 5.15 所示，分割算法将整个图像视为超像素。LIME 的计算复杂度也很高，具体取决于需要打开或关闭的像素或超像素的数量。

5.4.3　视觉归因法

　　现在，后退一步，从更高视角的可解释方法(又称视觉归因法)来看待 LIME。视觉归因法将重要性归因于影响 CNN 预测的图像部分。图 5.16 显示了如下三大类视觉归因法：

- 扰动
- 梯度
- 激活

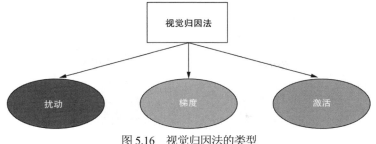

图 5.16　视觉归因法的类型

　　LIME 和 SHAP 等可解释技术是基于扰动的方法。正如我们在第 4 章和上一节中所见，它们的思路是扰动输入并探索它对 CNN 预测的影响。这些技术是模型无关的建模后和局部可解释技术。然而，基于扰动的方法计算效率低下，因为每个扰动都需要对复杂的 CNN 模型执行正向传播。这些技术也可能低估基于对原始图像进行分割所得到的特征的重要性。

　　基于梯度的方法可以可视化输入图像的预测目标类。其思路是选择一个实例或图像进行解释，然后运行 CNN 获得输出预测。我们应用反向传播算法来计算输入图像对应的输出类的梯度。梯度是一个很好的重要性度量，因为它告诉我们需要更改哪些像素才能影响模型输出。如果梯度很大，则像素值的微小变化将导致输入发生较大变化。因此，对于模型而言，具有较大梯度的像素被认为是最重要或最突出的。基于梯度的方法有时也因其用于确定特征重要性的算法而称为反向传播方法。又因通过该算法可获得特征的显著性或重要性称为显著图。流行的基于梯度的方法有：标准反向传播、导向反向传播，积分梯度和平滑梯度，这些方法将在 5.5 至 5.7 节介绍。这些技术是局部和建模后解释技术。然而，它们并不完全与模型无关，只是弱模型依赖。与基于扰动的方法相比，它们的计算效率要高得多，因为一个图像只需要进行一次正反向梯度传播计算。

　　基于激活的方法会查看最终卷积层中的特征图或激活(的神经元)，并根据特征图对应的目标类的梯度对进行加权。特征图的权重充当输入特征重要性的代理。这种技术称为梯度加权类别激活图(Grad-CAM)。我们将研究特征图在最终卷积层中的重要性，Grad-CAM 为此提供了粗粒度的激活图。如果你想获得更细粒度的激活图，可以将 Grad-CAM 和导向反向传播相结合——这种技术称为导向 Grad-CAM。我们将在 5.8 节更详细地了解 Grad-CAM 和导向 Grad-CAM 的工作原理。基于激活的方法也是弱模型依赖的建模后和局部可解释技术。

5.5 标准反向传播

本节将学习一种基于梯度的归因法，称为标准反向传播(Vanilla Backpropagation)。标准反向传播由 Karen Simonyan 等人于 2014 年提出，该技术如图 5.17 所示。

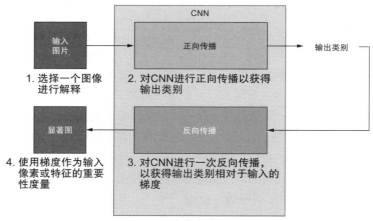

图 5.17　标准反向传播示意图

第一步是选择要解释的图像或实例。因此该可解释技术是局部可解释技术。第二步是在 CNN 上执行正向传播，以获得输出类别预测。获得输出类别后，下一步是获取输出相对于倒数第二层的梯度，并执行反向传播(我们在第 4 章了解过这一点)，以最终获得输出类别相对于输入图像中像素点的梯度。输入像素点或特征的梯度将用作重要度量。像素的梯度越大，该像素对于模型预测输出类别就越重要。它的思路是，如果给定像素的梯度很大，那么像素值的微小变化将对模型预测产生更大的影响。

标准反向传播和其他基于梯度的方法已经由 Utku Ozbulak 在 PyTorch 中实现，并在 GitHub 存储库中开源：http://mng.bz/8l8B。然而，这些实现不能直接应用于 ResNet 架构或基于 ResNet 的架构，对此，本书对它们进行了调整，以便它们可以应用于这些更高级的架构。以下是标准反向传播技术的 Python 实现：

```
# Code below adapted from: http://mng.bz/8l8B

class VanillaBackprop():
    """
        Produces gradients generated with vanilla back propagation from the
        ⮡ image
    """
    def __init__(self, model, features):    ◀── 一个标准反向传播构造函数，
                                                以模型和特征起始层为入参
```

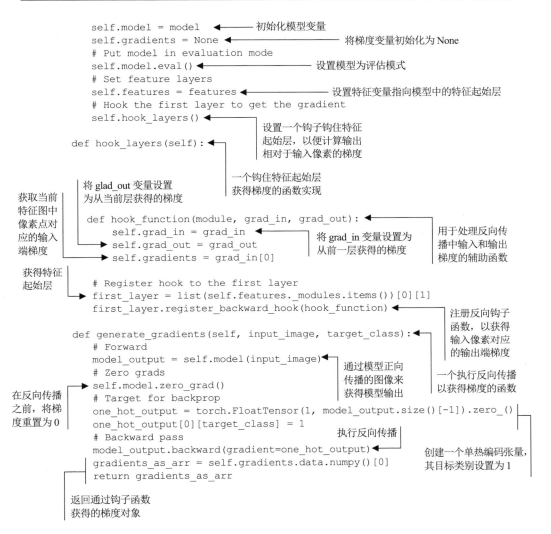

```
self.model = model          ◀──── 初始化模型变量
self.gradients = None       ◀──────────── 将梯度变量初始化为 None
# Put model in evaluation mode
self.model.eval()   ◀──────────── 设置模型为评估模式
# Set feature layers
self.features = features   ◀──────── 设置特征变量指向模型中的特征起始层
# Hook the first layer to get the gradient
self.hook_layers()   ◀─────┐
                           设置一个钩子钩住特征
def hook_layers(self):  ◀──┘  起始层，以便计算输出
                              相对于输入像素的梯度

                        一个钩住特征起始层
                        获得梯度的函数实现

def hook_function(module, grad_in, grad_out): ◀──┐
    self.grad_in = grad_in   ◀────┐               用于处理反向传
    self.grad_out = grad_out      将 grad_in 变量设置为  播中输入和输出
    self.gradients = grad_in[0]   从前一层获得的梯度   梯度的辅助函数

# Register hook to the first layer
first_layer = list(self.features._modules.items())[0][1]
first_layer.register_backward_hook(hook_function) ◀──┐
                                                     注册反向钩子
def generate_gradients(self, input_image, target_class): ◀─┐  函数，以获得
    # Forward                                               输入像素对应
    model_output = self.model(input_image)◀──┐             的输出端梯度
    # Zero grads                             通过模型正向
    self.model.zero_grad()                   传播的图像来   一个执行反向传播
    # Target for backprop                    获得模型输出   以获得梯度的函数
    one_hot_output = torch.FloatTensor(1, model_output.size()[-1]).zero_()
    one_hot_output[0][target_class] = 1
    # Backward pass                         执行反向传播
    model_output.backward(gradient=one_hot_output) ◀──┐
    gradients_as_arr = self.gradients.data.numpy()[0]  创建一个单热编码张量，
    return gradients_as_arr                            其目标类别设置为 1
```

将 glad_out 变量设置
为从当前层获得的梯度

获取当前
特征图中
像素点对
应的输入
端梯度

获得特征
起始层

在反向传播
之前，将梯
度重置为 0

返回通过钩子函数
获得的梯度对象

　　注意，ResNet 模型和其他架构(如 Inception v3 和 ResNeXt)的特征层可以在父模型中找到，而不像 VGG16 和 AlexNet 架构那样存储在分层结构中，其中特征层存储在模型的 features 键中。你可通过初始化 VGG16 模型(如下所示)并打印它以查看其结构来测试这一点：

```
vgg16 = torchvision.models.vgg16()
print(vgg16)
```

　　其 print 语句的输出结果节选如下，显示了特征层在 features 键中的存储方式。如果你在前面的代码中将 vgg16 替换为 alexnet，也会获得类似的输出：

```
VGG(
  (features): Sequential(
    (0): Conv2d(3, 64, kernel_size=(3, 3), stride=(1, 1), padding=(1, 1))
    (1): ReLU(inplace=True)
    (2): Conv2d(64, 64, kernel_size=(3, 3), stride=(1, 1), padding=(1, 1))
    (3): ReLU(inplace=True)
    (4): MaxPool2d(kernel_size=2, stride=2, padding=0, dilation=1, ceil_mode=False)
    (5): Conv2d(64, 128, kernel_size=(3, 3), stride=(1, 1), padding=(1, 1))
    (6): ReLU(inplace=True)
...
(output clipped)
```

Utku Ozbulak 的代码实现期望该架构具有与 VGG16 和 AlexNet 相同的分层结构。另一方面，在前面的标准反向传播代码实现中，特征层被显式传递给构造函数，以用于更复杂的架构。现在，可以为 ResNet 模型实例化此类：

```
vbp = VanillaBackprop(model=model, features=model)
```

现在，将创建一个辅助函数来获取输出相对于输入的梯度：

get_grads 函数有三个入参：基于梯度
的方法、数据集和要解释样本的索引
```
def get_grads(gradient_method, dataset, idx):
    image, label = dataset[idx]
```
通过索引 idx 获取
图像和标签

```
    X = image.reshape(1,
                      image.shape[0],
                      image.shape[1],
                      image.shape[2])
```
重塑图像，使其
能够运行模型

创建 PyTorch 变量，将
requires_grad 设置为 True,
以通过反向传播获得梯度

返回输入
像素对应
的梯度
```
    X_var = Variable(X, requires_grad=True)
    grads = gradient_method.generate_gradients(X_var, label)
    return grads
```

使用 generate_gradients
函数获得梯度

我们将在 5.4.2 节使用与 LIME 技术相同的两个样本——一个 IDC 阴性切片和一个 IDC 阳性切片。现在，可以使用标准反向传播技术来获得梯度：

```
non_idc_vanilla_grads = get_grads(vbp, dataset_test, non_idc_idx)
idc_vanilla_grads = get_ grads(vbp, dataset_test, idc_idx)
```

注意，测试数据集是 5.3.1 节初始化的测试集 PatchDataset。此处显示的结果梯度数组将具有与输入图像相同的维度。输入图像的维度为 $3 \times 50 \times 50$，图像包含三个通道(红色、绿色、蓝色)，高度和宽度各为 50 像素。生成的梯度也将具有相同的尺寸，并且可以可视化为彩色图像。但是，为了便于可视化，我们将梯度图像变换为灰度。可以使用以下辅助函数将图像从彩图变换为灰度：

```
# Code below from: http://mng.bz/8l8B
```

```
def convert_to_grayscale(im_as_arr):
    """
        Converts 3d image to grayscale
    Args:
        im_as_arr (numpy arr): RGB image with shape (D,W,H)
    returns:
        grayscale_im (numpy_arr): Grayscale image with shape (1,W,D)


    """
    grayscale_im = np.sum(np.abs(im_as_arr), axis=0)
    im_max = np.percentile(grayscale_im, 99)
    im_min = np.min(grayscale_im)
    grayscale_im = (np.clip((grayscale_im - im_min) / (im_max - im_min), 0, 1))
    grayscale_im = np.expand_dims(grayscale_im, axis=0)
    return grayscale_im
```

现在已经有了通过标准反向传播获得的梯度，可以像可视化 LIME 解释一样可视化它们。作为练习，你可以扩展 5.4.2 节的可视化代码，将 LIME 解释替换为梯度灰度表示。最终得到图 5.18 所示的结果。

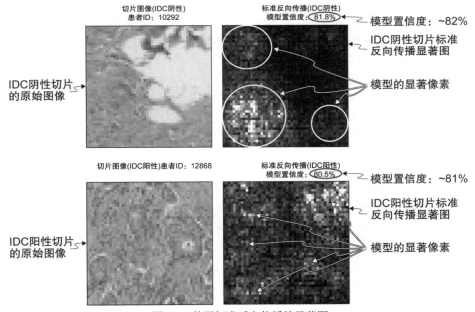

图 5.18　使用标准反向传播的显著图

首先关注 IDC 切片。切片的原始图像在左上角。通过标准反向传播获得的梯度的灰度表示在右上角。可以在图像中看到具有各种灰色阴影的像素。较大的梯度具有较高的灰色强度或显示为白色。这是可视化 CNN 所关注像素的好方法，可以预测图像是 IDC 阴性的，置信度为 82%。突出或重要的像素对应于原始图像中密集的亮色斑块。由于梯度显示是像素级别的，因此与 LIME 相比，这是一种更细粒度的解释(LIME 仅

关注超像素)。显著图是数据科学家或数据工程师调试 CNN 的好方法，也有助于业务
领域专家(病理学家)了解 CNN 正在关注图像的哪些部分。

现在看一下 IDC 阳性切片。原始图像在左下角，通过标准反向传播获得的解释在
右下角。可以看到，更多的像素被点亮(对应于输入图像中的深色斑块或细胞)。这种
解释比 LIME 解释要好得多，在 LIME 中，整个图像都被视为超像素(见图 5.15)。

5.6   导向反向传播

导向反向传播是 J. T. Springengberg 等人在 2015 年提出的另一种基于梯度的归因
法。它类似于标准反向传播，唯一的区别在于它在通过整流线性单元(ReLU)时处理梯
度。如我们在第 4 章所见，ReLU 是一种非线性激活函数，它将负输入值削波到零。
如果梯度为负，或者如果正向传播期间 ReLU 的输入为负，则导向反向传播技术会将
梯度归零。导向反向传播背后的思路是仅关注对模型预测产生正面影响的输入特征。

导向反向传播技术也在 http://mng.bz/8l8B 存储库使用了 PyTorch 实现，但本书中
进行了调整，以便它可以应用于更复杂的架构(如 ResNet 或带有 ReLU 嵌套层的其他
复杂结构)。以下是改进后的实现:

```
# Code below adapted from: http://mng.bz/8l8B          导入 ReLU 激活函数
from torch.nn import ReLU, Sequential          ◄──    和 Sequential 容器


class GuidedBackprop():
    """
        Produces gradients generated with guided back propagation from the
        ↪ given image
    """
    def __init__(self, model, features):
        self.model = model
        self.gradients = None                          导向反向传播的构造函数类
        self.features = features                        似于标准反向传播——仅多
        self.forward_relu_outputs = []                  了一个函数，用于在反向传
        # Put model in evaluation mode                  播时更新 ReLU
        self.model.eval()
        self.update_relus()
        self.hook_layers()

    def hook_layers(self):
        def hook_function(module, grad_in, grad_out):
            self.gradients = grad_in[0]
        # Register hook to the first layer
        first_layer = list(self.features._modules.items())[0][1]
        first_layer.register_backward_hook(hook_function)
                                                                用于更新 ReLU
    def update_relus(self):            ◄────────────────────    的函数
```

一个钩子函数，
用于获得特征初
始层梯度，类似
于标准反向传播

```
        """
        Updates relu activation functions so that
            1- stores output in forward pass
            2- imputes zero for gradient values that are less than zero
        """
    def relu_backward_hook_function(module, grad_in, grad_out):
        """
        If there is a negative gradient, change it to zero
        """
        # Get last forward output
        corresponding_forward_output = self.forward_relu_outputs[-1]
        corresponding_forward_output[corresponding_forward_output > 0] = 1
        modified_grad_out = corresponding_forward_output *
        ↪ torch.clamp(grad_in[0], min=0.0)
        del self.forward_relu_outputs[-1]  #
        return (modified_grad_out,)

    def relu_forward_hook_function(module, ten_in, ten_out):
        """
        Store results of forward pass
        """
        self.forward_relu_outputs.append(ten_out)

    # Loop through layers, hook up ReLUs
    for pos, module in self.features._modules.items():
        if isinstance(module, ReLU):
            module.register_backward_hook(relu_backward_hook_function)
            module.register_forward_hook(relu_forward_hook_function)
        elif isinstance(module, Sequential):
            for sub_pos, sub_module in module._modules.items():
                if isinstance(sub_module, ReLU):

sub_module.register_backward_hook(relu_backward_hook_function)

sub_module.register_forward_hook(relu_forward_hook_function)
                elif isinstance(sub_module, torchvision.models.resnet.BasicBlock):
                    for subsub_pos, subsub_module in
                    ↪ sub_module._modules.items():
                        if isinstance(subsub_module, ReLU):

subsub_module.register_backward_hook(relu_backward_hook_function)

subsub_module.register_forward_hook(relu_forward_hook_function)

    def generate_gradients(self, input_image, target_class):
        # Forward pass
        model_output = self.model(input_image)
        # Zero gradients
        self.model.zero_grad()
        # Target for backprop
        one_hot_output = torch.FloatTensor(1, model_output.size()[-1]).zero_()
        one_hot_output[0][target_class] = 1
        # Backward pass
        model_output.backward(gradient=one_hot_output)
        gradients_as_arr = self.gradients.data.numpy()[0]
        return gradients_as_arr
```

将小于 0 的梯度值设置为 0 的函数

在正向传播中获得 ReLU 的输出

将变量中大于 0 的值设置为 1

删除正向传播的 ReLU 输出

用 0 代替负梯度值

返回修改后的梯度值

辅助函数用于存储正向传播时获得的 ReLU 输出

如果模块为 ReLU 实例，则注册钩子函数以获得正向传播时该层的输出值，并在反向传播时更新该层的梯度

遍历所有特征层

如果模块为 Sequential 容器，则遍历其子模块

如果子模块是 ReLU，如前一样注册钩子函数

如果子模块是 BasicBlock，则遍历其子模块

如果子模块是 ReLU，如前一样注册钩子函数

执行反向传播以获得梯度的函数，类似于标准反向传播

可以将这种经过改进的实现用于具有多达三个 ReLU 嵌套层的模型架构。现在，实例化 ResNet 模型的导向反向传播类：

```
gbp = GuidedBackprop(model= model,
                     features=model)
```

现在可以使用 5.5 节定义的 get_gradients 辅助函数获得梯度。作为练习，你可以获得两个示例的梯度，并将它们变换为灰度，然后可视化它们。结果如图 5.19 所示。

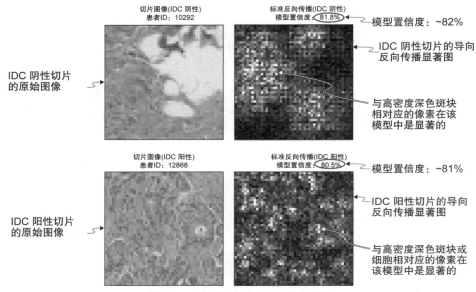

图 5.19　使用导向反向传播的显著图

使用导向反向传播的解释似乎表明，对于 IDC 阴性和阳性切片，模型的像素都集中在某些像素上。这些像素在 IDC 阴性切片中对应于高密度亮色斑块区域，在 IDC 阳性切片中对应于高密度暗色斑块区域。使用标准反向传播和导向反向传播的解释似乎都合乎逻辑，但是应该使用哪一个呢？我们将在 5.9 节讨论这个问题。

5.7　其他基于梯度的方法

标准和导向反向传播方法都低估了特征在具有饱和特征的模型中的重要性，这具体是什么意思呢？下面来看一个简单的示例，该示例可在 Avanti Shrikumar 等人于 2017 年发表的一篇论文中找到(该论文可在 https://arxiv.org/pdf/1704.02685;Learning 找到)。图 5.20 显示了一个输出信号饱和的简单网络。该网络接受两个输入 x_1 和 x_2。箭头或边上的数字是用于与它所连接的输入单元相乘的权重。该网络的最终输出(或输出信号) y

可以按如下方式进行评估：

```
y=1+max(0,1-(x₁+x₂))
```

如果 $x_1 + x_2$ 大于 1，则输出信号 y 在 1 处饱和。可以看到，当输入的总和大于 1 时，输出相对于输入的梯度为零。此时，标准反向传播和导向反向传播都低估了这两个输入特征的重要性，因为梯度为 0。

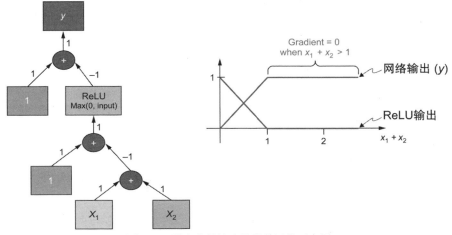

图 5.20 输出信号饱和的简单网络示意图

为了克服饱和问题，最近业界提出了两种基于梯度的方法，积分梯度和平滑梯度。Mukund Sundararajan 等人于 2017 年提出了积分梯度。对于给定的输入图像，积分梯度对梯度进行积分，因为输入像素从起始值(例如，所有零)缩放到其实际值。平滑梯度由 Daniel Smilkov 等人在 2017 年提出。平滑梯度将像素高斯噪声添加到输入图像的副本中，然后平均通过标准反向传播获得梯度。

这两种技术都需要对多个样本进行积分/平均，类似于基于扰动的方法，从而增加了计算复杂性。由此产生的解释也不能保证是可靠的，这就是为什么本书中没有明确地涵盖它们。我们将在 5.9 节进一步讨论它们。如果你感兴趣，可以使用 http://mng.bz/8l8B 存储库中的 PyTorch 实现来尝试这些技术。

5.8 Grad-CAM 和导向 Grad-CAM

现在，我们把注意力集中在基于激活的方法上。Grad-CAM 由 R. R. Selvaraju 等人于 2017 年提出，它是一种基于激活的归因法，利用了通过卷积层学习的特征。Grad-CAM 查看 CNN 最终卷积层学习的特征图，通过计算输出相对于特征图中像素的梯度来获得该特征图的重要性。由于查看了最终卷积层学习的特征图，因此 Grad-CAM 生成的激活图很粗糙。GradCAM 技术也在 http://mng.bz/8l8B 存储库得以实现，并按如下方式进行了调整，以便可以应用于任何 CNN 架构。首先，将定义一个名为 CamExtractor 的类，以获取最终卷积层的输出或特征图，以及分类器或全连接层的输出：

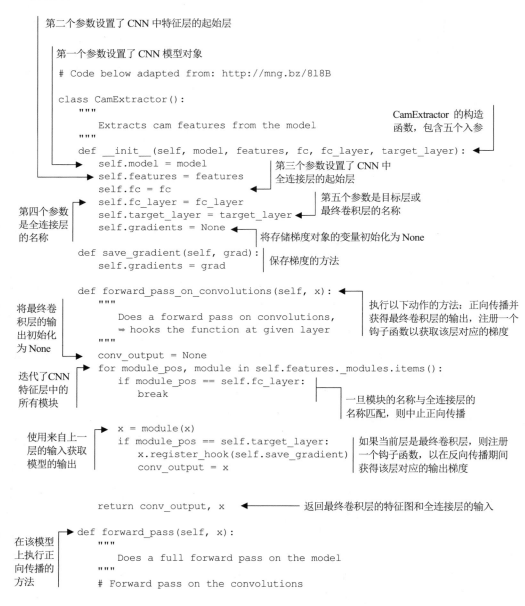

第二个参数设置了 CNN 中特征层的起始层

第一个参数设置了 CNN 模型对象

```
# Code below adapted from: http://mng.bz/8l8B

class CamExtractor():
    """
        Extracts cam features from the model
    """
    def __init__(self, model, features, fc, fc_layer, target_layer):
        self.model = model
        self.features = features
        self.fc = fc
        self.fc_layer = fc_layer
        self.target_layer = target_layer
        self.gradients = None

    def save_gradient(self, grad):
        self.gradients = grad

    def forward_pass_on_convolutions(self, x):
        """
            Does a forward pass on convolutions,
          ↪ hooks the function at given layer
        """
        conv_output = None
        for module_pos, module in self.features._modules.items():
            if module_pos == self.fc_layer:
                break

            x = module(x)
            if module_pos == self.target_layer:
                x.register_hook(self.save_gradient)
                conv_output = x

        return conv_output, x

    def forward_pass(self, x):
        """
            Does a full forward pass on the model
        """
        # Forward pass on the convolutions
```

CamExtractor 的构造函数，包含五个入参

第三个参数设置了 CNN 中全连接层的起始层

第五个参数是目标层或最终卷积层的名称

第四个参数是全连接层的名称

将存储梯度对象的变量初始化为 None

保存梯度的方法

执行以下动作的方法：正向传播并获得最终卷积层的输出，注册一个钩子函数以获取该层对应的梯度

将最终卷积层的输出初始化为 None

迭代了 CNN 特征层中的所有模块

一旦模块的名称与全连接层的名称匹配，则中止正向传播

使用来自上一层的输入获取模型的输出

如果当前层是最终卷积层，则注册一个钩子函数，以在反向传播期间获得该层对应的输出梯度

返回最终卷积层的特征图和全连接层的输入

在该模型上执行正向传播的方法

```
conv_output, x = self.forward_pass_on_convolutions(x)
x = x.view(x.size(0), -1)
# Forward pass on the classifier
x = self.fc(x)
return conv_output, x
```

将全连接层的
输入展平

获得最终卷积层
的特征图和全连
接层的输入

输入全连接层获得
分类器的输出

返回最终卷积层的特征图和
分类器的输出

代码中的 CamExtractor 类使用了以下五个输入参数。

● model：用于图像分类的 CNN 模型

● features：CNN 中特征层的起始层

● fc：CNN 中用于分类的全连接层的起始层

● fc_layer：model 对象中全连接层的名称

● target_layer：model 对象中最后一个卷积层的名称

正如我们在标准反向传播和导向反向传播中所见，模型对象是 model，特征层起始层是同一对象。在模型对象中，表示全连接层起始层的是 model.fc。全连接层的名称是 fc，最后一个卷积层的名称是 layer4。现在定义 GradCam 类，生成类别激活图：

```
# Code below adapted from: http://mng.bz/818B

class GradCam():
    """
        Produces class activation map
    """
    def __init__(self, model, features, fc, fc_layer, target_layer):
        self.model = model
        self.features = features
        self.fc = fc
        self.fc_layer = fc_layer
        self.model.eval()
        self.extractor = CamExtractor(self.model,
                                      self.features,
                                      self.fc,
                                      self.fc_layer,
                                      target_layer)

    def generate_cam(self, input_image, target_class=None):
        conv_output, model_output = self.extractor.forward_pass(input_image)

        if target_class is None:
            target_class = np.argmax(model_output.data.numpy())
        one_hot_output = torch.FloatTensor(1, model_output.size()[-1]).zero_()
        one_hot_output[0][target_class] = 1

        self.features.zero_grad()
        self.fc.zero_grad()

        model_output.backward(gradient=one_hot_output, retain_graph=True)
```

GradCam 构造函数
接收与 CamExtractor
相同的五个入参

设置适当的
对象

将模型设置为评估模式

使用提取器从最终
卷积层和分类器的
输出中获得特征图

初始化 CamExtractor
对象

根据给定输入图
像和目标类生成
CAM 的函数

如果未指定目
标类，则根据
模型预测获得
输出类

将目标类变换为一个
独热编码张量

在反向传播之前重置梯度

执行反
向传播

获取输出类
对应的特征
图的梯度

```
guided_gradients = self.extractor.gradients.data.numpy()[0]

target = conv_output.data.numpy()[0]
weights = np.mean(guided_gradients, axis=(1, 2))
cam = np.ones(target.shape[1:], dtype=np.float32)
for i, w in enumerate(weights):
    cam += w * target[i, :, :]
cam = np.maximum(cam, 0)
cam = (cam - np.min(cam)) / (np.max(cam) - np.min(cam))
cam = np.uint8(cam * 255)
cam = np.uint8(Image.fromarray(cam).resize((input_image.shape[2],
            input_image.shape[3]), Image.ANTIALIAS))/255
return cam
```

通过梯度加权特
征图获得 CAM

获取 CAM
并删除负值

规范化 CAM

将 CAM 值等比例
扩大到 0～255,
并可视化为灰度
图像

缩放 CAM 并插
值到与输入图像
相同的维度

返回 CAM

可以按如下方式初始化 Grad-CAM 对象。作为练习,你可以为之前使用的两个样本创建激活图。本练习的答案可以在本书配套的 GitHub 存储库中找到:

```
grad_cam = GradCam(resnet18_model,
            features=resnet18_model,
            fc=resnet18_model.fc,
            fc_layer='fc',
            target_layer='layer4')
```

图 5.21 包含生成的 Grad-CAM 激活图。从图中可以看到,激活图显示了非常粗粒度的最终卷积层特征图的重要性。其中灰色或白色区域是对模型预测非常重要的区域。

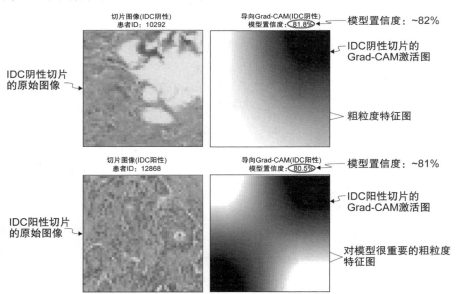

图 5.21 使用 Grad-CAM 的激活图

为了获得更细粒度的激活图，可以使用导向 Grad-CAM 技术。导向 Grad-CAM 技术由 Grad-CAM 同一作者于 2017 年提出，基本上结合了 Grad-CAM 和导向反向传播技术。由导向 Grad-CAM 生成的最终激活图是 Grad-CAM 生成的激活图和由导向反向传播生成的显著图的元素点积。具体实现如下：

```
# Code below from: http://mng.bz/818B
def guided_grad_cam(grad_cam_mask, guided_backprop_mask):
    """
        Guided grad cam is just pointwise multiplication of cam mask and
        guided backprop mask
    Args:
        grad_cam_mask (np_arr): Class activation map mask
        guided_backprop_mask (np_arr):Guided backprop mask
    """
    cam_gb = np.multiply(grad_cam_mask, guided_backprop_mask)
    return cam_gb
```

以上函数采用从 Grad-CAM 和导向反向传播中获得的灰度掩码，并返回它们的点积。图 5.22 显示了导向 Grad-CAM 为要解释的两个样本生成的激活图。可以看到，可视化比导向反向传播更清晰，并突出显示了与 IDC 阴性切片和阳性切片一致的区域。

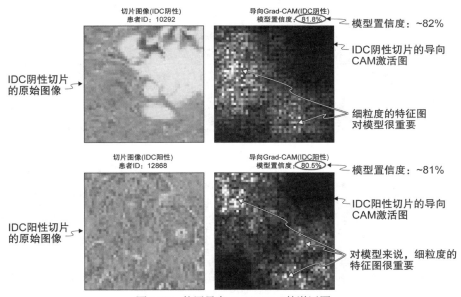

图 5.22　使用导向 Grad-CAM 的激活图

5.9　我应该使用哪种归因法

至此，我们已经掌握了所有这些技术，那么应该应用哪些技术呢？换句话说，哪些技术可以产生可靠的解释？通过使用几个样本直观地检查解释，你会发现所有显著性技术都可以度量像素的重要性。通过目视评估它们，我们发现这些重要性措施是合理的。然而，仅仅依靠视觉或定性评估可能会产生误导。

Julius Adebayo 等人于 2018 年发表的一篇论文对本章讨论的显著性方法进行了彻底的定量评估，其中进行了以下两大类测试。

(1) 模型参数随机化测试：通过随机生成模型权重来检查是否对显著图产生影响，我们希望模型从中进行随机或垃圾预测。如果显著性方法的输出对于训练的模型和随机模型是相同的，那么可以说显著图对模型参数不敏感。因此，显著图对于调试模型是不可靠的。

(2) 数据随机化测试：通过随机生成训练数据中的标签来检查是否对显著图产生影响。当在目标标签随机化的训练数据集的副本上训练相同的模型架构时，我们预计显著性方法的输出对它也是敏感的。如果随机化标签对显著图没有影响，则该方法不依赖于原始训练集中存在的输入图像和标签。因此，显著图对于理解输入-输出关系是不可靠的。

本文提供了几项健全性检查，用于在实践中确定显著性方法输出的可靠性。表 5.2 总结了健全性检查的结果。

表 5.2　对视觉归因法进行的健全性检查结果

归因法	模型参数随机化测试	数据随机化测试
标准反向传播	成功	成功
导向反向传播	失败	失败
积分梯度	失败	失败
SmoothGrad	失败	成功
梯度加权类别激活图(Grad-CAM)	成功	成功
导向梯度加权类别激活图	失败	失败

可以看到，两项检查都通过的方法是标准反向传播和 Grad-CAM。它们生成的显著图和激活图对模型和数据生成过程很敏感。因此，它们可用于可靠地调试模型并了解输入图像与目标标签之间的关系。其他技术提供了令人信服的图像来解释模型预测，并且从定性评估来看似乎可以接受。但是，它们对于建模和标签随机化来说是不变的，因此不足以用于模型调试和理解输入-输出关系。这些健全性检查的重要信息是要注意确认偏差。仅仅使解释在质量上有意义是不够的；它还必须通过健全性检查，以便能够更好地理解模型和输入-输出关系。本文提出的两项测试在实践中也可以应用于其他可解释技术。

下一章将学习如何进一步剖析网络,并了解神经网络学习了哪些高级概念。将学习那些赋予我们概念级重要性的技术,而不仅仅是了解像素级的重要性。这些技术已被证明对模型和数据生成过程很敏感,因此能够通过本节介绍的健全性检查。

5.10 本章小结

- 卷积神经网络(CNN)是一种神经网络架构,通常用于视觉任务,如图像分类、对象检测和图像分割。

- 全连接 DNN 不能很好地捕获图像中的像素依赖性,因此无法训练它们来理解图像中的特征,如边缘、颜色和梯度。但 CNN 可以很好地捕获图像中的像素依赖性或空间依赖性。我们还可以更有效地训练 CNN 架构,以便在网络中重用权重时拟合输入数据集。

- CNN 架构通常由一系列卷积层和汇聚层(两者组合成特征学习层)组成。这些层的目标是从输入图像中提取分层特征。特征学习卷积层之后是全连接神经元层或单元,这些全连接层的目的是执行分类。全连接层的输入是卷积层和汇聚层学习的高级特征,输出是分类任务的概率度量。

- 各种最先进的 CNN 架构,如 AlexNet、VGG、ResNet、Inception 和 ResNeXT,都在 PyTorch 和 Keras 等流行的深度学习库中有实现。在 PyTorch 中,你可以使用 torchvision 软件包初始化这些架构。

- 在 CNN 中,当图像经历数百万次复杂的操作时,将很难解释模型是如何做出最终预测的。这就是 CNN 成为黑盒模型的原因。

- 可以使用视觉归因法解释 CNN。这些方法用于将重要性归因于影响 CNN 所做预测的图像部分。

- 视觉归因法有三大类:扰动、梯度和激活。

- 基于扰动的方法的思路是扰动输入并探测其对 CNN 预测的影响。LIME 和 SHAP 等技术是基于扰动的方法。然而,这些技术在计算效率上是低下的,因为每个扰动都要求在复杂的 CNN 模型上执行正向传播。这些技术也可能低估特征的重要性。

- 可以使用基于梯度的方法来可视化输入图像相对于目标类的梯度。对于模型而言,具有较大梯度度量的特征被认为是最重要或最显著的。基于梯度的方法有时又称反向传播方法——反向传播算法用于确定特征重要性和显著图,因为它获得了具有显著或重要特征的图。流行的基于梯度的方法是标准反向传播、导向反向传播、积分梯度和平滑梯度。

- 基于激活的方法查看最终卷积层中的特征图或激活图，并根据目标类相对于这些特征图的梯度对它们进行加权。特征图的权重充当输入特征重要性的代理。这种技术称为梯度加权类别激活图(Grad-CAM)。
- Grad-CAM 提供了粗粒度激活图。为了获得更细粒度的激活图，可以将 Grad-CAM 和导向反向传播相结合，这种技术称为导向 Grad-CAM。
- 通过模型参数随机化和数据随机化测试的视觉归因法是标准反向传播和 Grad-CAM。因此，它们生成的显著图和激活图对于调试模型和更好地理解输入-输出关系来说更可靠。

第Ⅲ部分

解释模型表示

本书这一部分继续关注黑盒模型,但重点了解模型学到的是哪些特征或表示。

在第 6 章和第 7 章,你将学习卷积神经网络和用于语言理解的神经网络,学习如何剖析神经网络并了解中间层或隐藏层从数据中学习到的表示,还将学习如何使用主成分分析(PCA)和 t-分布随机近邻嵌入(t-SNE)等方法来可视化模型学习到的高维表示。

第 **6** 章

理解层和单元

本章涵盖以下主题:
- 剖析黑盒卷积神经网络以了解层和单元学习到的特征或概念
- 运行神经网络剖析框架
- 量化卷积神经网络中层和单元的可解释以及如何将它们可视化
- 神经网络剖析框架的优缺点

在第 3、4 和 5 章中,我们将注意力集中在黑盒模型上,以及如何使用各种技术来解释它们,例如 PDP、LIME、SHAP、锚定和显著图。第 5 章特别关注了卷积神经网络(CNN)和视觉归因法,如梯度和激活图,这些方法突出显示模型所关注的显著特征。所有这些技术都专注于通过降低复杂性来解释黑盒模型中发生的复杂操作。例如,PDP 与模型无关,并显示特征值对模型预测的边际或平均全局影响。LIME、SHAP 和锚定等技术也与模型无关——它们创建的代理模型与原始黑盒模型的行为相似,但更简单、更易于解释。视觉归因法和显著图对模型的依赖性很弱,有助于突出显示对模型来说显著或重要的一小部分输入。

在本章和下一章中,我们将专注于解释深度神经网络学习的表示或特征。本章特别关注用于视觉任务(例如图像分类、目标检测和图像分割)的 CNN。CNN 里面发生的大量操作被组织成层和单元。通过解释模型表示,我们可以了解流经这些层和单元的数据的作用和结构。你将在本章专门了解神经网络剖析框架。该框架将更加清楚地了解 CNN 学习的特征和高级概念。它还将帮助我们从通常定性评估的显著图之类的可视化转变为更定量的解释。

本章将首先介绍 ImageNet 和 Places 数据集以及相关的图像分类任务。然后,本章快速回顾 CNN 和视觉归因法,重点关注这些方法的局限性,以展示神经网络剖析框架的优点。本章的其余部分将重点介绍这个框架以及如何使用它来理解 CNN 学习的表示。

6.1 视觉理解

本章将专注于训练一个智能系统或代理来识别现实世界中的物体、地点和场景。该系统的任务是一个多分类任务。为了训练这样一个代理，需要访问大量标注数据。ImageNet 数据集是为识别物体而创建的一个数据集。它是一个基于 WordNet 构建的大规模图像本体。WordNet 是一个英语名词、动词、形容词和副词的单词数据库，它们被组织成一组同义词集(又称 synsets)。ImageNet 也遵循类似的结构，其中图像按层次结构的 synsets 或类别进行分组。图 6.1 显示了这种结构的一个示例。在这个示例中，动物的图像被组织成三个类别。最高级别的类别包含哺乳动物的图像。下一级包含食肉动物的图像，最后一级包含狗的图像。完整的 ImageNet 数据库包含超过 1400 万个图像，分为 27 个高级类别。synsets 或子类别的数量范围为 51～3822 个。ImageNet 是构建图像分类器最常用的数据集之一。

图 6.1　ImageNet 数据集中的 synsets 或类别说明

对于识别地点和场景的任务，将使用 Places 数据集。了解物体在现实世界中出现的地点、场景或上下文是构建智能系统(如自动驾驶汽车在城市中导航)的重要方面。Places 数据集将图像组织成不同级别的场景类别。图 6.2 是一个说明了数据集语义结构的示例。该示例显示了一个名为 Outdoor 的高级场景类别。这个类别下有三个子类别，分别是 Cathedral、Building 和 Stadium。Places 数据集总共包含超过 1000 万张图像，分为 400 个独特的场景类别。使用这个数据集，可以训练一个模型来学习各种地点和场景识别任务的特征。

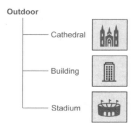

图 6.2　Places 数据集语义结构

有了 ImageNet 和 Places 数据集，现在就可以训练智能系统了。幸运的是，我们可以使用基于 ImageNet 和 Places 数据集预训练的各种最先进的 CNN 架构。这样将节省从头开始训练模型的精力、时间和资金。下一节将学习如何利用这些预训练模型，还将概述 CNN 并利用迄今为止所学的技术来解释这些模型的输出。

6.2 回顾卷积神经网络

本节将快速回顾一下第 5 章学到的 CNN。图 6.3 展示了一个用于将 ImageNet 数据集中的图像分类为狗或不是狗的 CNN 架构。

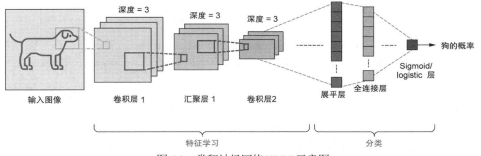

图 6.3 卷积神经网络(CNN)示意图

该架构由一系列卷积层和汇聚层组成，然后是一组全连接层。卷积层和汇聚层的组合称为特征学习层。这些层从输入图像中提取特征。前几层提取低级特征，例如边缘、颜色和梯度。后续层学习高级特征。全连接层用于分类。特征学习层中学习的特征作为输入馈送到全连接层。最终输出是输入图像是狗的概率。

上一章还学习了如何使用 PyTorch 的 torchvision 包初始化最先进的 CNN 架构。我们特别关注 18 层深度的 ResNet 架构(称为 ResNet-18)。我们将在本章继续使用这种架构。ResNet-18 模型可以初始化为：

```
import torchvision        ◀──┤ 导入 torchvision 包
model = torchvision.models.resnet18(pretrained=False) ◀──
```

使用随机权重初始化
ResNet 模型

将 pretrained 参数设置为 False，用随机权重来初始化 ResNet 模型。要想使用基于 ImageNet 数据集预训练的模型进行初始化，必须将 pretrained 参数设置为 True：

使用基于 ImageNet 数据集
预训练的模型进行初始化

```
imagenet_model = torchvision.models.resnet18(pretrained=True) ◀──
```

其他 CNN 架构，如 AlexNet、VGG、Inception 和 ResNeXT，也可以使用 torchvision 进行初始化。

对于 Places 数据集，你可以在 https://github.com/CSAILVision/places365 找到适用于各种架构的预训练 PyTorch 模型。你可以从 http://mng.bz/GGmA 下载 ResNet-18 架构的 PyTorch 预训练模型。由于文件大小超过 40 MB，建议先将其下载到本地。下载到本地之后，可通过以下代码加载模型：

```
import torch ◀──── 导入 PyTorch 库
places_model_file = "resnet18_places365.pth.tar" ◀── 将此变量设置为下载到本地的
                                                      预训练ResNet模型的完整路径
if torch.cuda.is_available():                    加载基于 Places 数据集进行
    places_model = torch.load(places_model_file)  预训练的 ResNet 模型
else:
  places_model = torch.load(places_model_file, map_location=torch.device('cpu'))
```

我们还学习了各种可用于解释 CNN 的视觉归因法，如图 6.4 所示。存在三大类视觉归因法：扰动、梯度和激活。LIME 和 SHAP 等技术是基于扰动的方法。这些模型无关的建模后和局部可解释技术使用更易解释但行为类似于复杂 CNN 的代理模型。这些技术突出显示图像中对模型预测很重要的分割或超像素。这些技术很棒，可以应用于任何复杂的模型。基于梯度和基于激活的方法是建模后和局部可解释技术。然而，它们并非模型无关(虽然依赖较弱)，并且仅突出显示输入图像中对模型显著或重要的一小部分。对于像标准反向传播、导向反向传播、积分梯度和平滑梯度这样的基于梯度的方法，通过计算目标类别相对于输入图像的梯度来获得图像中的显著像素。对于基于激活的方法，例如 Grad-CAM 和导向 Grad-CAM 等，最终卷积层中的激活将根据目标类别相对于激活图或特征图的梯度进行加权。

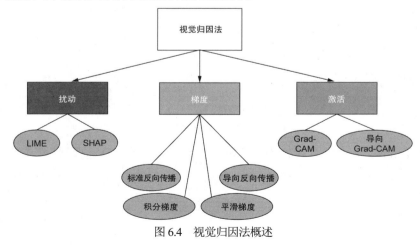

图 6.4　视觉归因法概述

图 6.4 显示的所有视觉归因法都突出显示了最终模型预测的重要像素或超像素。

通过这些方法生成的可视化解释属于定性评估，因为比较主观。此外，这些技术并没有提供任何关于 CNN 中特征学习层和单元学习的低级和高级概念或特征的信息。下一节将了解神经网络剖析框架。这个框架将帮助我们剖析 CNN 并提出更多的定量解释。我们还将理解 CNN 中的特征学习层学到了哪些人类可以理解的概念。

6.3　神经网络剖析框架

神经网络剖析框架(Network Dissection Framework)由麻省理工学院的研究人员 Zhou, Bolei 等人于 2018 年提出。该框架旨在回答如下基本问题：
- CNN 如何分解理解图像的任务？
- CNN 是否识别出人类可以理解的特征或概念？

该框架通过在 CNN 的卷积层中找到与有意义的、预定义的语义概念相匹配的单元来回答这些问题。这些单元的可解释通过度量单元响应与这些预定义概念的一致性来量化。以这种方式剖析神经网络很有趣，因为它使深度神经网络更加透明。神经网络剖析框架由以下三个关键步骤组成(详见图 6.5)：

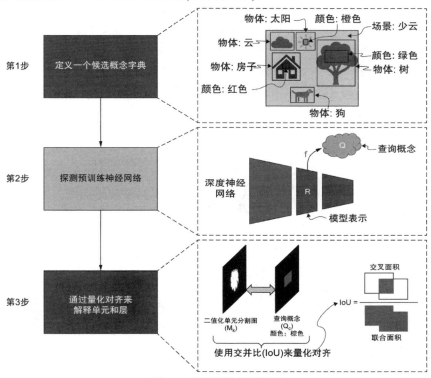

图 6.5　神经网络剖析框架

(1) 首先，定义一个可用于剖析网络的有意义的概念集。

(2) 其次，通过查找响应预定义概念的单元来探测网络。

(3) 最后，度量这些单元对这些概念的质量或可解释性。

我们将在以下小节中更详细地分解这些步骤。

6.3.1　概念定义

神经网络剖析框架的第一步也是最关键的一步是数据收集。数据必须由在像素级标注不同抽象层次概念的图像组成。6.1 节介绍的 ImageNet 和 Places 数据集可用于训练模型以检测真实世界的物体和场景。出于网络剖析的目的，需要另一个由标注概念组成的独立数据集。我们不会将此数据集用于模型训练，而是探索网络以了解特征学习层学习了哪些高级概念。

为了剖析使用 ImageNet 和 Places 等数据集训练的，用于检测真实世界物体和场景的模型，Zhou, Bolei 等人结合 5 个不同的数据集，创建了一个由高级概念组成的独立的标注数据集，取名为 Broden。Broden 意为 *Broadly*(广泛)和 *Densely*(密集)标注的数据集。Broden 统一的 5 个数据集是 ADE、Open-Surfaces、PASCAL-Context、PASCAL-Part 和 Describable Textures Dataset。这些数据集包含多种概念类别的带有注释的图像，从颜色、纹理和材料等低层次概念范畴到更高层次概念范畴，如零件、物体和场景等。图 6.6 提供了一个标有各种概念的图像的说明。在 Broden 数据集中，为图像中的每个概念创建了一个分割图像。如果以图 6.6 中的树目标为例，边界框内的包含树像素的标签为 1，而边界框外的不包含树像素的标签为 0。概念需要标注在像素级别。Broden 数据集中统一了 5 个数据集的标签，合并了同义词。Broden 包含 1,000 多个视觉概念。

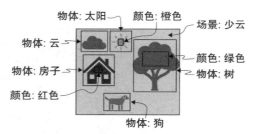

图 6.6　带有标签概念的图像说明

因为创建带有标注概念的数据集是神经网络剖析框架中的关键步骤，所以退后一步，看看如何创建新数据集。我们将特别关注可用于此目的的工具以及获得一致、高质量标注概念所遵循的方法。

可以使用各种工具来标注图像。LabelMe 和 Make Sense 是免费的基于网页的图像注释工具。在 LabelMe 中，可以轻松创建账户、上传图片并标注它们。通过共享功能，也可以协作创建注释。但是，上传到 LabelMe 的图像会被视为公开图像。Make Sense 是一个非常相似的工具，但它不允许你与他人协作和共享注释。该工具也不保存注释项目的状态。因此，如果你在 Make Sense 中启动一个项目，该项目中的图像注释必须一次性完成。该工具不允许你保存状态并从离开的地方开始注释。LabelMe 和 Make Sense 都支持多种标签类型，例如矩形、线、点和多边形。这两种工具主要由使用公开数据集的研究人员使用。

对于企业、商业或更私人的需求，则可以托管自己的标注服务。计算机视觉注释工具(CVAT)和视觉目标标记工具(VoTT)是免费的开源 Web 服务，你可以将其部署在自己的 Web 服务器上。如果你想避免管理自己标注服务的各种麻烦事，还可以使用托管服务，例如 LabelBox，亚马逊 SageMaker Ground Truth，或者 Azure 机器学习提供的标注服务或谷歌云。如果你没有可以注释图像的标注团队，则可以众包标注工作并使用 Amazon Mechanical Turk 获取标签。

拥有良好的标注方法以确保获得高质量和一致的标签也很重要。必须明确指定标注任务的协议，以便标注者了解具有明确定义的完整概念列表。然而，通过这个过程获得的标签可能会非常嘈杂，特别是在众包的情况下。为了确保标签的一致性，请随机抽取图像子集，并使用同一组标注器进行注释。然后，你现在可通过查看以下三种类型的错误来量化标签的一致性，其中介绍了 ADE20K 数据集：

- 分割质量——这个误差量化了概念分割的精度。给定的概念可以由不同的标注者甚至是同一个标注者进行不同的细分。
- 概念命名——如果给定像素由相同的标注者或不同的标注者赋予不同的概念名称，则可能会出现概念命名的差异。
- 分割数量——一些图像可能包含比其他图像更多的标注概念。你可通过查看跨多个标注器的某个图像中概念数量的差异来量化此错误。

可通过增加标注者数量来规避分割质量和数量的错误以便达成共识，或者让更有经验的标注者对图像进行注释。可通过明确定义的标签协议和精确的术语来避免概念命名错误。如前所述，创建带有标签概念的数据集是神经网络剖析框架中最重要的一步。这也是最耗时和最昂贵的步骤。我们将在以下部分通过可解释的视角来体现这个数据集的价值。

6.3.2　网络探测

有了一个标注视觉概念的数据集后，下一步就是探索预训练的神经网络，以了解网络如何响应这些概念。首先看看如何探测一个简单的深度神经网络。图 6.7 是一个深度神经网络的简化表示，其中单元的数量随着从输入层到输出层而减少。输入数据的表示是在网络中间层学习的，它表示为 R。为了更好地理解网络，我们想通过量化表示 R 如何映射到给定的查询概念 Q 来探索网络。从表示 R 到查询概念 Q 的映射称为计算模型，在图中用 f 表示。现在在 CNN 的上下文中定义 R、Q 和 f。

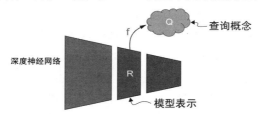

图 6.7   探索深度神经网络的概念

图 6.8 探测了一个 CNN 的第 4 层。图中使用狗的图像探测网络，并确定预训练 CNN 第 4 层中的单元学习了哪些概念(如颜色和目标)。因此，第一步是通过 CNN 正向传播狗的图像。CNN 的权重是冻结的，不需要训练或反向传播。接下来，选择一个卷积层进行探测(本例中为第 4 层)。然后从该层正向传播后获得输出特征图或激活图。通常，随着你深入 CNN，激活图的大小会减小。因此，要将激活图与输入图像中的标注概念进行比较，必须将较低分辨率的激活图采样或缩放到与输入图像相同的分辨率。这形成了 CNN 中卷积层 4 的表示 R。对标记概念数据集中的所有图像重复此过程，并存储所有图像的激活图。也可以对 CNN 中的其他层重复这个过程。

现在，如何解释这些表示 R 包含了哪些高级概念？换句话说，如何将这些表示 R 与查询概念 Q 映射？这需要确定一个从 R 到 Q 的计算模型。同样，如何将低分辨率激活图上采样或缩放到与输入图像相同的分辨率？图 6.9 对此进行了细分。

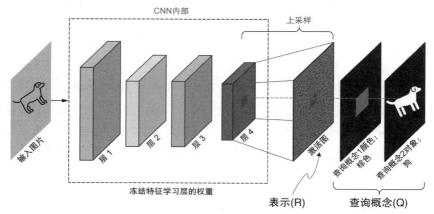

图 6.8   探索卷积神经网络中第 4 层的概念

在图 6.9 中，可以看到输入图像 i 通过 CNN 正向传播。出于说明目的，假设我们对卷积层 1 中的单元 k 特别感兴趣。该卷积层的输出表示为低分辨率激活图 A_i。然后，神经网络剖析框架将激活图上采样或调整大小，使其与输入图像 i 具有相同的分辨率。这在图 6.9 中显示为拥有输入图像分辨率的激活图 S_i。框架中使用了双线性插值算法。双线性插值将线性插值扩展到二维空间。它基于周围像素中的已知值来估计调整图像中新未知像素的值。估计或插值以原始激活图中每个单元的响应为中心。

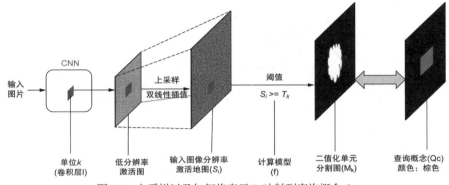

图 6.9　上采样以及如何将表示 R 映射到查询概念 Q

有了输入图像分辨率级的激活图 S_i 之后，框架就可通过简单的阈值处理将此表示映射到给定的查询概念 Q_c。阈值处理在单元级别执行，所以可以将卷积层中每个单元的响应与查询概念进行比较。在图 6.9 中，查询概念 Q_c 是原始标注概念数据集中棕色的分割图像。阈值化后单元 k 的二进制单元分割图显示为 M_k。计算模型 f 使用的阈值是 T_k，其中：

$$M_k = S_i \geqslant T_k$$

二值化单元分割图 M_k 突出显示激活超过阈值 T_k 的所有区域。阈值 T_k 取决于我们在 CNN 中探测的单元。如何计算这个阈值？该框架着眼于标注概念数据集中所有图像的单元激活分布。令 a_k 为给定输入图像 i 的低分辨率激活图 A_i 中一个单元的激活值。当你在所有图像中得到 a_k 的分布之后，阈值 T_k 就会被计算为最高分位数[1]水平，使得

$$\mathbb{P}(a_k > T_k) = 0.005$$

T_k 度量 0.005 分位数水平。换句话说，标注概念数据集中所有图像的所有单元激活 a_k 大于 T_k 的概率为 0.5%。当我们将 CNN 学习到的表示映射到二值化单元分割图之后，下一步就是量化这个分割图与所有查询概念 Q_c 的对齐。这将在以下小节中详细说明。

---

1 译者注：最高分位数(top quantile)，或顶部分位数，指的是数据集中排名靠前的部分。一般而言，Top quantile 可以是数据集的前 10%、20%、50%等比例部分。在某些情况下，Top quantile 也可以指数据集中值大于某一特定值的部分。

6.3.3 量化对齐

在你探索网络并获得表示层中所有单元的二值化单元分割图之后，框架中的最后一步是量化分割图与数据集中所有查询概念的对齐。图 6.10 显示了如何量化给定二值化单元分割图 M_k 和查询概念 Q_c 的对齐。对齐是使用交并比(Intersection over Union，IoU)分数来度量的。IoU 是度量给定概念下单元检测准确度的有用指标。它度量二值化单元分割图与查询概念的像素分割图像的重叠。IoU 分数越高，准确率越高。如果二值化分割图与概念完全重叠，则获得完美的 IoU 分数 1。

给定二值化分割图 M_k 和查询概念 Q_c，IoU 的值是单元 k 在检测概念 c 时的准确率。它通过度量 k 在检测概念 c 时的准确率来量化单元 k 的可解释性。在神经网络剖析框架中，使用 0.04 的 IoU 阈值，如果 IoU 分数大于 0.04，则单元 k 被认为是概念 c 的检测器。0.04 这个值是框架作者任意选择的，在他们的论文中(https://arxiv.org/pdf/1711.05611.pdf)，作者通过人工评估表明，解释的质量对 IoU 阈值不敏感。为了量化卷积层的可解释，框架计算出与单元对齐的唯一概念的数量，即唯一概念检测器的数量。了解了神经网络剖析框架的工作原理后，让我们在下一节中看看它的实际应用。

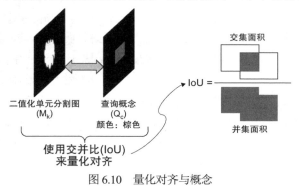

图 6.10 量化对齐与概念

6.4 解释层和单元

本节通过解释基于 ImageNet 和 Places 数据集预训练的 CNN 模型中的层和单元来测试神经网络剖析框架。如 6.2 节所述，我们将重点关注 ResNet-18 架构，但神经网络剖析框架可以应用于任何 CNN 模型。你在 6.2 节看到了如何加载基于 ImageNet 和 Places 数据集预训练的 ResNet-18 模型。该论文的作者创建了一个名为 NetDissect 的库来实现这个框架。该库支持 PyTorch 和 Caffe 深度学习框架。但是，我们将使用一种改进的实现：NetDissect-Lite，它比原来的实现更轻、更快。这个库是用 PyTorch 和 Python 3.6 编写的。需要对库进行一些小的更改以支持更高版本的 Python(3.7 及更高版本), 我们将在下一节讨论这一点。

可以使用以下命令将 NetDissect-Lite 库从 GitHub 克隆到本地存储库:

```
git clone https://github.com/CSAILVision/NetDissect-Lite
```

该库也作为 Git 子模块添加到了本书配套的 Github 存储库中。如果你从 GitHub 克隆了本书配套的 Github 存储库, 那么可通过从克隆存储库的本地目录运行以下命令来拉取子模块:

```
git submodule update --init -recursive
```

克隆 NetDissect-Lite 存储库后, 在本地切换到该目录。然后, 运行以下命令下载 Broden 数据集。Broden 数据集需要超过 1 GB 的存储空间。请记下此数据集的下载路径, 因为稍后要用到它:

```
$>./script/dlbroden.sh
```

还可通过从 NetDissect-Lite 目录运行以下命令来下载在 Places 数据集上预训练的 ResNet-18 模型。同样, 请记下模型下载的路径, 因为稍后会需要它:

```
$>./script/dlzoo_example.sh
```

6.4.1　运行网络剖析

本节将学习如何使用 NetDissect-Lite 库通过来自 Broden 数据集的标注概念来探测基于 ImageNet 和 Places 数据集预训练的 ResNet-18 模型。可以使用 NetDissect-Lite 库根目录下的 settings.py 文件来配置库。我们不会涵盖所有设置, 因为对于大多数设置, 将使用库提供的默认值。因此, 我们将重点关注表 6.1 中的关键设置。

表 6.1　NetDissect-Lite 库的设置

设置	描述	可能值
GPU	这是一个布尔值设置, 可用于在 GPU 上加载模型并运行网络剖析	可取值为 True 和 False。设置为 "True" 表示使用 GPU
MODEL	这是一个字符串设置, 用于为预训练模型设置模型架构	可取值是 resnetlB、alexnet、resnetS0、densenet161 等。在本节中, 我们将设置该值为 resnetlB
DATASET	这是一个字符串设置, 让库知道使用了哪个数据集来训练 CNN 模型	可取值是 imagenet 和 places365。本节我们将使用这两个值来比较层和单元的可解释

(续表)

设置	描述	可能值
CATEGORIES	此设置是一个字符串列表，用于定义已标记概念数据集中的高级类别	对于 Broden 数据集，列表可以包含以下值：物体、部位、场景、材质、纹理和颜色。本节不会介绍材质的概念，但会介绍其他 5 个类别
OUTPUT_FOLDER	这是一个字符串设置，提供了到库的已标注概念数据集的路径	该设置的默认值是./script/dlbroden.sh 脚本下载 Broden 数据集的路径
FEATURE_NAMES	这个设置是一个字符串列表，它让库知道要探查 CNN 中的哪些特征学习层	对于 Resnet-18 模型，列表可以包含以下值：layerl、layer2、layer3 和 layer4。本章将使用这4个值来比较所有4个特征学习层的单元的可解释
MODEL_FILE	此字符串设置用于向库提供预训练模型的路径	对于基于 Places 数据集预训练的 Resnet-18 模型，将该值设置为 script/dlzoo_example.sh 脚本下载模型的路径。对于基于 ImageNet 数据集预训练的模型，将该值设置为 None，这会让库知道从 torchvision 包中加载模型
MODEL_PARALLEL	这是一个布尔值设置，用于让库知道模型是否在多 GPU 中训练	可取值为 True 和 False

运行神经网络剖析框架前，请确保 settings.py 文件已更新为正确的设置。为了探测基于 ImageNet 数据集预训练的 ResNet-18 模型中的所有特征学习层，将 settings.py 文件中的关键参数设置如下：

```
GPU = False
MODEL = 'resnet18'
DATASET = 'imagenet'
QUANTILE = 0.005
SCORE_THRESHOLD = 0.04
TOPN = 10
CATAGORIES = ["object", "part","scene","texture","color"]
OUTPUT_FOLDER = "result/pytorch_" + MODEL + "_" + DATASET
DATA_DIRECTORY = '/data/dataset/broden1_227'
IMG_SIZE = 227
NUM_CLASSES = 1000
FEATURE_NAMES = ['layer2', 'layer3', 'layer4']
MODEL_FILE = None
MODEL_PARALLEL = False
```

确保将 DATA_DIRECTORY 设置为 Broden 数据集的下载路径。此外，如果想使用 GPU 进行更快的处理，请将 GPU 参数设置为 True。如前所述，该库提供了一些子集。这些参数在前面的代码中没有明确设置，你可以使用它们的默认值。

为了探测基于 Places 数据集预训练的 ResNet-18 模型中的所有特征学习层，仅更新以下设置。其余设置与 ImageNet 数据集的设置相同。确保将 MODEL_FILE 设置为基于 Places 数据集预训练的 ResNet-18 模型的本地路径：

```
DATASET = 'places365'
NUM_CLASSES = 365
MODEL_FILE = '/models/zoo/resnet18_places365.pth.tar'
MODEL_PARALLEL = True
```

设置了 setting 值后，现在就可以初始化和运行框架了。运行以下代码，探测网络并从特征学习层中提取激活图：

loadmodel 函数根据 MODEL 设置加载模型。模型的加载方式与我们在 6.2 节看到的相同。该函数还根据 FEATURE_NAMES 为每个特征学习层添加钩子。FeatureOperator 使用这些钩子从这些层中提取激活图。FeatureOperator 类是实现神经网络剖析框架中第 2 步和第 3 步的主要类。在前面的代码中，运行第 2 步的一部分，使用 feature_extraction 函数从特征学习层中提取低分辨率激活图。这个函数从 Broden 数据集中加载图像，通过模型正向传播，使用钩子提取激活图，然后将它们保存在一个名为 feature_size.npy 的文件中。该文件保存在 settings.py 中设置的 OUTPUT_FOLDER 路径中。函数 feature_extraction 还返回两个变量：features 和 maxfeatures。features 变量包含所有特征学习层和输入图像的激活图。maxfeatures 变量存储每个图像的最大激活值，稍后将在生成汇总结果时使用它。

提取了低分辨率激活图后，可以运行以下代码，计算特征学习层中所有单元的阈值 T_k(0.005 分位数水平)，对低分辨率激活图进行上采样并生成二值化单元分割图，计算 IoU 分数，最后生成结果摘要：

从 visualize/report 模块导入
generate_html_summary 函数

```
from visualize.report import generate_html_summary
```

迭代每
个特征
学习层

```
for layer_id, layer in enumerate(settings.FEATURE_NAMES):
    # Calculate the thresholds T_k
    thresholds = fo.quantile_threshold(features[layer_id],
    ⮕ savepath=f"quantile_{layer}.npy")

    # Up-sample and calculate the IoU scores
    tally_result = fo.tally(features[layer_id],thresholds,
    ⮕ savepath=f"tally_{layer}.csv")

    # Generate a summary of the results
    generate_html_summary(fo.data, layer,
                          tally_result=tally_result,
                          maxfeature=maxfeatures[layer_id],
                          features=features[layer_id],
                          thresholds=thresholds)
```

计算特征学习层中所有
单元的 0.005 分位数

计算采样
后的 IoU
分数，并
生成二值
化单元分
割图

以 HTML 的形式
生成结果摘要

在以上代码中，遍历了 FEATURE_NAMES 中的每个特征学习层并执行以下操作：

- 使用 FeatureOperator 类中的 quantile_threshold 函数，计算每个特征学习层中所有单元的 0.005 分位数水平(T_k)。这些分位数级别或阈值保存在 OUTPUT_FOLDER 路径下每个层的文件(称为 quantile_{layer}.csv)中。该函数还将阈值作为 NumPy 数组返回。
- 使用 FeatureOperator 类中的 tally 函数，将每个特征学习层的低分辨率激活图上采样到与输入图像相同的分辨率。tally 函数还根据为每个单元计算的上采样激活图和阈值生成二值化单元分割图。该函数最终计算 IoU 分数并度量二值化单元分割图与 Broden 数据集中分割概念的对齐情况。每个高级概念的聚合 IoU分数保存在 OUTPUT_FOLDER 路径下每个层的文件(称为 tally_{layer}.csv)中。这些结果也作为字典目标返回。
- 最后，使用 generate_html_summary 函数以 HTML 的形式创建结果摘要。

下一节，我们将探索库生成的结果摘要，并可视化特征学习层中单元学习的概念。

基于自定义数据集运行网络剖析

了解 Broden 数据集文件夹的结构很重要，这样就可以为自定义数据集和概念模仿它。该文件夹由以下文件和文件夹组成：

- images(文件夹)——包含 JPEG 或 PNG 格式的所有图像。该文件夹包含了{filename}.jpg 格式的原始图像和{filename}_{concept}.jpg 格式的每个概念的分割图像。
- index.csv——包含数据集中所有图像的列表，其中包含有关标注概念的详细信息。第一列是图像文件名，带有图像的相对路径。然后是包含图像高度和宽度以及分割高度和宽度尺寸信息的列。然后是每个概念的列，其中包含该概念的分割图像的相对路径。

- category.csv——列出所有概念类别，后跟一些概念相关的汇总统计信息。第一列是概念名称，然后是属于该概念类别的标签数量以及带有该标签概念的图像数量的频率。

- label.csv——列出所有标签和每个标签所属的相应概念，然后是标签的一些汇总统计信息。第一列是标签编号(或标识符)，后跟标签名称及其所属的类别。生成的统计数据包括带有该标签的图像数量的频率、像素部分或带有该标签的图像的覆盖率，以及带有该标签的图像总数。

- c_{concept}.csv——每个概念类别一个文件，包含所有标签、图像频率和覆盖细节。

你使用自己的标注概念创建的新数据集应遵循与 Broden 数据集相同的结构，以确保与神经网络剖析框架兼容。按照前面详述的方式构建数据集后，可以在 settings.py 中更新以下设置：

- DATA_DIRECTORY——指向存储自定义数据集的目录。
- CATEGORIES——列出自定义数据集(即 category.csv 文件)中的所有概念类别。
- IMG_SIZE——图像文件夹中图像的尺寸。该维度应与 index.csv 文件中的维度相匹配。

这些设置将确保库加载新的自定义概念数据集。如果你基于非 ImageNet 或 Places 数据集预训练自己的模型时，则还需要更新以下设置：

- DATASET——设置为用于训练模型的数据集的名称。
- NUM_CLASSES——设置为模型可以输出的类或标签的数量。
- FEATURE_NAMES——列出自定义预训练模型中的特征层名称。
- MODEL_FILE——包含 PyTorch 中预训练模型的完整路径。
- MODEL_PARALLEL——如果你的自定义模型是使用多 GPU 训练的，则此设置必须为 True。

6.4.2　概念检测器

现在将分析运行神经网络剖析框架后的结果。首先关注 ResNet-18 模型中的最终卷积层(即第 4 层)，并查看该层中唯一概念检测器的数量。唯一检测器的数量是度量网络可解释的指标，它度量了该特征学习层单元所学习的唯一概念数量。唯一检测器的数量越多，训练出的网络在检测人类可理解的概念方面就越多样化。

首先看一下神经网络剖析框架的结果文件夹的输出结构。将 OUTPUT_FOLDER 设置为提供结果文件夹的路径。上一节讲述了保存在该文件夹中的相关文件。现在处理 tally_layer4.csv (高级概念的聚合 IoU 分数文件)来计算 ResNet-18 模型第 4 层中唯一
检测器的数量以及这些唯一检测器覆盖的单元的比例。以下函数可用于计算相关统计
数据。该函数接受以下关键字参数：

- network_names——需要计算唯一检测器数量的模型列表。本章只关注 ResNet-18
  模型，所以该关键字参数是一个只包含一个元素的列表——resnet18。
- datasets——此参数是模型预训练的数据集列表。本章将重点介绍 imagenet 和
  places365。
- results_dir——存储每个预训练模型结果的父目录。
- categories——需要计算唯一检测器数量的所有概念类别的列表。
- iou_thres——将一个单元视为一个概念检测器的 IoU 分数的阈值。正如 6.3.3
  节所见，此阈值的默认值为 0.04。
- layer——我们感兴趣的特征学习层。在本例中，关注最后一层，即第 4 层。

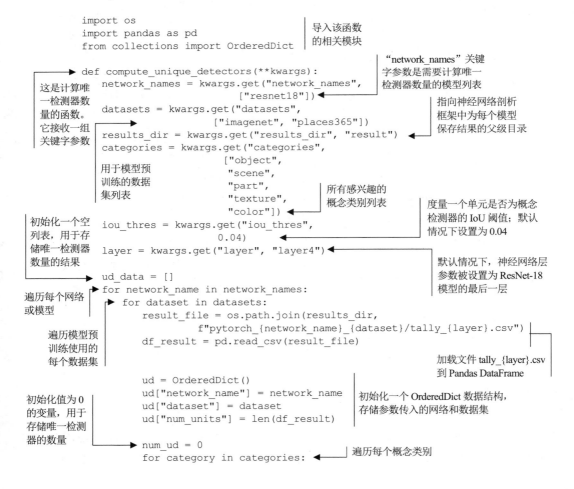

```
import os
import pandas as pd                              导入该函数
from collections import OrderedDict              的相关模块

def compute_unique_detectors(**kwargs):          "network_names" 关键
    network_names = kwargs.get("network_names",  字参数是需要计算唯一
                               ["resnet18"])     检测器数量的模型列表

    datasets = kwargs.get("datasets",            指向神经网络剖析
                          ["imagenet", "places365"])  框架中为每个模型
    results_dir = kwargs.get("results_dir", "result")  保存结果的父级目录
    categories = kwargs.get("categories",
                            ["object",
                             "scene",
                             "part",
                             "texture",          所有感兴趣的
                             "color"])           概念类别列表

    iou_thres = kwargs.get("iou_thres",          度量一个单元是否为概念
                           0.04)                 检测器的 IoU 阈值；默认
                                                 情况下设置为 0.04
    layer = kwargs.get("layer", "layer4")

                                                 默认情况下，神经网络层
    ud_data = []                                 参数被设置为 ResNet-18
    for network_name in network_names:           模型的最后一层
        for dataset in datasets:
            result_file = os.path.join(results_dir,
                    f"pytorch_{network_name}_{dataset}/tally_{layer}.csv")
            df_result = pd.read_csv(result_file)

                                                 加载文件 tally_{layer}.csv
                                                 到 Pandas DataFrame
            ud = OrderedDict()
            ud["network_name"] = network_name    初始化一个 OrderedDict 数据结构，
            ud["dataset"] = dataset              存储参数传入的网络和数据集
            ud["num_units"] = len(df_result)

            num_ud = 0
            for category in categories:          遍历每个概念类别
```

这是计算唯一检测器数量的函数。它接收一组关键字参数

用于模型预训练的数据集列表

初始化一个空列表，用于存储唯一检测器数量的结果

遍历每个网络或模型

遍历模型预训练使用的每个数据集

初始化值为 0 的变量，用于存储唯一检测器的数量

过滤 IoU 分数大于
阈值的检测器

获得当前概
念类别的输
出结果

```
df_cat = df_result[df_result["category"] ==
➥ category].reset_index(drop=True)
df_unique_detectors = df_cat[df_cat[f"{category}-iou"] >
➥ iou_thres].reset_index(drop=True)
ud[f"num_ud_{category}"] = len(df_unique_detectors)
ud[f"num_ud_{category}_pc"] = len(df_unique_detectors) /
➥ ud["num_units"] * 100
num_ud += len(df_unique_detectors)
ud["num_ud"] = num_ud
ud["num_ud_pc"] = ud["num_ud"] / ud["num_units"] * 100
ud_data.append(ud)
df_ud = pd.DataFrame(ud_data)
return df_ud
```

生成的 DataFrame 行
数就是该概念类别的
唯一检测器的数量

累计所有概念
类别的唯一检
测器的数量

返回 DataFrame

将结果列表转换为一个
Pandas DataFrame 并作
为函数返回值

计算当前 IoU 下获得的该概念类别的唯一
检测器数量占总检测器数量的比例

将结果附加到列表中

将所有概念类别的唯一
检测器统计结果存储在
OrderedDict 数据结构中

可通过运行以下代码获得基于 ImageNet 和 Places 数据集预训练的 ResNet-18 模型
最后一层的唯一检测器数量。注意，我们没有向函数提供关键字参数，因为函数的默
认参数值就是计算基于 ImageNet 和 Places 数据集预训练的 ResNet-18 模型的最终特征
学习层的统计信息：

```
df_ud = compute_unique_detectors()
```

如果想计算第三个特征学习层的统计数据，可以按如下代码调用函数：

```
df_ud = compute_unique_detectors(layer="layer3")
```

获得了唯一检测器的数量后，使用以下函数绘制结果：

该函数创建一个有关唯一检测器数量的可视化；它接收
compute_unique_detectors 函数返回的 DataFrame 作为输
入，并且还接受其他一些关键字参数作为输入

```
def plot_unique_detectors(df_ud, **kwargs):
    categories = kwargs.get("categories",
                            ["object",
                             "scene",
                             "part",
                             "texture",
                             "color"])
    num_ud_cols = [f"num_ud_{c}" for c in categories]
    num_ud_pc_cols = [f"num_ud_{c}_pc" for c in categories]
    num_ud_col_rename = {}
    num_ud_pc_col_rename = {}
    for c in categories:
        num_ud_col_rename[f"num_ud_{c}"] = c.capitalize()
        num_ud_pc_col_rename[f"num_ud_{c}_pc"] = c.capitalize()
```

以概念类别名字为列
名的列表，包含各概
念的唯一检测器数量

我们感兴趣的所有
概念类别的列表

用概念类别作为
列名，包含唯一
检测器比例的列表

以大写概念类别
为列名的字典

按网络名称和数据集对 DataFrame 建立索引

```
df_ud["network_dataset"] = df_ud.apply(lambda x: x["network_name"] + "_"
➥ + x["dataset"], axis=1)
df_ud_num = df_ud.set_index("network_dataset")[num_ud_cols]
df_ud_num_pc = df_ud.set_index("network_dataset")[num_ud_pc_cols]
```

```
df_ud_num = df_ud_num.rename(columns=num_ud_col_rename)
df_ud_num_pc = df_ud_num_pc.rename(columns=num_ud_pc_col_rename)
```

将概念类别名改为大写

创建一个有两行子图的 Matplotlib 图

```
f, ax = plt.subplots(2, 1, figsize=(8, 10))
df_ud_num.plot(kind='bar', stacked=True, ax=ax[0])
ax[0].legend(loc='center left', bbox_to_anchor=(1, 0.5))
ax[0].set_ylabel("Number of Unique Detectors")
ax[0].set_xlabel("")
ax[0].set_xticklabels(ax[0].get_xticklabels(), rotation=0)
df_ud_num_pc.plot(kind='bar', stacked=True, ax=ax[1])
ax[1].get_legend().remove()
ax[1].set_ylabel("Proportion of Unique Detectors (%)")
ax[1].set_xlabel("")
ax[1].set_xticklabels(ax[1].get_xticklabels(), rotation=0)
```

在第一个子图中，将唯一检测器的数量可视化为一个堆叠条形图

在第二个子图上，将唯一检测器的比例可视化为一个堆叠条形图

```
return f, ax
```

返回 Matplotlib 图的图形和轴

然后使用以下代码绘制唯一检测器的数量和比例。结果如图 6.11 所示:

```
f, ax = plot_unique_detectors(df_ud)
```

图 6.11 的上半部分显示了基于 ImageNet 和 Places 数据集预训练的两个 ResNet-18 模型的最终特征学习层中唯一检测器的绝对数量。下半部分显示了计数占最后一层中单元总数的比例。ResNet-18 中最终特征学习层的单元总数为 512。可以看到 ImageNet 模型有 302 个唯一检测器，约占总单元的 59%。Places 模型有 435 个唯一检测器，约占总单元的 85%。总体而言，看起来基于 Places 数据集训练的模型比 ImageNet 具有更多样化的概念检测器集。Places 数据集通常由多个场景组成。这就是我们看到基于 Places 数据集训练的模型中出现的场景检测器比基于 ImageNet 数据集训练的模型上出现的场景检测器多得多的原因。ImageNet 数据集包含更多的物体。这就是为什么我们看到基于 ImageNet 数据集训练的模型上出现了更多的物体检测器。还可以观察到在最终特征学习层中出现的物体和场景等更多高级概念，而不是颜色、纹理和零件等低级概念。

现在扩展 compute_unique_detectors 函数，计算 ResNet-18 模型中所有特征学习层的唯一检测器。这样就可以观察到网络中的所有层都学习了哪些概念。作为练习，你可以更新函数并使用代表特征学习层列表的 layers 关键字参数。然后再添加一个嵌套的 for 循环来遍历所有层，以计算每层的唯一检测器数量。该练习的答案可以在本书配套的 GitHub 存储库中找到。

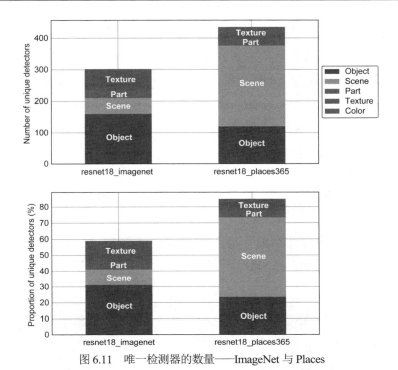

图 6.11　唯一检测器的数量——ImageNet 与 Places

得到了包含所有层的唯一检测器数量的 DataFrame 后，可使用以下辅助函数将统计数据绘制为折线图：

绘制网络中所有层的
唯一检测器比例

绘制基于给定数据集预训练的网络
中所有层的唯一检测器比例

提取所有概
念类别的统
计数据

将统计数据绘制
为折线图

显示图例

标注网络中所有
层的 *x* 轴刻度

标注 *y* 轴刻度

```python
def plot_ud_layers(df_ud_layer):
    def plot_ud_layers_dataset(df_ud_layer_dataset, ax):
        object_uds = df_ud_layer_dataset["num_ud_object_pc"].values
        scene_uds = df_ud_layer_dataset["num_ud_scene_pc"].values
        part_uds = df_ud_layer_dataset["num_ud_part_pc"].values
        texture_uds = df_ud_layer_dataset["num_ud_texture_pc"].values
        color_uds = df_ud_layer_dataset["num_ud_color_pc"].values
        ax.plot(object_uds, '^-', label="object")
        ax.plot(scene_uds, 's-', label="scene")
        ax.plot(part_uds, 'o-', label="part")
        ax.plot(texture_uds, '*-', label="texture")
        ax.plot(color_uds, 'v-', label="color")
        ax.legend()
        ax.set_xticks([0, 1, 2, 3])
        ax.set_xticklabels(["Layer 1", "Layer 2", "Layer 3", "Layer 4"])
        ax.set_ylabel("Proportion of Unique Detectors (%)")
    df_ud_layer_r18_p365 = df_ud_layer[(df_ud_layer["network_name"] ==
    ➥ "resnet18") &
```

过滤出基于 Places 数据集预训练网络 (resnet18) 的唯一检测器数据

```
                              (df_ud_layer["dataset"] ==
↳ "places365")].reset_index(drop=True)
df_ud_layer_r18_imgnet = df_ud_layer[(df_ud_layer["network_name"] ==
↳ "resnet18") &
                              (df_ud_layer["dataset"] ==
↳ "imagenet")].reset_index(drop=True)
```

过滤出基于 ImageNet 数据集预训练网络(resnet18)的唯一检测器数据

创建一个具有两行子绘图的 Matplotlib 图

```
f, ax = plt.subplots(2, 1, figsize=(8, 10))
plot_ud_layers_dataset(df_ud_layer_r18_imgnet, ax[0])
ax[0].set_title("resnet18_imagenet")
plot_ud_layers_dataset(df_ud_layer_r18_p365, ax[1])
ax[1].set_title("resnet18_places365")
```

在第一个子绘图画出基于 ImageNet 数据集预训练网络所有层的唯一检测器统计信息

```
return f, ax
```

返回图和轴

在第一个子绘图画出基于 Places 数据集预训练网络所有层的唯一检测器统计信息

可通过以下代码获得图 6.12:

```
f, ax = plot_ud_layers(df_ud_layer)
```

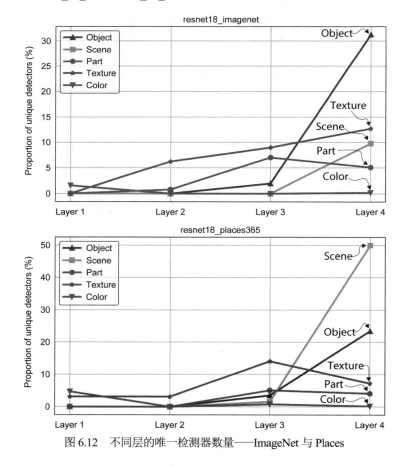

图 6.12　不同层的唯一检测器数量——ImageNet 与 Places

图 6.12 上半部分显示了基于 ImageNet 数据集预训练的 ResNet-18 模型所有层中唯一检测器的比例。下半部分显示了基于 Places 数据集预训练模型的相同统计数据。可以看到，对于这两个模型，低级概念类别(颜色和纹理等)出现在较低的特征学习层中，而高级概念类别(零件、物体和场景等)出现在更高或更深的层中。这意味着在更深层学习更多高级概念。可以看到网络的表示能力随着层的深度而增加。更深的层有更多的能力来学习复杂的视觉概念，如物体和场景。下一节将通过查看网络中每个单元学习的特定标签和概念来进一步剖析网络。

6.4.3　训练任务的概念检测器

上一节可视化了所有高级概念类别的唯一检测器的数量。现在深入挖掘并可视化 Broden 数据集中每个概念或标签的唯一检测器数量。我们将重点关注最终的特征学习层和三个在唯一检测器数量方面排名靠前的概念类别：纹理、物体和场景。

需要扩展 6.4.2 节开发的 compute_unique_detectors 函数来计算每个概念或标签的统计信息。我强烈建议你练习一下，因为它会让你更好地理解 NetDissect-Lite 库生成的 tally_{layer}.csv 文件格式。你可以传入一个新的关键字参数，让函数知道是按概念类别还是按概念或标签进行聚合。如果按概念或标签进行聚合，需要按类别和标签进行分组，并计算类别 IoU 分数大于阈值的单元数。这个练习的答案可以在本书配套的 GitHub 存储库中找到。调用新函数并将结果存储在名为 df_cat_label_ud 的 DataFrame 中。

下面首先看一下纹理概念类别。使用以下代码提取 DataFrame 的纹理概念类别：

提取基于 ImageNet 数据集预训练的 ResNet-18 模型的
纹理唯一检测器统计数据，并按 IoU 分数降序排序

```
df_r18_imgnet_texture = df_cat_label_ud[(df_cat_label_ud["network_name"] ==
    "resnet18") &
                        (df_cat_label_ud["dataset"] == "imagenet") &
                        (df_cat_label_ud["category"] == "texture")].\
        sort_values(by="unit", ascending=False).reset_index(drop=True)

df_r18_p365_texture = df_cat_label_ud[(df_cat_label_ud["network_name"] ==
    "resnet18") &
                        (df_cat_label_ud["dataset"] == "places365") &
                        (df_cat_label_ud["category"] == "texture")].\
        sort_values(by="unit", ascending=False).reset_index(drop=True)
```

提取基于 Places 数据集预训练的 ResNet-18 模型的纹
理唯一检测器统计数据，并按 IoU 分数降序排序

现在，可以使用以下代码来可视化各种纹理概念的唯一检测器数量，结果如图 6.13 所示：

```
import seaborn as sns          ←————— 导入 Seaborn 库

f, ax = plt.subplots(1, 2, figsize=(16, 10))  ←
sns.barplot(x="unit", y="label", data=df_r18_imgnet_object,
➥ ax=ax[0])
ax[0].set_title(f"resnet18_imagenet : {len(df_r18_
➥ imgnet_object)} objects")
ax[0].set_xlabel("Number of Unique Detectors")
ax[0].set_ylabel("")
sns.barplot(x="unit", y="label", data=df_r18_
➥ p365_object, ax=ax[1])
ax[1].set_title(f"resnet18_places365 : {len
➥ (df_r18_p365_object)} objects")
ax[1].set_xlabel("Number of Unique Detectors")
ax[1].set_ylabel("");
```

创建一个具有两列子绘图的 Matplotlib 图

绘制基于 ImageNet 数据集预训练的模型学习到的所有纹理概念的唯一检测器数量

绘制基于 Places 数据集预训练的模型学习到的所有纹理概念的唯一检测器数量

上一节中(见图 6.11)，我们观察到基于 ImageNet 数据集预训练的模型在纹理概念类别的最后一层中比基于 Places 数据集预训练的模型具有更多的唯一检测器。但是这一层的单元学习到的概念有多么多样化呢？图 6.13 可以回答这个问题。可以看到基于 ImageNet 数据集预训练的模型涵盖了 27 个纹理概念，而基于 Places 数据集预训练的模型涵盖了 21 个。基于 ImageNet 数据集预训练的模型的前三个纹理占 19 个唯一检测器，它们是条纹、华夫和螺旋纹理。另一方面，基于 Places 数据集预训练的模型的前三个纹理占 10 个唯一检测器，它们是交错、方格和分层纹理。尽管基于 Places 数据集预训练的模型的最后一层单元学习的纹理数量较少，但我们在较低的特征学习层中看到该模型的唯一检测器比例较高(见图 6.12)。

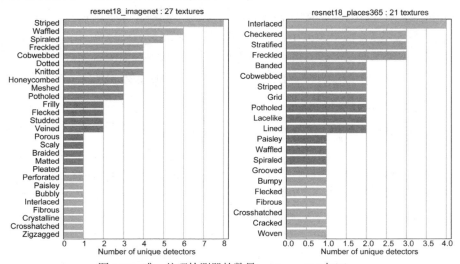

图 6.13   唯一纹理检测器的数量——ImageNet 与 Places

现在可视化各种物体和场景概念的唯一检测器数量。作为练习，你可以将针对纹理概念类别编写的代码扩展到物体和场景。物体概念类别的结果如图 6.14 所示。因为基于 Places 数据集预训练的模型在最后一层检测到更多场景，所以场景概念类别的可视化已被拆分为两个单独的图形。图 6.15 显示了基于 ImageNet 数据集预训练的模型的场景检测器数量，图 6.16 显示了基于 Places 数据集预训练的模型的场景检测器数量。

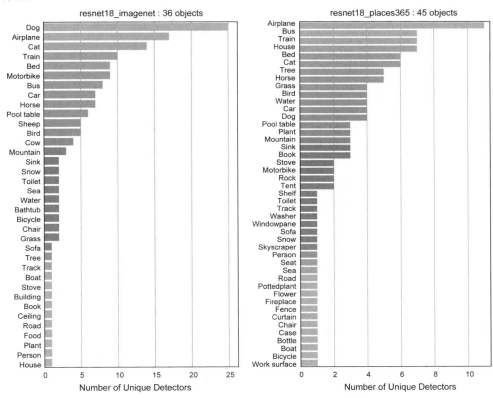

图 6.14　唯一目标检测器的数量——ImageNet 与 Places

先来看图 6.14。上一节中，我们观察到基于 ImageNet 数据集预训练的模型具有更高比例的用于高级物体类别的唯一检测器，因为 ImageNet 数据集中有更多的物体。然而，如果看看学习到的概念有多么多样化，就可以看到基于 Places 数据集预训练的模型出现了更多的物体。Places 模型检测到 45 个物体，而 ImageNet 模型在最终特征学习层检测到 36 个物体。ImageNet 模型检测到的顶部物体是狗，它占 25 个唯一检测器——ImageNet 数据集中存在很大比例的狗的标注图像。Places 模型检测到的顶部物体是飞机，它占 11 个唯一检测器。

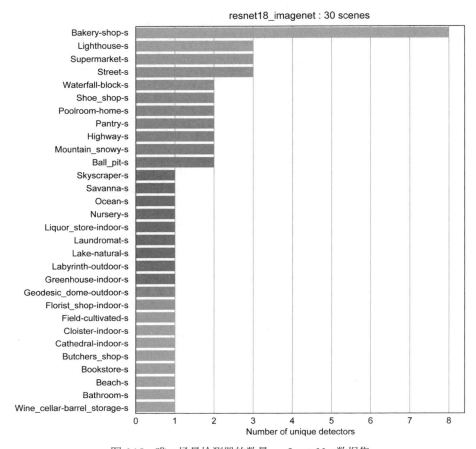

图 6.15 唯一场景检测器的数量——ImageNet 数据集

现在比较图 6.15 和 6.16，可以看到基于 Places 数据集训练的模型能够识别比基于 ImageNet 数据集预训练的模型更多样化的场景集(119 对 30)。这是意料之中的，因为 Places 数据集包含许多标注地点，这些地点通常由许多场景组成。注意，在图 6.16 中，虽然基于 Places 数据集预训练的模型总共能够识别 119 个场景，但该图仅显示了前 40 个场景，以便于阅读该图。

通过更深入地可视化每个概念的唯一检测器数量，可以确保用于训练模型的数据集足够多样化，并且可以很好地覆盖感兴趣的概念。还可以使用这些可视化来了解单元在神经网络的每一层中关注的概念。

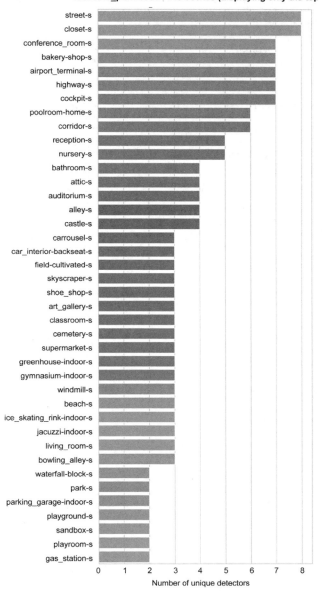

图 6.16　唯一场景检测器的数量——Places 数据集

迁移学习

　　迁移学习是一种将为某一特定任务训练的模型用作另一任务起点的技术。例如，假设有一个基于 ImageNet 数据集预训练的模型，该模型非常擅长检测物体。我们想用这个模型作为一个起点来检测地点和场景。为此，可以加载 ImageNet 模型的权重，并将这些权重作为起点，然后将它们训练和微调到 Places 数据集。迁移学习的思路是，在一个领域学习的特征可以在另一个领域重用，只要两个领域之间有一些重叠。当使用一个领域的预训练网络为另一个领域的任务进行训练时，训练时间通常更快，结果更准确。

　　神经网络剖析框架的作者在其论文中分析了单元的可解释在迁移学习过程中的演变(https://arxiv.org/pdf/1711.05611.pdf)。他们使用基于 ImageNet 数据集预训练的 AlexNet 模型，并将其微调到 Places 数据集。作者观察到，对于基于 ImageNet 数据集预训练然后用 Places 进行微调的模型，唯一检测器的数量增加了。最初探测狗的单元进化到其他物体和场景，如马、牛和瀑布。Places 数据集中的许多地点都包含这些动物和场景。如果基于 Places 预训练的模型用 ImageNet 数据集进行微调，作者观察到唯一检测器的数量下降了。对于 Places-To-ImageNet 网络，许多单元演变为狗的检测器，因为狗的标注数据比例在 ImageNet 中要高得多。

6.4.4 可视化概念检测器

　　在前面的部分中，通过观察每个概念类别和单个概念的唯一检测器数量来量化 CNN 中每个特征学习层中单元的可解释。本节将可视化 NetDissect 库为特征学习层中的每个单元生成的二值化单元分割图。该库将二值化单元分割图覆盖在原始图像上，并为我们生成 JPG 文件。如果想要可视化单元关注的原始图像中给定概念的特定像素，这将很有用。

　　由于空间不足，无法可视化所有单元和模型生成的所有图像。因此，我们将重点放在基于 Places 数据集预训练的模型，并关注某些概念中具有最大激活图的单元。可以使用以下函数获取库生成的二值化分割图像：

```
import matplotlib.image as mpimg

def get_image_and_stats(**kwargs):
    network_name = kwargs.get("network_name",
                             "resnet18")
    dataset = kwargs.get("dataset",
                        "places365")
    results_dir = kwargs.get("results_dir", "result")
    layer = kwargs.get("layer", "layer4")
    unit = kwargs.get("unit", "0000")

    result_file = os.path.join(results_dir,
    f"pytorch_{network_name}_{dataset}/tally_{layer}.csv")
    df_result = pd.read_csv(result_file)
```

导入由 Matplotlib 提供的 pimg 模块来加载和显示图像

获取给定单元的叠加在图像上的二值化单元分割图和相关统计数据

获取网络名称、数据集、结果目录、特征学习层和关注的单元

加载唯一检测器计数结果文件到 Pandas DataFrame

获取关注的层和单元的统计信息

```
image_dir = os.path.join(results_dir,
                         f"pytorch_{network_name}_{dataset}/html/image")
image_file = os.path.join(image_dir,
                          f"{layer}-{unit}.jpg")
img = mpimg.imread(image_file)
```

加载叠加在原始图像上的二值化单元分割图

```
df_unit_stats = df_result[df_result["unit"] == int(unit)+1]
```

将stats变量初始化为 None

```
stats = None
if len(df_unit_stats) > 0:
    stats = {
        "category": df_unit_stats["category"].tolist()[0],
        "label": df_unit_stats["label"].tolist()[0],
        "iou": df_unit_stats["score"].tolist()[0]
    } #H
```

返回关注层和单元的图像及相关的统计信息

```
return img, stats
```

如果存储关注的层和单元的变量不为空，就从 DataFrame 中提取概念类别、标签和 IoU 分数，并将它们存储在字典 stats 中

现在将关注检测飞机物体的单元 247 和 39。我们在上一节中看到(见图 6.14)，飞机物体在 Places 模型的所有物体中具有最多的唯一检测器。单元是从零开始索引的，并由 NetDissect 库保存为四位字符串。因此，需要分别为单元 247 和 39 传递字符串"0246"和"0038"，并作为 get_image_and_stats 函数中的单元关键字参数。我们将使用以下代码获取图像和相关统计数据并使用 Matplotlib 可视化它们。结果如图 6.17 所示：

提取单元 39 的图像和统计数据

提取单元 247 的图像和统计数据

创建一个具有两行子绘图的 Matplotlib 图

```
img_247, stats_247 = get_image_and_stats(unit="0246")
img_39, stats_39 = get_image_and_stats(unit="0038")
f, ax = plt.subplots(2, 1, figsize=(15, 4))
ax[0].imshow(img_247, interpolation='nearest')
ax[0].grid(False)
ax[0].axis(False)
ax[0].set_title(f"Unit: 247, Label: {stats_247['label']}, Category:
➡ {stats_247['category']}, IoU: {stats_247['iou']:.2f}",
               fontsize=16)
ax[1].imshow(img_39, interpolation='nearest')
ax[1].grid(False)
ax[1].axis(False)
ax[1].set_title(f"Unit: 39, Label: {stats_39['label']}, Category:
➡ {stats_39['category']}, IoU: {stats_39['iou']:.2f}",
               fontsize=16);
```

在顶部显示单元 247 的图像，并在标题中显示统计数据

在底部显示单元 39 的图像，并在标题中显示统计数据

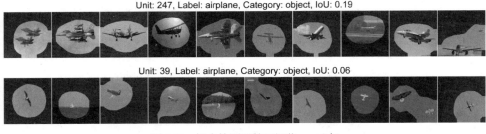

图 6.17　概念检测器的可视化——飞机

　　图 6.17 的第一行显示了为单元 247 的 10 个最大激活的 Broden 图像生成的分割。平均 IoU 为 0.19。因为二值化单元分割图覆盖在原始图像上，所以被激活的像素是那些 $S_i \geqslant T_k$ 的像素。未激活的像素显示为黑色。从图像中，可以看到该装置专注于飞机，而不是任何其他随机物体。图 6.17 中的第二行显示了为单元 39 的 10 个最大激活的 Broden 图像生成的分割。平均 IoU 为 0.06，在这种情况下较低。从图像中，可以看到该单元在飞机以及鸟类、飞行、天空和蓝色等一般概念上激活。

　　图 6.18 显示了为三个物体生成的二值化分割图像，即火车(第一行)、公共汽车(第二行)和轨道(第三行)。具体单元分别为 168、386 和 218。对于火车概念检测器，可以看到激活的像素突出显示引擎和铁路轨道。在这种情况下，平均 IoU 很高，为 0.27。对于公共汽车概念检测器，激活的像素似乎突出了公共汽车和一般概念，如带有大窗户和相对平坦前部特征的任意车辆。在这种情况下，平均 IoU 为 0.24。轨道概念检测器很有趣。激活的像素似乎突出了具有两条平行轨道的图像，其中包括铁路轨道、保龄球道和寿司传送带。平均 IoU 为 0.06。

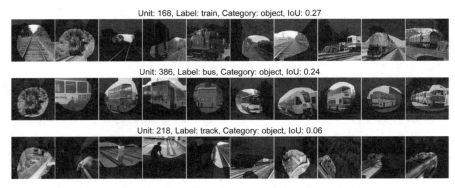

图 6.18　目标概念检测器的可视化——火车、公共汽车和轨道

　　最后，图 6.19 显示了训练集中没有直接表示的场景的分割图像。我们特别关注单元 379 和 370，它们分别突出了高速公路和苗圃场景。第一行显示了高速公路场景，第二行显示了托儿所场景。可以看到，基于 Places 数据集预训练的模型非常好地学习

了这些高级场景概念。

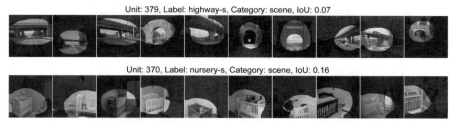

图 6.19　场景概念检测器的可视化——高速公路和苗圃

6.4.5　网络剖析的局限性

神经网络剖析框架是一个很好的工具，可以帮助我们打开黑盒神经网络。它通过提出可量化的解释克服了视觉归因法的局限性。我们可以看到 CNN 如何通过可视化特征学习层中每个单元学习的特征或概念来分解识别图像的任务。然而，正如框架作者在原始论文中所强调的那样，神经网络剖析框架具有以下局限性：

- 该框架需要一个像素级别的标注概念数据集。这是框架中最关键的一步，可能非常耗时且成本高昂。此外，数据集中未表达的概念在解释单元时不会出现，即使网络已经学习了它们。
- 该框架无法识别代表同一概念的单元组。
- 单元的可解释由"唯一检测器的数量"指标量化。该指标有利于能够学习更多高级概念的更大更深的网络。
- 剖析神经网络是一个活跃的研究领域，研究界正在探索许多有前途的途径，例如，自动识别概念和使用概念分数来识别对神经网络的对抗性攻击。

6.5　本章小结

- 上一章学习的视觉归因法有一些局限性。它们通常是定性评估的，非常主观。这些技术没有提供有关卷积神经网络(CNN)中的特征学习层和单元学习的低级和高级概念或特征的任何信息。
- 本章讨论的神经网络剖析框架通过提出更多定量解释克服了视觉归因法的局限性。通过使用该框架，我们还将能够理解 CNN 中的特征学习层学习了哪些人类可理解的概念。

- 该框架由三个关键步骤组成：概念定义、网络探测和量化对齐。概念定义步骤是最关键的步骤，因为它要求我们在像素级别收集标注的概念数据集。网络探测步骤是关于在网络中找到响应这些预定义概念的单元。最后，量化对齐步骤量化了单元激活与这些概念的对齐程度。

- 学习了如何在基于 ImageNet 和 Places 数据集预训练的 PyTorch 模型上使用 NetDissect 库运行神经网络剖析框架。我们将 Broden 数据集用于概念。

- 学习了如何使用"唯一检测器数量"度量来量化单元的可解释，并可视化各种概念类别和单个概念的单元的可解释。

- 还学习了如何可视化库生成的二值化单元分割图像，以查看单元针对特定概念关注的像素。

- 神经网络剖析框架是一个很好的工具，可以帮助我们打开黑盒神经网络。然而，它还是有一些局限性。创建带标注的概念数据集可能非常耗时且成本高昂。该框架无法识别代表同一概念的单元组。"唯一检测器的数量"指标有利于更大、更深的网络，这些网络有能力学习更多高级概念。

第 **7** 章

理解语义相似性

本章涵盖以下主题：

- 学习捕获语义的词密集表示
- 使用降维技术如 PCA 和 t-SNE 等可视化高维词嵌入的语义相似性
- PCA 和 t-SNE 的优缺点
- 定性和定量验证 PCA 和 t-SNE 生成的可视化结果

上一章把重心从解释黑盒模型中发生的复杂处理和操作转向解释模型学习的表示或特征。我们专门研究了神经网络剖析框架，以了解卷积神经网络(CNN)中的特征学习层学到了哪些概念。该框架由三个关键步骤组成：概念定义、网络探测和量化对齐。概念定义步骤完全是一个数据收集过程，特别是收集在像素级别标注的概念数据集。这是最耗时和最关键的步骤。下一步是探测网络并确定 CNN 中的哪些单元响应这些预定义的概念。最后一步是量化单元响应与概念的一致程度。该框架通过提供对人类可理解的概念的定量解释克服了视觉归因法的局限性。

本章将继续解释深度神经网络学习的表示，但重点会转向自然语言处理(NLP)。NLP 是机器学习中处理自然语言的子领域。到目前为止，我们一直在处理图像形式或具有数字特征的表格形式的输入。在 NLP 中，将以文本的形式处理输入。我们将重点关注如何以密集和语义上有意义的形式来表示文本，以及如何解释含义相似的单词——即那些具有语义相似性的单词——并通过这些来表示学习。

先介绍一个对影评分析情感的具体示例。然后，将学习神经网络词嵌入，这是深度学习的一个有趣的分支，被广泛用于以语义上有意义的形式表示文本。然后，可以将这些单词表示用作模型的输入，以预测情感。本章的其余部分将重点介绍如何解释和可视化单词表示的语义相似性。我们将专门学习线性和非线性降维技术，如主成分分析(PCA)和 t 分布随机近邻嵌入(t-SNE)。

7.1　情感分析

在本章中，我们被一个名为 Internet Movie Repository 的电影网站要求分析电影评论的情感，目的是确定评论代表的是积极还是消极的情感。如图 7.1 所示，这里有两部电影，每部电影都有几条评论。这里的两部电影的评论仅用于举例说明。根据每条评论中的单词或词序，我们希望确定评论是表达了积极的情感或意见，还是消极的情感或意见。

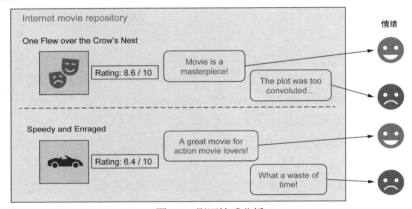

图 7.1　影评情感分析

我们的目标是建立一个 AI 系统，将评论作为输入，确定评论传达的是积极还是消极的情感。基于这些信息，可以将问题表述为二分类问题。它类似于我们在第 4 章和第 5 章中看到的二分类器，但是处理的不是具有数字特征或图像的表格数据，而是一系列单词(如图 7.2 所示)。模型的输入是代表评论的单词序列，输出是代表评论情感为积极的概率分数。

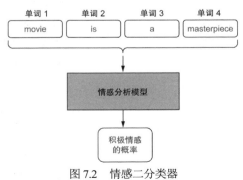

图 7.2　情感二分类器

图 7.2 的灰色部分就是情感分析模型。我们将在 7.3.4 节介绍模型的细节。开始讨论如何构建模型前，先回答以下两个关键问题：

(1) 如何以模型可以处理的形式表示单词？

(2) 如何对一系列单词进行建模，并基于它构建一个分类器？

本书的重点是回答第一个问题。我们将学习深度学习模型，这些模型可用于以密集且语义上有意义的形式表示单词，以及如何解释它们。当有了表示单词的好方法之后，回答第二个问题——如何构建一个处理单词序列的模型——就会变得更加简单。虽然这不是本书的重点，但将会简要介绍序列建模以及如何使用前几章中学到的技术来解释这些模型。在学习单词表示之前，先探索电影评论的数据集，并弄清楚为什么需要一个好的单词表示才能构建情感分类器。

7.2 探索性数据分析

本节将探索电影评论数据集，并确定我们是否可以设计一些数值特征来训练更简单的逻辑回归或基于树的模型。主要目标是确定对语义上有意义的单词表示和单词序列建模的必要性。我们将使用 PyTorch 提供的 torchtext 包来加载和处理数据集。torchtext 包类似于 torchvision，因为它为 NLP 提供了各种数据处理器、热门的数据集和模型。可以使用 pip 安装 torchtext 包：

```
$> pip install torchtext
```

除了 torchtext，还将安装 spaCy，这是一个流行的 NLP 库，我们将用它进行词元化(tokenization)。词元化是指将文本字符串拆分为离散组件或单词(如单词和标点符号)的过程。一种简单的词元化方法是用空格拆分文本，但这种方法没有考虑标点符号。spaCy 库提供了更精致的方法来词元化各种语言的字符串。本章将重点放在英语上，因此，将使用一个名为 en_core_web_sm 的模型来进行词元化。spaCy 库和模型可以按如下方式安装：

```
$> pip install spacy
$> python -m spacy download en_core_web_sm
```

所有库都准备就绪后，现在可以按如下方式加载电影评论数据集：

从 torchtext 中导入 PyTorch
和相关实用程序

使用电影评论文本的词元分析器初始化一个 Field 类

```
import torch
from torchtext.legacy import data, datasets
TEXT = data.Field(tokenize='spacy',
                  tokenizer_language='en_core_web_sm')
LABEL = data.LabelField(dtype=torch.float)
train_data, test_data = datasets.IMDB.splits(TEXT, LABEL)
```

初始化一个 LabelField 类的实例 LABEL，将情感标签加载为浮点数

加载电影评论数据集，并将其分成训练集和测试集

现在看一下这个数据集中的一些关键汇总统计数据，例如训练集和测试集中的评论数、积极和消极评论的比例以及每个评论中的字数，具体如表 7.1 所示。为了节省篇幅，这里就不展示相关源代码了，但可以在本书配套的 GitHub 存储库中查看这些代码。

从表 7.1 可以观察到训练集和测试集的电影评论数量相等——每个为 25 000。对于两组评论，评论内容在积极和消极之间平均分配。还可以观察到，在训练集和测试集中，评论中字数的汇总统计数据是相似的。可以看到积极评论和消极评论之间的一些差异，尤其是每条评论的最小和最大字数。除了了解数据集，查看这些关键汇总统计数据可以确定我们是否能够设计某些数值特征并构建一个简单的逻辑回归或基于树的分类器来进行情感分析。

表 7.1　来自电影审查数据集的关键统计数据

统计数字		训练集	测试集
评论数量		25 000	25 000
积极评论比例		50%	50%
消极评论比例		50%	50%
积极评论的单词数	最小值	14	11
	中位数	202	198
	最大值	2789	2640
消极评论的单词数	最小值	11	5
	中位数	203	203
	最大值	1827	1290

然后看看每条评论的字数分布，来比较积极和消极的情感。积极和消极评论的字数有什么不同吗？如果有的话，积极评论通常比消极评论更长还是更短？可通过图 7.3 来回答这些问题。可以在本书配套的 GitHub 存储库中找到生成此图的源代码。

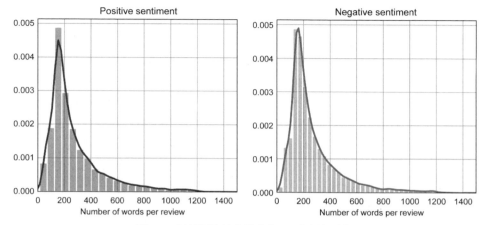

图 7.3　每条评论的字数分布——积极与消极

在图 7.3 中，可以看到积极和消极评论在字数方面没有明显的差异。因此，查看字数并不能准确预测评论是积极还是消极。

图 7.4　积极评价的词云

　　单词的频率或出现次数如何？在积极或消极评论中,有没有更常见的单词？图 7.4 显示了积极评论中所有常用单词的词云。这个词云是在数据清理后生成的,其中非常常见的单词,如 a、the、is、at、that 和 on(又称停用词)以及标点符号已被删除。可以在本书配套的 GitHub 存储库中查看删除所有停用词和数据清理的代码。在词云中,显示越大的单词,表示在评论中出现的频率就越高。可以看到,对于积极评价,最常出现的单词是 film(影片)、movie(电影)、one(一个)和 character(角色)等单词。也看到传达积极情感的词语,如 love(爱)、great(伟大)、good(好)和 wonderful(美妙)。

　　图 7.5 显示了消极评论的词云。乍一看,确实看到一些与积极评论中的单词相同的单词——如 film(影片)、movie(电影)、one(一个)和 character(角色)——也经常出现在消极评论中。我们还看到一些传达消极情感的词语,如 bad(坏的)、unfortunately(不幸的)、poor(可怜的)和 stupid(愚蠢的)。如果比较图 7.4 和 7.5,积极和消极评论之间的字数没有任何明显的差异。 然而,可通过使用人类的知识和试探法进一步清洗数据集,从这个字数统计特征中找到更多的信号。例如,可以删除一些中性词,仅举几例,如 film(影片)、movie(电影)、one(一个)和 character(角色)。可以想象,这种通过使用语言背景知识(例如识别中性词)和试探法的监督式工程方法非常耗时,而且很难扩展到其他语言。我们需要一种更好的表示语言中单词的方式,这将是下一节讨论的重点。

图 7.5　消极评论的词元

7.3　神经网络词嵌入

上一节介绍了使用数值特征来训练情感分析模型存在一定的难度。现在，我们将学习如何以数字形式表示单词，以尽可能对其含义进行编码。然后，可以使用这些单词表示来训练情感分析模型。开始之前，先不必考虑那些术语。对语义编码的词密集表示称为词嵌入、词向量或分布表示。经神经网络学习的表示或词嵌入称为神经网络词嵌入。本章将重点介绍神经网络词嵌入。

我们需要了解更多的 NLP 术语。将使用术语语料库来指代将要处理的文本正文。对于电影评论这个示例，语料库将是数据集中的所有电影评论。将使用术语词表来指代文本语料库中的单词。

7.3.1　独热编码

现在看一下表示单词的入门方式，它展示了为什么需要词嵌入。本练习强调需要提出更复杂的方法来以密集的、语义上有意义的形式表示单词。假设有一个由 V 个单词组成的文本语料库。单词的数量 V 通常非常大。以图 7.6 为例，左侧是语料库中的单词。可以看到语料库由 10 000 多个单词组成。语料库中的每个单词都在词表中分配了一个索引。

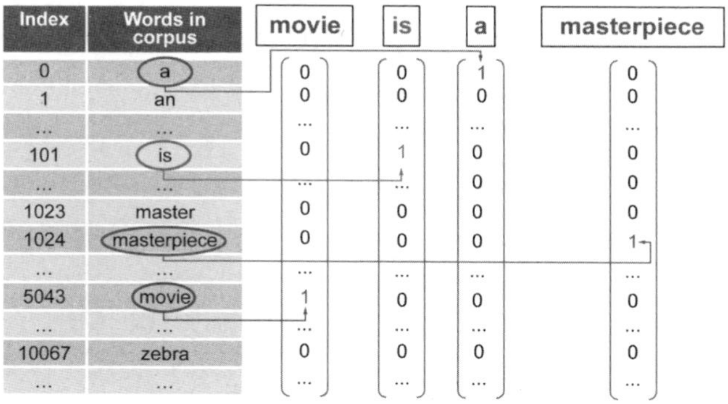

图 7.6　独热编码向量的图示

在语料库中表示单词的一种入门方法是使用大小等于词表大小 V 的向量，其中向量中的每个条目对应于语料库中的一个单词。在图 7.6 中，可以看到短语 "movie is a masterpiece" 中的单词表示。其入门级表示方法是使用一个向量表示，该单词在向量中的位置或索引处的值为 1，其他单词标注为 0。同样，对于句子中的其他单词，可以看到在向量中其他单词的值都是 0，该单词为 1。这种表示形式称为独热编码(one-hot encoding)。

正如你在图中看到的,独热编码是极其稀疏的表示形式,单词的向量大多为 0,只有一个 1。它没有对单词的任何语义信息进行编码。使用这种表示很难识别经常出现在一起或含义相似的单词。向量通常也会很大。使用独热编码,需要一个与词表一样大的向量来表示单词。处理这样的向量在计算和存储方面效率极低。

注意,图 7.6 的表示确实是一种非常入门的表示。我们有办法通过删除停用词来改善。这应该能减少用于表示每个单词的独热编码向量的大小。另一种选择是使用词袋(BoW)模型。BoW 模型将每个单词映射到一个数字,该数字表示它在语料库中出现的频率。在 BoW 表示形式中,停用词通常具有较大的数值,因为它们经常出现在语言中。可以删除这些停用词,也可以使用另一种称为词频-逆文档频率(TF-IDF)的表示形式。TF-IDF 本质上是根据单词在评论语料库中出现的频率以及包含该单词的评论数目,对单词进行逆向加权。TF-IDF 是筛选出停用词的好方法,因为停用词将与较低数值相关联。它们数值较低(逆向加权),因为这类单词在评论中经常出现。BoW 和 TF-IDF 都是表示单词的有效方式,但它们仍然没有对单词的语义信息进行编码。

7.3.2 Word2Vec

可通过使用 Word2Vec(Word to Vector 的缩写)嵌入来克服独热编码和其他相对更有效方法(如 BoW 和 TF-IDF)的缺点。Word2Vec 的思路是通过上下文查看单词。可通过查看通常一起出现的单词来编码语义。让我们看一个示例,并做一些符号表示。在图 7.7 中,可以看到之前出现的那个短语,"movie is a masterpiece"。这张图展示了窗口大小等于 3 的上下文,即由三个词元或单词组成的上下文:movie、is 和 a。窗口大小等效于上下文中词元或单词的数量。我们在上下文中将中心词表示为 w_t,将紧挨左边的单词表示为 w_{t-1},将紧挨右边的单词表示为 w_{t+1}。中心单词左侧和右侧的单词又称周边单词或上下文单词。

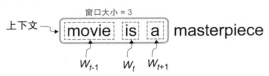

图7.7 上下文、窗口大小、周边单词和中心单词

可以使用两种主要的神经网络架构来进行 Word2Vec 嵌入:连续词袋(CBOW)和 Skip-gram,如图 7.8 所示。

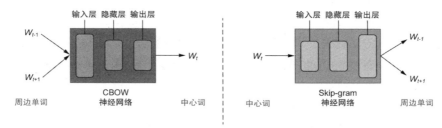

图 7.8　窗口大小为 3 时 CBOW 和 Skip-gram 神经网络词嵌入模型

如图所示，CBOW 架构的思路是在提供周边或上下文单词的情况下预测中心词。底层神经网络架构是由输入层、隐藏层和输出层组成的全连接神经网络。Skip-gram 架构预测特定中心词的周边或上下文单词。底层神经网络架构类似于 CBOW。CBOW 和 Skip-gram 模型在尝试预测相邻单词或通常会一起出现的单词方面很类似。但它们在某些方面又有所不同。Skip-gram 模型已被证明可以很好地处理少量数据，并且还可以很好地表示不常出现的单词。另一方面，CBOW 模型的训练速度更快，并且已被证明可以为更频繁出现的单词提供更好的表示。两个模型的训练过程是等效的。因此，为了简单起见，让我们专注于其中之一，仔细研究 Skip-gram 训练过程。

训练 Skip-gram 词嵌入的第一步是提供一个训练数据集。假设有一个文本语料库，作为一个数据集，由中心词作为输入和相应的周边或上下文单词作为输出组成。在生成数据集之前，需要知道上下文的窗口大小，因为窗口大小是训练过程的重要超参数。使用与早期模型中相同的窗口大小 3，并观察一个具体示例，如图 7.9 所示。在图中，使用与之前相同的示例句子。将上下文窗口设置为文本的开头(图中显示为上下文 1)，来确定中心词和周边单词。然后，得到了一个训练数据表，以中心词作为输入，周边单词作为输出。在上下文 1 的表中，单词 is 与两个相邻的单词 movie 和 a 相关联。

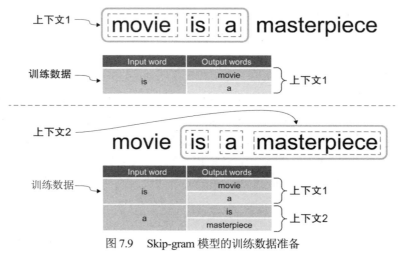

图 7.9　Skip-gram 模型的训练数据准备

　　然后，通过把窗口向右滑动一个单词来继续此过程，如图 7.9 中的上下文 2。因此在训练数据表中为新的中心词和周边单词添加新的条目。对语料库中的所有文本重复此过程。有了由输入和输出单词组成的训练数据集之后，就可以训练 Skip-gram 神经网络了。可通过把问题表述为二分类问题来进一步简化训练过程：我们不是预测给定中心词的周边单词，而是预测提供的一对单词是否是相邻的。如果一对单词出现在上下文中，那么它们是相邻的。可以使用图 7.9 中生成的训练数据表来为这个新的二分类等式提供正标签。如图 7.10 的上半部分所示，左侧输入和输出(周边或上下文)单词的表格被转换成右侧带有正标签(即标签=1)的单词对的表格。正标签表示这对单词是相邻的。

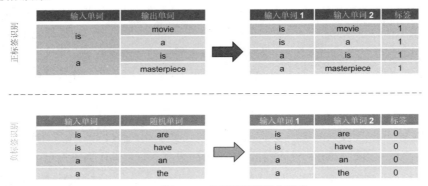

图 7.10　负采样训练数据准备

　　如何确定负标签，即不是相邻的单词对呢？可以使用一个称为负采样[1]的过程来做到这一点。对于图 7.9 中训练数据表中的每个单词，从词表中随机抽取一个新单词。窗口大小的选择很重要。如果与词表中的单词数相比，窗口大小相对较小，则随机采样将确保所选单词在输入单词的上下文之外的概率很小。如图 7.10 的下半部分所示，对于每对输入词和随机词，我们分配一个负标签(即标签= 0)。它们对应于非相邻的单词对。

　　有了新的二分类训练数据集后，就可以训练 Skip-gram 模型了。我们把这种新的神经网络模型称为采用负采样的 Skip-gram。输入的单词将表示为独热编码向量。尽管模型经过训练以确定两个单词是否是相邻词，但训练过程的最终目标是学习单词的神经网络词嵌入(密集表示)。这就是该架构中隐藏层的作用。对于隐藏层，需要初始化图 7.11 中所示的两个矩阵：一个嵌入矩阵和一个上下文矩阵。嵌入矩阵由词表中每个单词所在的一行组成。列数对应于表示单词的单词嵌入或单词向量的大小。即图 7.11 里面的 N。

---

　　1 译者注：负采样(Negative Sampling)是一种用于训练词向量的技术，它通过随机采样负样本来加速训练过程。

训练之前，还需要确定另一个超参数，即嵌入维度[1]。嵌入维度的选择决定了我们希望得到的密集表示的密度。它还确定了密集表示中捕获的语义信息量。上下文矩阵的嵌入维度也与嵌入矩阵相同。两个矩阵都使用随机值进行初始化。这些矩阵中的值是神经网络中的参数，我们的目标是使用图 7.10 生成的训练数据集来学习这些参数。

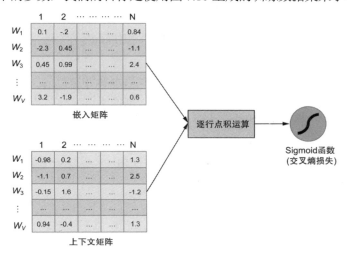

图 7.11　负采样 Skip-gram

现在仔细看看训练的过程。图 7.11 显示了两个矩阵以及正在对它们执行的逐行点积运算。逐行点积实质上是度量两对单词之间的相似性。如果通过一个 sigmoid 函数来处理结果向量，将得到一个介于 0 和 1 之间的相似性或概率度量值。然后，可以把这些分数与训练数据中单词对的真实标签进行比较，并相应地修改参数。参数可通过反向传播进行修改，正如我们在第 4 章和第 5 章学到的那样。

当训练过程完成之后，可以丢弃上下文矩阵，并使用嵌入矩阵作为单词到其对应的神经网络词嵌入的映射。可以得到如下映射：嵌入矩阵中的每一行都是词表中特定单词的表示形式。例如，矩阵中的第一行对应于单词 w_1 的表示形式。第二行是单词 w_2 的表示形式，依此类推。

7.3.3　GloVe 嵌入

负采样 Skip-gram 模型是提供词密集表示的好方法，它能捕获在局部上下文中出现的单词对之间的相似性。但是，该模型在识别停用词方面表现得并不好。停用词，如 is(是)、a(一个)、the(那个)和 this(这个)，将会被标记为是和 "masterpiece(杰作)" 相似的单词，因为它们都在局部上下文中一起出现。可通过观察单词的全局统计信息来

---

1 译者注：嵌入维度(embedding size)是指在词向量模型中，用于表示每个单词的向量的维度。

识别此类停用词，即单词对在整个文本语料库中出现的频率。全局向量(又称 GloVe)
模型是对 Skip-gram 的改进，可捕获全局和局部统计信息。接下来，将使用预训练的
GloVe 词嵌入。

我们不会使用电影评论数据集从头开始训练 GloVe 词嵌入，而是使用在更大的文
本语料库上预训练的 GloVe 嵌入。用于训练词嵌入的常见文本语料库是维基百科。有
以下两种方法可以加载在维基百科语料库上预训练的 GloVe 嵌入：

(1) 使用 PyTorch 提供的 torchtext 包。

(2) 使用 gensim，一个用于 NLP 的通用开源 Python 库。

如果需要训练另一个下游模型(如情感分类)，则使用第一种方法——torchtext 加载
GloVe 嵌入会很有用，该模型将这些嵌入用作 PyTorch 中的特征。使用第二种方法——
gensim 加载 GloVe 嵌入对于分析单词嵌入非常有用，因为有很多开箱即用的实用函数。
我们将使用前一种方法来训练情感分类器，然后使用后一种方法来解释单词嵌入。可
使用 torchtext 加载词嵌入：

使用对来自维基百科语料库的 60 亿个单
词进行预训练的模型来初始化 GloVe 类

```
import torchtext.vocab          ◄───────── 在 torchtext 中导入 vocab 模块

glove = torchtext.vocab.GloVe(name='6B',
                              dim=100) ◄──────── 加载 100 维度的 GloVe 嵌入
```

现在加载了有 60 亿个单词的维基百科语料库来预训练 GloVe 嵌入，加载的预训
练模型嵌入维度为 100。

如果尚未在计算机上安装 gensim，则可通过运行以下命令安装：

```
$> pip install --upgrade gensim
```

然后，可以按如下方式加载 GloVe 嵌入：

```
from gensim.models import KeyedVectors               从 gensim 中导入
from gensim.scripts.glove2word2vec import glove2word2vec    相关的模块和类
from gensim.test.utils import datapath, get_tmpfile

path_to_glove = 'data/glove.6B/glove.6B.100d.txt'  ◄── 设置预训练 GloVe 嵌入的文件路径

glove_file = datapath(path_to_glove)
word2vec_glove_file = get_tmpfile(glove_file)            初始化 GloVe
model = KeyedVectors.load_word2vec_format(word2vec_glove_file)  嵌入
```

注意，使用 gensim，需要下载预训练 GloVe 嵌入文件。你可以从 GloVe 项目网站
下载维基百科 60 亿个单词的嵌入，嵌入维度为 100。

7.3.4　情感分析模型

7.1 节提出了构建情感分析模型的以下两个关键问题：

(1) 如何以模型可以处理的形式表示单词？

(2) 如何对一系列单词进行建模，并基于它构建一个分类器？

我们已在上一节通过学习神经网络词嵌入回答了第一个问题。本章的重点是词嵌入以及如何解释它们。为了完整起见，通过概要讲述如何对单词序列进行建模以构建情感分类器来回答第二个问题。

情感分类器的架构如图 7.12 的上半部分所示。它由两个链接在一起的神经网络架构组成。第一个神经网络称为循环神经网络(RNN)，第二个神经网络是全连接神经网络，我们在第 4 章已了解了这一点。重点看看 RNN，如图 7.12 的下半部分所示。

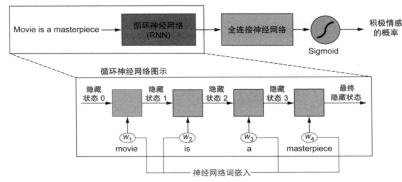

图 7.12　使用循环神经网络 (RNN) 进行序列建模和情感分析

RNN 通常用于分析序列，如情感分析问题中的单词序列，或天气预报中的时间序列分析。对于情感分析问题，RNN 逐个单词地处理单词序列，并为每个单词生成一个隐藏状态，该状态是前面输入的表示。这些单词使用上一节中学到的神经网络词嵌入表示形式输入到 RNN 中。把所有单词输入到 RNN 后，最终的隐藏状态将用于训练前馈神经网络以进行情感分类。这里略过了很多细节，因为这并不是本章和本书的重点。关于 RNN 和语言模型的优质学习资源可以参见斯坦福大学的 NLP 深度学习在线课程。

Transformer 网络

NLP 的最新突破是 Transformer 网络，它由 Google Research 的一个团队在 2017 年的开创性论文 "Attention Is All You Need" 中提出。与 RNN 一样，Transformer 网络 (简称 Transformer)用于对顺序数据进行建模。正如 7.3.4 节所述，RNN 按顺序一次处理一个单词的输入。当前单词或间隔的输出——即隐藏状态——在处理下一个单词之前是必需的。由于这个过程很难进行并行化训练，所以训练 RNN 非常耗时。

Transformer 通过注意力机制克服了这一限制，并且不需要按顺序输入单词。直观地说，注意力机制类似于卷积神经网络(CNN)中基于卷积的方法，序列中发生相互作用更近的单词在较低层建模，序列中发生相互作用更远的单词在较高层建模。所有单词都立即输入网络，并提供关于其相对和绝对位置的信息。

这里略过了很多细节——需要整整一章来阐述这个主题，而且这超出了本书的讨论范围。读者可通过斯坦福大学关于 NLP 深度学习在线课程的视频讲座和讲义，学习更多关于 Transformer 的内容。Transformer 网络架构已衍生出双向编码器表示变换器(BERT)和生成式预训练变换器(GPT)等变种。Transformer 训练所使用的预训练词嵌入可通过 Hugging Face 提供的主流开源库加载到 PyTorch 中。你可通过后续部分学到的可解释技术，来理解 GloVE 词嵌入所训练的语义相似性，并把它扩展到 Transformer 网络所训练的嵌入。这些技术与模型无关。

7.4 解释语义相似性

上一节学习了如何使用神经网络词嵌入来获取对语义编码的词密集表示。现在，我们将专注于从这些获得的词嵌入中理解和解释语义相似性。你将学习如何度量语义相似性，以及如何在二维空间可视化高维词嵌入之间的相似性。

在开始度量和解释语义相似性之前，第一步是确定几个含义稍微不同的单词，而且是那些我们对它们与其他相似的单词之间的语义相似性有很好理解的单词。这类似于第 6 章神经网络剖析框架中的概念定义步骤，因为需要提前对我们想要度量和解释的具体内容有一个清晰的认识。在神经网络词嵌入的语义相似性的背景下，需要对单词进行理解或分类，以验证神经网络词嵌入是否正确学习了语义。

我们将研究两组不同的单词来解释语义相似性。第一组词不一定与影评或情感分类问题有关。但是，这些单词旨在验证词嵌入是否捕获了单词间的某些细微差别。第一组(称为集合 1)的单词如下：

- Basketball
- Lebron
- Ronaldo
- Facebook
- Media

这些单词之间的含义或关联可通过分类获得，如图 7.13 所示。该图突出显示了集合中的单词。可以看到，在 Sport 类别中，有 Basketball 和 Football/Soccer。每项运动也有它的特征。

　　Lebron(勒布朗)和 Ronaldo(罗纳尔多)属于 Sport 和 Personality 类别。体育名人与他们各自的运动之间也存在联系。例如，Lebron(勒布朗)与 Basketball(篮球)运动有关，Ronaldo(罗纳尔多)与 Football/Soccer(足球)运动有关。此外，在 Media(媒体)类别中，有不同类型的媒体，例如 Television(电视)、Radio(广播)和 Internet(互联网)。在互联网类别中，有像 Facebook 和 Google 这样的公司。图 7.13 是单词间如何相互关联的地图，可以用它来解释单词嵌入中的语义。

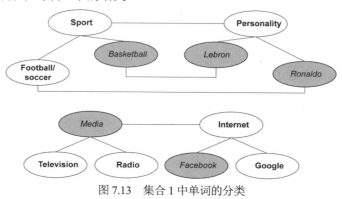

图 7.13　集合 1 中单词的分类

　　第二组(称为集合 2)的单词与电影评论有关。看看以下一组电影，了解它们是如何相关的：

- Godfather(教父)
- Goodfellas(好家伙)
- Batman(蝙蝠侠)
- Avengers(复仇者联盟)

第二组单词的分类如图 7.14 所示。

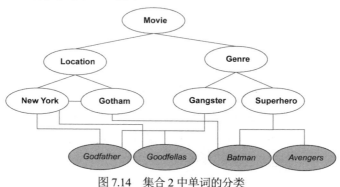

图 7.14　集合 2 中单词的分类

集合中的电影被突出显示。我们根据其类型和拍摄地点对电影进行了分类。像 GodFather(教父)和 Goodfellas(好家伙)这样的电影属于 Gangster(黑帮)类型,它们都是在 New York(纽约)拍摄的。像 Batman(蝙蝠侠)和 Avengers(复仇者联盟)这样的电影都是 Superhero(超级英雄)电影。蝙蝠侠位于 Gotham(哥谭市),这是一个虚构的地方,接近纽约。值得强调的是,单词间的这种细微差别和含义与语言和上下文有关,因此,在开始解释语义之前,需要对此有很好的理解。

7.4.1 度量相似性

现在有了要度量的单词,如何量化它们之间的相似性?我们特别感兴趣的是度量词表示或词嵌入之间的相似性。为了方便可视化,首先举一个二维词嵌入的简单示例。假设有两个词,Basketball(篮球)和 Football(足球),将这些词嵌入空间中,如图 7.15 所示。这两个词在图中分别表示为向量 W_1 和 W_2。

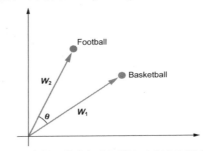

图 7.15 度量二维空间中词嵌入之间相似性的图示

度量单词向量 W_1 和 W_2 相似性的其中一种方法是查看它们在二维嵌入空间中的位置。相似性度量应具有这样的属性:如果词向量靠近在一起,则它们更相似。如果它们相距较远,那么它们就不那么相似了。具有此性质的一种很好的度量方法是计算两个向量之间角度的余弦——$\cos(\theta)$。这种度量称为余弦相似度。以下是计算给定词向量 W_1 和 W_2 的余弦相似度的数学等式:

$$余弦相似度 = \frac{w_1 \cdot w_2}{\| w_1 \| \| w_2 \|}$$

它本质上是词向量除以两个向量的欧几里得范数或量级乘积的点积。

使用 gensim,可以很容易地获得与输入单词最相似的单词,如下所示。在 7.3.3 节中,我们看到了如何使用 gensim 加载 GloVe 词嵌入。初始化嵌入后,可以使用以下代码获取第一组单词前 5 个最相似的单词:

我们对最相似的
前五个词感兴趣

用第一组单词初始化
一个数组

```
words = ['basketball', 'lebron', 'ronaldo', 'facebook', 'media']
topn = 5
```

初始化一个数组，以存储
最相似的单词

```
sim_words_scores = []
for word in words:
    sim_words = model.most_similar(word, topn=topn)
    print(f"Words similar to: {word}")
    for sim_word in sim_words:
        sim_words_scores.append((word, sim_word[0], sim_word[1]))
        print(f"\t{sim_word[0]} ({sim_word[1]:.2f})")
```

遍历每个词

从 genism 模型中获得
最相似的前五个单词

将相似词存储在数组
中，并打印出结果

表 7.2 是以上代码的输出。首行是集合中的单词。表中的每一列都显示与该列最上面一行中的单词相似的前五个单词。余弦相似性度量也显示在相似单词的括号中。从表中可以看出，GloVe 词嵌入确实掌握了语义上含义相似的单词。例如，第一列显示了与 Basketball(篮球)类似的所有单词，它们都是体育运动。第二列显示了所有与 Lebron(勒布朗)相似的单词，它们都是打篮球的体育名人。第三列显示所有踢足球的体育名人。第四列显示与 Facebook 类似的公司，即互联网或基于网络的社交媒体公司。最后一列显示与 Media 类似的所有单词。作为练习，你可以对第二组单词进行类似的分析。其答案可以在本书配套的 GitHub 存储库中找到。

表 7.2　集合 1 中单词的前 5 个相似单词

Basketball	Lebron	Ronaldo	Facebook	Media
Football (0.86)	Dwyane (0.79)	Ronaldinho (0.86)	Twitter (0.92)	News (0.77)
Hockey (0.8)	Shaquille (0.75)	Rivaldo (0.85)	MySpace (0.9)	Press (0.75)
Soccer (0.8)	Bosh (0.72)	Beckham (0.84)	YouTube (0.81)	Television (0.75)
NBA (0.78)	O'Neal (0.68)	Cristiano (0.84)	Google (0.75)	TV (0.73)
Baseball (0.76)	Carmelo (0.68)	Robinho (0.82)	Web (0.74)	Internet (0.72)

下面可视化第一组单词之间的余弦相似性。将使用以下代码来计算单词对之间的余弦相似度并可视化它们：

从 Scikit-Learn 导入 cosine_similarity
辅助函数

```
from sklearn.metrics.pairwise import cosine_similarity
import pandas as pd
```

导入 Panda DataFrame
来存储余弦相似度

```
import matplotlib.pyplot as plt
import seaborn as sns
```

导入与可视化
相关的库

初始化第
一组单词

```
words = ['basketball', 'lebron', 'ronaldo', 'facebook', 'media']
word_pairs = [(a, b) for idx, a in enumerate(words) for b
➥ in words[idx + 1:]]

cosine_sim_word_pairs = []
for word_pair in tqdm(word_pairs):
    cos_sim = cosine_similarity([model[word_pair[0]]],
                        [model[word_pair[1]]])[0][0]
    cosine_sim_word_pairs.append([str(word_pair), "glove",
    ➥ cos_sim])

df_sim = pd.DataFrame(cosine_sim_word_pairs,
                columns=['Word Pairs',
                        'Embedding',
                        'Cosine Similarity'])

f, ax = plt.subplots()
sns.barplot(x="Word Pairs", y="Cosine Similarity",
        data=df_sim[df_sim['Embedding'] == 'glove'],
        ax=ax)
plt.xticks(rotation=90);
```

基于初始化单词集创建
具有单词对的数组

计算单词对的余弦
相似度,并将其存
储在一个数组中

创建一个包含这些
结果的 DataFrame

使用 DataFrame
绘制一个条形图

生成的图如图 7.16 所示。从图中可以观察到,Basketball(篮球)和 Lebron(勒布朗)之间的相似之处远远超过其他单词。此外,与 Facebook 和 Media 相比,Basketball(篮球)这个词更接近 Ronaldo(罗纳尔多),因为我们从图 7.13 的分类中知道 Basketball(篮球)和 Ronaldo(罗纳尔多)与体育类别有关。使用分类法,也可以对其他单词对进行类似的观察。例如,Facebook 这个单词比任何其他单词都更像 "Media" 这个单词,因为 Facebook 是一家社交媒体公司。

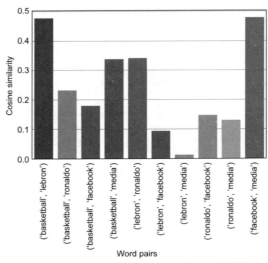

图 7.16 集合 1 中单词对的 GloVe 嵌入余弦相似性的可视化

作为练习，你可以编写代码以可视化第二组中单词对的余弦相似性。具体答案可以在本书配套的 GitHub 存储库找到，生成的绘图如图 7.17 所示。从图中可以观察到，两部 gangster(黑帮)电影 Godfather(教父)和 Goodfellas(好家伙)的相似之处，比 superhero(超级英雄)电影 Batman(蝙蝠侠)和 Avengers(复仇者联盟)的相似之处要多。同样，两部超级英雄电影之间要比任何一部黑帮电影更相似。也可以看到，Godfather(教父)和 Goodfellas(好家伙)比 Avengers(复仇者联盟)更接近 Batman(蝙蝠侠)。这可能与电影故事发生的地点有关，正如图 7.14 的分类中所建立的那样。

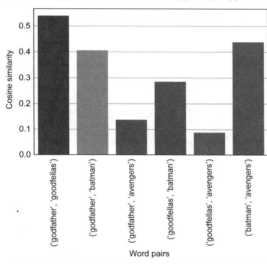

图 7.17　场景 2 中各种电影单词对的 GloVe 嵌入余弦相似性的可视化

现在有了一种可以使用余弦相似度来度量词嵌入之间相似性的方法。使用特定的单词集和它们相应的分类体系进行评估，我们还验证了 100 维 GloVe 单词嵌入很好地捕捉了单词的语义含义。现在看看怎样在二维空间中不丢失任何语义来实现词嵌入的类似于图 7.15 中所示的可视化。这将是接下来两节的重点。你将专门学习两种技术：主成分分析(PCA)和 t 分布随机近邻嵌入(t-SNE)。

7.4.2　主成分分析(PCA)

主成分分析(PCA)是一种用于降低数据集维度的强大技术。我们正在处理有 100 个维度的词嵌入，希望把维度减少到 2，以便可以更容易地可视化数据集。我们希望减少维度，同时尽可能多地捕获语义差距。通过一个简单的示例来看看 PCA 的实际应用。为了便于说明，将研究大小为 2 的词嵌入，并了解如何使用 PCA 将维度从 2 降低到 1。图 7.18 显示了放置在二维空间的 4 个单词。为了便于可视化，假设嵌入大小为 2。目标是在一维线上可视化单词嵌入。可以看到单词 1 和 2[Docter(医生)和 Nurse(护士)]在语义上是相似的，因为它们在二维空间中更接近。单词 3 和 4[Athletics(田径)和 Athlete(运动员)]在语义上也是相似的。但是，单词对 1 和 2 与单词对 3 和 4 相距更远，因为它们在语义上并不相似。

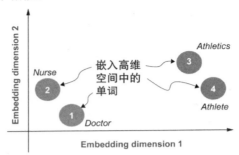

图 7.18　大小为 2 的嵌入空间中 4 个单词的图示

PCA 的第一步是获取单词所有维度的均值，并从词嵌入中减去均值。如图 7.19 所示，其中均值由一个大交叉表示。这个转换的目的是让单词以均值为中心，即把数据的均值放在原点。通过把词嵌入集中在均值上，我们仍然保留了二维空间中单词之间的距离，因此保留了它们的语义。

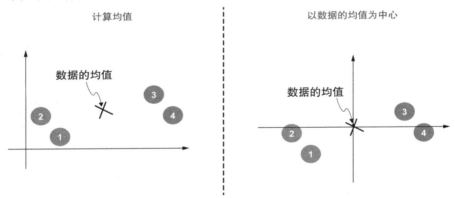

图 7.19　计算均值并让单词以均值为中心的图示

由于我们感兴趣的是将一条直线上的词嵌入可视化，所以 PCA 的下一步是在词嵌入集上拟合一条直线。最佳拟合直线是可以最小化每个单词与直线之间的垂直距离的那条线。换句话说，目标是最小化单词在线上的投影距离，或最大化每个单词在线上的投影与原点之间的距离。最大化原点与投影之间的距离将确保尽可能多地保留数据中的差异。如图 7.20 所示，这条最佳拟合线又称主成分。此处研究一维可视化中的单词，因此只有一个主成分。

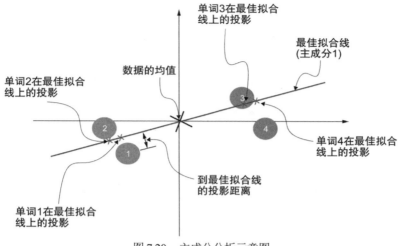

图 7.20 主成分分析示意图

最后一步是将每个单词投影到主成分上。这将作为一维空间中对单词嵌入的可视化,如图 7.21 所示。

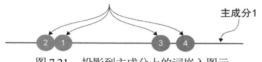

图 7.21 投影到主成分上的词嵌入图示

现在你已经对 PCA 的工作原理有了直观的了解,让我们把这项技术扩展到多个维度。用矩阵 X 表示所有词嵌入,其中行数等于词表中的单词数,列数等于嵌入维度。把嵌入维度表示为 n。目标是把单词的维度减小到 k,其中出于可视化目的,通常为 2 或 3。

正如通过可视化示例所看到的,第一步是把数据居中到均值。由以下等式表示,其中均值将从嵌入矩阵 X 中减去。经过均值中心化处理后的数据由矩阵 U 表示:

$$U = X - \bar{X}$$

下一步是计算矩阵 U 的协方差。由下一个等式表示,其中协方差矩阵由矩阵 V 表示。计算矩阵 U 的协方差的目的是估计以均值为中心的数据中每个嵌入维度的方差:

$$V = V^T U$$

估计出方差后,下一步是通过求解以下特征等式来计算矩阵 V 的特征值和特征向量。通过求解 λ,可以获得等式的根,这就是我们想要的特征值。注意,在下面的等式中,"det"表示行列式,矩阵 I 表示单位矩阵。有了特征值之后,就可以得到相应的特征向量:

$$\det(V - \lambda I) = 0$$

本质上是特征向量为我们提供了主成分。特征值的大小提供了每个主成分捕获的变异量的估算值。然后，按特征值降序对向量进行排序，并选择前 k 个主成分来投影我们的数据。前 k 个主成分将尽可能多地捕获数据中的差别。我们把前 k 个主成分(或特征向量)表示为 W 的矩阵。最后一步是通过应用以下等式把原始 n 维空间中的词嵌入投影到 k 维空间中：

$$Y = W^T X$$

现在看看 PCA 在 GloVe 词嵌入上的操作。第一步是准备数据，我们提取感兴趣的单词的词嵌入。如以下代码所示，提取集合 1 中单词的词嵌入及其相应的前五个类似单词：

```
viz_words = [sim_word_score[1] for sim_word_score in
➥ sim_words_scores]                                          创建带有关键词
main_words = [sim_word_score[0] for sim_word_score in        和类似单词的列
➥ sim_words_scores]                                          表以进行可视化

word_vectors = []
for word in tqdm(viz_words):                                 提取词嵌入
    word_vectors.append(model[word])                         以便可视化
word_vectors = np.array(word_vectors)
```

准备好了数据后，就可以运行 PCA 并获得词嵌入在低维空间中的投影。为了便于可视化，把主成分的数量设置为 2。可以使用 Scikit-Learn 库提供的 PCA 实现。以下是怎样获取主成分，然后把数据投影到它们上面的代码：

```
从 Scikit-Learn
导入 PCA 类
    from sklearn.decomposition import PCA
                                              使用两个主成分
                                              初始化 PCA 类              设置随机状态，得到对
                                                                        单词向量的最佳拟合
pca_2d = PCA(n_components=2,
            random_state=24).fit(word_vectors)
pca_wv_2d = pca_2d.transform(word_vectors)
                                                                     将单词向量投影
pca_kwv_2d = {}                              创建一个字典存储           到主成分上
for idx, word in enumerate(viz_words):       每个单词与其 PCA
    pca_kwv_2d[word] = pca_wv_2d[idx]        单词嵌入的映射
```

在二维空间获得了词嵌入的投影后，就可以使用 Matplotlib 和 Seaborn 库轻松将其可视化：

```
df_pca_2d = pd.DataFrame(pca_wv_2d, columns=['y', 'x'])    为每个单词创建一个
df_pca_2d['text'] = viz_words                              具有二维 PCA 坐标的
df_pca_2d['word'] = main_words                             DataFrame
```

```
f, ax = plt.subplots(figsize=(10, 8))
sns.scatterplot(data=df_pca_2d,
            x="x", y="y",
            hue="word", style="word", s=50, ax=ax)
```

创建散点图

```
ax.legend()
for i, row in df_pca_2d.iterrows():
    ax.text(row['x']+.05, row['y']-0.02, str(row['text']),
            size=size)
```

为散点图添加
图例和注释

所得到的曲线如图 7.22 所示。集合 1 中的主要单词显示在图例中，其前五个最相似的单词使用代表每个单词的符号来表示。例如，"Basketball"(篮球)这个词由一个圆圈表示，"Media"(媒体)这个词由菱形表示。让我们来欣赏一下 PCA 技术的输出。现在可以在二维空间可视化原始的 100 维词嵌入！但是，这个 PCA 表示是否仍保留 100 个维度捕获的语义呢？在图 7.22 中，我们确实看到与主词相似的单词聚集在一起，除了单词 lebron(勒布朗)。一些篮球名人，如 bosh(波什)、dwyane(德怀恩)和 carmel(卡梅隆)，更接近足球名人，而不是篮球同仁。

这是预料之中的，因为可能无法仅以两个维度来捕获原始数据集中存在的诸多差异。可通过运行下面这行代码轻松检查这一点：

```
print(pca_2d.explained_variance_ratio_)
```

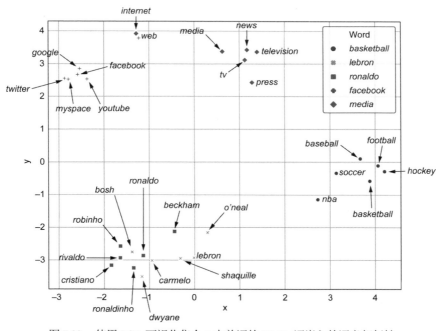

图 7.22　使用 PCA 可视化集合 1 中单词的 GloVe 词嵌入的语义相似性

以上代码的输出将显示每个主成分中捕获的差异百分比。如果把它们加起来，结果大约是49%。这意味着，通过把词嵌入投影到两个主成分，能够捕获数据中49%的差异。作为练习，你可以尝试使用三个主成分来训练 PCA，以查看是否可以捕获数据中更多的差异。然后在三维空间上可视化嵌入，以检查二维空间中观察到的问题是否已解决。

尽管 PCA 是一种强大的技术，但它存在一些重大缺点。它假设数据集或词嵌入可以线性建模。对于我们处理的大多数数据集，情况可能并非如此。下一节将学习一种更强大和流行的技术 t-SNE，它可以扩展到非线性结构。

7.4.3　t 分布随机近邻嵌入(t-SNE)

t-SNE 属于称为流形学习[1]的机器学习范畴，其目标是从更高维度的数据中学习非线性结构并降维到低维空间。该技术是可视化高维数据最常用的方法之一。使用一个简单的二维数据集来看看它的实际应用，其目标是在一个维度上可视化它。图 7.23 中，我们在左侧的二维空间中看到了 4 个相似单词。第一步是为所有单词对构造相似性表。这个相似性表将提供一个相似性度量，或者说单词对在高维嵌入空间中相邻的概率。另一种展示它的方法是计算高维嵌入空间中单词的联合概率分布。稍后我们将看到如何以数学方式执行此操作。

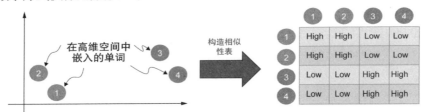

图 7.23　在高维空间中为词嵌入构建相似性表

下一步是将所有单词随机放在直线上，因为我们感兴趣的是在一维空间可视化词嵌入。如图 7.24 的左侧所示，当把单词随机放置在直线上后，就可以为在该一维空间上随机表示的单词构造一个相似性表。如图 7.24 的右侧所示，表中不同于高维联合概率分布的条目将突出显示(下画线)。你将很快看到如何以数学方式计算低维空间的这种联合概率分布。

---

1 译者注：在数学中，流形(Manifold)是一种局部类似欧几里得空间的空间。它可以用局部坐标系来描述，并且在局部范围内具有欧几里得空间的性质，但在整体范围内可能具有非欧几里得的性质。流形可以是任意维度的，但通常用于描述高维数据的低维表示。

流形学习(Manifold Learning)是一种机器学习方法，旨在从高维数据中学习出数据在低维流形空间中的结构，并将数据映射到这个低维流形空间中。

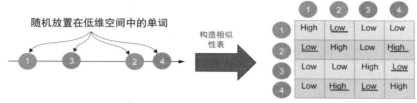

图 7.24　随机放置单词到低维空间并构建相应的相似性表

最后一步是 t-SNE 学习过程，如图 7.25 所示。把随机低维表示和高维表示的联合概率分布输入到学习算法中。学习算法的目标是更新低维表示，使得两个概率分布相似。然后提供一个低维可视化，该低维可视化保留来自高维空间的概率分布或相似性。

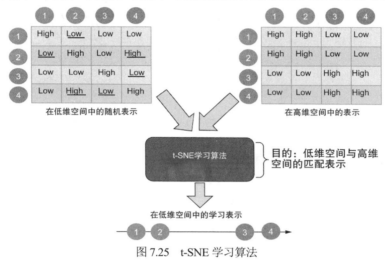

图 7.25　t-SNE 学习算法

现在从数学角度看一下。第一步是为高维嵌入空间中的单词构建相似性表或联合概率分布。对于每个单词，可以投影一个以该单词为中心的高斯分布，使得更接近它的单词具有更高的概率，距离它较远的单词具有较低的概率。这体现在下面的等式中，该等式计算单词 x_j 接近 x_i 的概率。分子是以单词 x_i 为中心的高斯分布，其标准差为 σ。标准差 σ 是 t-SNE 的超参数，我们稍后将了解如何设置此超参数。分母是一个规范化因子，用于确保具有不同密度的单词簇(又称聚类)的概率处于相似范围内：

$$p_{j|i} = \frac{\exp(-\|x_i - x_j\|^2 / 2\sigma^2)}{\sum_{k \neq i} \exp(-\|x_i - x_k\|^2 / 2\sigma^2)}$$

单词 x_j 是单词 x_i 的邻居的概率与单词 x_i 是单词 x_j 的邻居的概率可能会不同，因为这两个条件概率来自不同的分布。为确保相似性度量是可交换的，计算两个单词 x_i 和 x_j 作为邻居的最终概率：

$$p_{ij} = \frac{p_{j|i} + p_{i|j}}{2n}$$

计算出高维嵌入空间的联合概率分布后,下一步是将单词随机放置在低维空间上。然后,使用以下等式计算低维表示的联合概率分布。该等式实质上计算了表示为低维空间的两个单词 y_i 和 y_j 相邻的概率:

$$q_{ij} = \frac{(1+\| y_i - y_j \|^2)^{-1}}{\sum_{k \neq l}(1+\| y_k - y_l \|^2)^{-1}}$$

注意,低维表示使用了不同的分布。等式中的分子本质上是 t 分布,因此得名 t-SNE。图 7.26 显示了高斯分布和 t 分布之间的差异。可以看到,t 分布的右侧尾部比高斯分布重(其中极值处的概率值不可忽略)。我们利用 t 分布低维空间的这种特征来确保高维空间中有适度间隔的点不会在低维空间中聚集在一起。

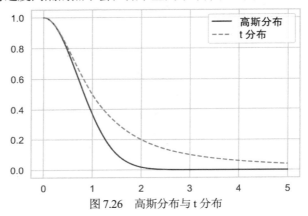

图 7.26 高斯分布与 t 分布

同时获得了高维和低维表示的联合分布后,最后一步就是训练一种算法来更新低维表示,使得两个分布相似。这种优化可通过量化两个分布之间的差距来完成。为此,可以使用 Kullback-Leibler(KL)散度度量。

KL 散度是两个分布之间熵或差值的度量。值越大,差异越大。更准确地说,KL 散度的范围可以从 0(对于相同的分布)到无穷大(对于截然不同的分布)。KL 散度指标可以用以下公式计算:

$$D_{KL}(P \| Q) = \sum_i \sum_j \left(p_{ij} \log \frac{p_{ij}}{q_{ij}} \right)$$

学习算法的目标是确定低维表示的分布,以最小化 KL 散度度量。可通过应用梯度下降并迭代更新低维表示来进行该优化。整个 t-SNE 算法已经在 Scikit-Learn 库中实现。

进入代码实现部分之前,我们忽略了一个细节。在计算高维表示的联合概率分布时，拟合了以每个单词为中心的高斯分布，标准差为 σ。此标准差是 t-SNE 的重要超参数。它称为困惑度，可以粗略估计每个单词拥有的近邻数量。正如稍后你将看到的，困惑度的选择将极大地改变词嵌入的可视化，因此成为一个重要的超参数。可以使用以下代码在 GloVE 词嵌入上训练 t-SNE。我们使用的是集合 1 中的单词及其关联的前五个最相似的单词：

```
from sklearn.manifold import TSNE    ◄────── 从 Scikit-Learn 导入 TSNE 类

perplexity = 10              初始化 t-SNE
learning_rate = 20           超参数
iteration = 1000

tsne_2d = TSNE(n_components=2,
               random_state=24,            初始化 TSNE 类，并使用
               perplexity=perplexity,      单词向量来训练模型
               learning_rate=learning_rate,
               n_iter=iteration).fit(word_vectors)
                                                    获得二维空间中
tnse_wv_2d = tsne_2d.fit_transform(word_vectors) ◄── 的 t-SNE 词嵌入

tsne_kwv_2d = {}
for idx, word in enumerate(viz_words):    创建从每个单词到其
    tsne_kwv_2d[word] = tnse_wv_2d[idx]   t-SNE 嵌入的映射
```

注意，我们已将困惑度设置为 10。可以重用上一节中关于 PCA 的代码来可视化低维 t-SNE 嵌入。得到的输出结果如图 7.27 所示。

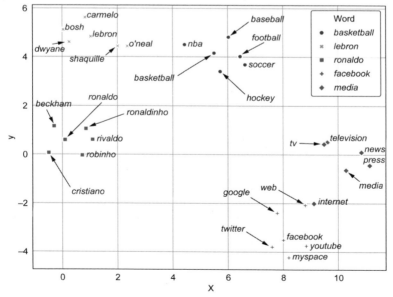

图 7.27　使用 t-SNE 可视化集合 1 中单词的 GloVe 词嵌入的语义相似性

图 7.27 所示的可视化在质量上看起来确实比 PCA 更好。我们看到篮球人物聚集在一起，与足球人物聚类截然不同。不过这仍是一种定性评估，你将在下一节看到如何定量验证这些可视化。

若将困惑度设置为一个大值(如 100)会发生什么。作为练习，你可以使用 100 的困惑度重新训练 t-SNE 模型，并可视化生成的词嵌入。你可以在本书配套的 GitHub 存储库中找到答案。得到的绘图如图 7.28 所示。

可以看到，这些单词以随机顺序聚集在一起，所有单词似乎都大致放在一个圆圈中。t-SNE 算法的作者建议将困惑度设置为 5 到 50 之间。这里的准则是，如果在更高维度空间中存在密集词聚类，则对更密集的数据集使用更高的困惑度值。

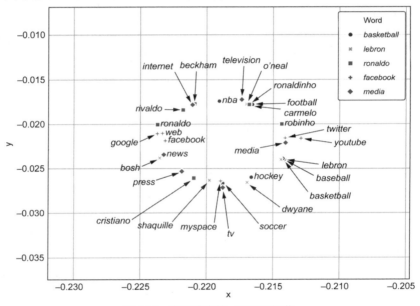

图 7.28　高困惑度的 t-SNE 可视化

7.4.4　验证语义相似性的可视化

我们已经学习了两种可视化高维词嵌入的技术，即 PCA 和 t-SNE。对每种可视化进行了定性评估，但是有没有办法定量验证它们呢？为了定量验证这些图形，可以度量低维表示中单词对之间的余弦相似度，并将其与高维表示进行比较。我们已经为7.4.1 节的高维表示完成了此操作(见图 7.16)。作为练习，请扩展 7.4.1 节的代码，以可视化 PCA 和两种 t-SNE 模型生成的嵌入(困惑度分别是 10 和 100)。得到的曲线如图 7.29 所示。你可以在本书配套的 GitHub 存储库中找到该解决方案。

可以看到 PCA 表示与原始 GloVe 表示不一致。例如，在 PCA 表示中，basketball(篮球)和 lebron(勒布朗)的相似性低于 basketball 和 facebook。然而，也可以看到，t-SNE 在困惑度为 10 的情况下学到的表示保留了原始 GloVe 嵌入所捕获的相似性。困惑度为 100 的 t-SNE 显示了具有相似含义的所有单词对，并且显然是三者中最糟糕的表示。与在大规模数据下对所有感兴趣单词生成的 PCA 和 t-SNE 二维可视化进行定性评估相比，这种验证方法更加便捷。

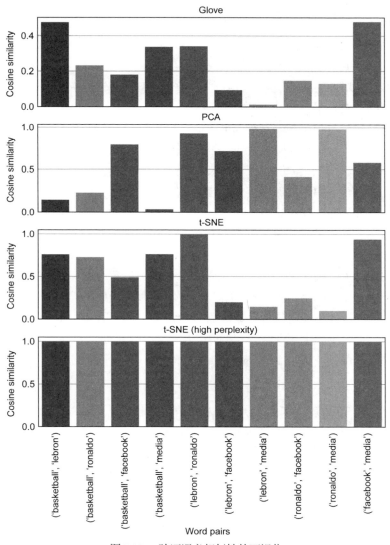

图 7.29　验证语义相似性的可视化

7.5　本章小结

- 本章聚焦在自然语言处理(NLP)领域，特别是以捕获语义的形式表示单词。还学习了如何使用 PCA 和 t-SNE 等降维技术从这些单词表示中解释和可视化语义相似性。

- 表示单词的一种入门方法是使用独热编码(one-hot encoding)。但这种表示形式稀疏且计算效率低下，没有编码任何语义。

- 编码语义的单词的密集表示称为词嵌入、词向量或分布表示。神经网络学习的表示或词嵌入称为神经网络词嵌入。

- 可以使用神经网络架构，如连续词袋(CBOW)、skip-gram 和 GloVe，来学习单词的密集表示。

- 要解释和可视化神经网络词嵌入的语义相似性，需要先人工对单词进行理解或分类来验证神经网络词嵌入是否正确学习了语义。

- 可以使用余弦相似度来度量语义相似性。该指标的特性是距离较近的词嵌入比相距较远的词嵌入具有更高的输出分数。

- 可以使用降维技术，如主成分分析(PCA)和 t 分布随机近邻嵌入(t-SNE)，来在低维度可视化高维词嵌入。

- 尽管 PCA 是一种功能强大的技术，但它存在一个重要缺点：它假设数据集或词嵌入可以线性建模。对于我们要处理的大多数数据集，情况可能并非如此。

- t-SNE 属于称为流形学习的机器学习大类，其目标是在低维空间学习高维度数据的非线性结构。该技术是可视化高维数据的最常用选择。

- 通过计算不同词对的余弦相似度，并检查相似度是否与原始高维表示一致，可以定量验证 PCA 和 t-SNE 生成的可视化。

第 IV 部分

公平和偏见

至此你已表现得很优秀，能学到这里，需要经过一段很长的路！现在，你已掌握了各种可解释技术，应该有能力构建健壮的 AI 系统了！最后一部分关注公平和偏见，并为可解释 AI 铺平道路。

第 8 章中，你将了解公平的各种定义，以及如何检查你的模型是否有偏见。你还将学习如何减少偏见，以及使用数据表记录数据集的标准化方法，该方法有助于改善 AI 系统对于利益相关者和用户的透明度和问责制。

第 9 章将讨论如何构建健壮的 AI 系统来为可解释 AI 铺平道路，还将学习使用反事实进行对比解释。

第*8*章

公平和减少偏见

本章涵盖以下主题：
- 识别数据集中的偏见来源
- 使用各种公平性的概念来验证机器学习模型是否公平
- 应用可解释技术识别机器学习模型中的歧视源
- 使用预处理技术减少偏见
- 使用数据表记录数据集，以提高透明度和改善问责制，并确保遵守法规

到目前为止，你已经学到了很多，往你的工具包中添加了很多可解释技术，从可以用来解释模型处理的技术(第 2～5 章)到解释模型学到的表示的技术(第 6 章和第 7 章)。现在将运用这些技术来解决一个重要问题，即在构建由机器学习模型驱动的系统时需要应对的偏见问题。这个问题很重要，原因有很多。我们必须建立不歧视个人或系统用户的系统。如果企业使用人工智能进行决策，比如向用户提供机会，或提供某种质量的服务或信息，那么有偏见的决策可能会损害企业的声誉或对客户的信任产生负面影响。某些地区，如美国和欧洲，都有法律禁止基于受保护的属性来区别个人，如性别、种族、民族、性取向等。一些受监管的行业，如金融服务、教育、住房、就业、信贷和医疗保健，禁止或限制在决策中使用受保护的属性，而人工智能系统需要提供一定的公平保障。

讨论偏见和公平问题之前，回顾一下构建一个健壮的人工智能系统的过程，该系统解决常见问题，如数据泄露、偏见、监管不合规和概念漂移，如图 8.1 所示。学习、测试和理解阶段都是离线完成的，所有这些阶段都使用历史标注数据来训练模型，然后评估它，并使用各种可解释技术来理解它。当模型部署之后(上线运行)，就开始对实时数据进行预测。还会监控模型，以确保没有概念漂移问题，当生产环境中的数据

分布与开发和测试环境中的数据分布相偏离时，就会出现概念漂移问题。最后还会有一个反馈循环，将新的数据添加到历史训练数据集，以持续地进行训练、评估和部署。

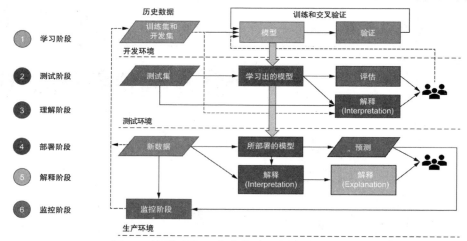

图 8.1   简要回顾一下如何构建一个健壮的 AI 系统

在这个系统中，偏见的来源可能是什么？如图 8.2 所示，其中一个来源是历史训练数据集，在标注过程中可能存在偏见，或在采样或数据收集过程中可能存在偏见。另一个来源是模型本身，其中算法可能更倾向于某些个体或群体，而不是其他人。如果模型是基于一个本身有偏见的数据集进行训练的，那么偏见就会被进一步放大。另一个偏见的来源是从生产环境回到开发和测试环境的反馈循环。如果初始数据集或模型是有偏见的，那么在生产环境中部署的模型将继续做出有偏见的预测。如果基于这些预测的数据被反馈为训练数据，那么这些偏见就会被进一步加强和放大。

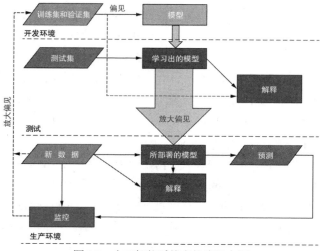

图 8.2   人工智能系统中的偏见来源

可解释在偏见和公平的问题中扮演什么角色？如图 8.2 所示，可以在训练和测试期间使用可解释技术来揭示历史数据集或模型存在的问题。我们已经在第 3 章看到了这种情况，在学生成绩预测问题中使用部分依赖图(Partial Dependency Plot，PDP)揭示了种族的偏见。模型部署完后，就可以使用可解释技术来确保模型的预测公平性得到保持。

本章将通过另一个预测成年人收入的具体示例来深入研究偏见和公平的主题。然后，将为各种公平性概念提出正式定义，并使用它们来确定模型是否有偏见。然后，将使用可解释技术来度量和揭示公平性问题。还将讨论减轻偏见的技术。最后，我们将研究一种使用数据表记录数据集的标准化方法，这将有助于改善 AI 系统对于利益相关者和用户的透明度和问责制。

8.1　成年人收入预测

我们以一个具体的示例来讲解本章内容。美国人口普查局交给你一个任务：让你构建一个模型来预测美国成年人的收入。具体如图 8.3 所示。

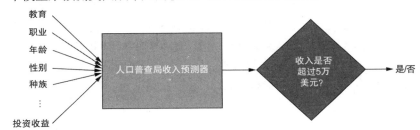

图 8.3　美国人口普查局的收入预测器

如图 8.3 所示，我们得到了各种收入预测的输入，如教育水平、职业、年龄、性别、种族、投资收益等。任务是构建收入预测器，即图中的矩形框，将这些数据输入并输出"是"或"否"来回答问题"成年人年收入超过 5 万美元？"这个问题可以表述成一个二分类问题。我们将把答案"是"视为正类标签，答案"否"作为负类标签。

我们得到一个来自人口普查局的历史数据集，其中包括 30 940 名成年人。输入特征详见表 8.1。从表中可以看出，它混合了连续和分类变量。本书处理过的大多数数据集都由连续特征组成，特征值是实数。我们在第 3 章学习了如何处理分类特征。简而言之，分类特征是指其值为离散和有限值的特征。需要将它们编码成数值，第 3 章也学习了如何使用标签编码器来实现这一点。

表 8.1 收入预测的输入特征

特征	描述	类型	是否为受保护的属性
age	年龄	连续	是
workclass	工人类别	分类	否
fnlwgt	由人口普查局分配的最终权重	连续	否
education	受教育程度	分类	否
marital-status	婚姻状况	分类	否
occupation	职业	分类	否
gender	性别(男或女)	分类	是
race	种族(白种人或黑种人)	分类	是
capital-gain	投资收益	连续	否
capital-loss	投资损失	连续	否
hours-per-week	每周工作小时数	连续	否
native-country	原籍国家	分类	否

表 8.1 还展示了特征是否为受保护的属性。受保护的属性是指根据许多国家共同遵守的立法,不能用来歧视个人的属性。例如,在美国,1964 年的《民权法案》保护个人免受性别、种族、年龄、肤色、信仰、国籍、性取向和宗教等属性的歧视。在英国,2010 年的《平等法》,也有同样的规定。

在这个数据集中,将处理三个受保护的属性:年龄、性别和种族。年龄是一个连续特征,性别和种族都是分类特征。本章将主要关注性别和种族,但我们将学习如何将公平概念和技术扩展到受保护的连续特征,如年龄。对于性别和种族,这个数据集中处理两种性别(男性和女性),以及两个种族(白种人和黑种人)。遗憾的是,不能包括更多的性别或种族群体,因为他们在这个数据集中没有得到充分的表示。

最后,该数据集中的目标变量是一个二元值,其中 1 表示成年人的年收入超过50 000 美元,0 表示年薪低于或等于 50 000 美元。现在让我们探索这个数据集,特别关注工资的总体分布,以及两个受保护的属性:性别和种族。

8.1.1 探索性数据分析

图 8.4 显示了由人口普查局提供的数据集中的 30 940 名成年人的工资、性别和种族的总体比例。可以看到,数据集确实是倾斜或有偏倚的。大约 75% 的人的工资低于或等于 5 万美元,其余人的工资超过 5 万美元。在性别方面,成年男性在这个数据集中比成年女性更有代表性,其中约 65% 的人是男性。同样,对于种族,我们确实看到

了对成年白种人的偏见，在数据集中大约 90% 的成年人是白种人。具体用于探索性数据分析的源代码可以在本书配套的 **GitHub** 存储库中找到。

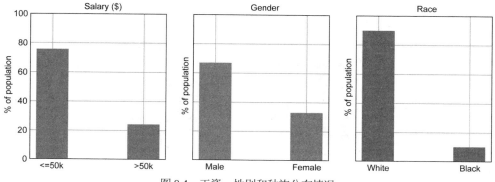

图 8.4　工资、性别和种族分布情况

现在看看不同受保护的性别和种族群体的工资分配，以确定是否存在偏见。这一点如图 8.5 所示。如果看看性别，可以发现，成年男性的收入超过 5 万美元的比例高于成年女性。也可以对种族进行同样的观察，即成年白种人的收入超过 5 万美元的比例高于成年黑种人。

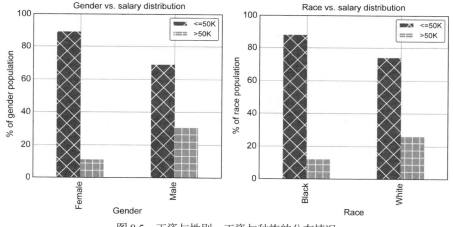

图 8.5　工资与性别、工资与种族的分布情况

最后看看这个数据集中两个种族的性别，如图 8.6 所示。可以看到，在成年黑种人中，男女之间的比例相当，约为 50%。另一方面，对于成年白种人来说，白种人男性比白种人女性更多。这一分析有助于确定产生收入偏见的主要原因。因为 70% 的成年白种人是男性，成年白种人的收入偏见可能更好地解释为受保护性别组里男性用户的收入比数据集中的女性用户更高。另一方面，对于成年黑种人来说，因为男女比例相当，对成年黑种人(收入)偏见的主要来源可能是种族本身。

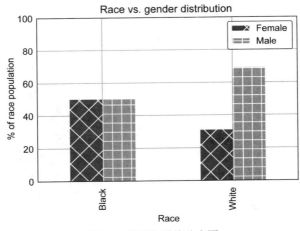

图 8.6 性别与种族分布图

　　继续构建模型之前，了解数据集中这些偏见的根本原因是很重要的。我们不确定数据集是如何收集的，因此，不能确定其根本原因。但可以假设，偏见的来源可能如下：

- 抽样偏见，其中数据集不能正确地代表真实的总体。
- 标注偏见，即人口中不同群体的工资信息记录方式可能存在偏见。
- 社会的系统性偏见。如果存在系统性偏见，那么这种偏见将反映在数据集中。

　　正如第 3 章所述，第一个问题可通过收集更多的代表人口的数据来解决。本章还将学习如何使用数据表正确地记录数据收集过程，以改善透明度和问责制。这些数据表还可用于确定数据集中产生偏见的根本原因。标签偏差可通过改进数据收集过程来解决。本章还将学习另一种纠正标注偏见的技术。最后一个问题最难解决，需要更好的政策和法律支撑，但这超出了本书的讨论范围。

8.1.2 预测模型

　　从探索性分析中，我们在数据集中发现了一些偏见，遗憾的是，其根本原因是未知的。出于研究模型公平性的兴趣，现在将建立一个预测成年人收入的模型。为此，将使用一个随机森林模型。如第 3 章所述，随机森林是一种组合决策树的方法，特别是使用套袋技术。该模型详见图 8.7。训练数据以表格或矩阵的形式输入随机森林模型中。注意，分类特征被编码成数值。利用随机森林，可以在训练数据的独立随机子集上并行训练多个决策树。使用这些单独的决策树进行预测，并将它们结合起来，可得出最终的预测。多数表决通常被用作将个体决策树预测组合成最终预测的一种方法。

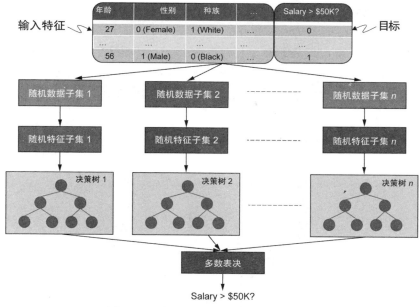

图 8.7 一个用于收入预测的随机森林模型

作为练习，你可以编写代码来训练基于成年人收入数据集的随机森林模型。可以使用第 3 章的代码示例作为参考。注意，可以使用 Scikit-Learn 提供的标签编码器类来将分类特征编码为数值。此外，还可以尝试由 Scikit 提供的随机森林分类器类来初始化和训练模型。你可以在本书配套的 GitHub 存储库中找到这些练习的答案。

本章的其余部分将使用一个随机森林模型，使用 10 个估计器或决策树进行训练，每个决策树的最大深度为 20。该模型的性能总结见表 8.2。我们将考虑模型评估的 4 个指标，即准确率、查准率、查全率和 F1。这些指标在第 3 章介绍过，并且在前面几章反复使用过。还将考虑一个基准模型，它总是将多数类预测为 0，即成年人的收入总是小于或等于 5 万美元。然后将随机森林模型的性能与该基准进行比较。可以看到，随机森林模型在多个指标上优于基准模型，准确率约 86%(比基准模型高 10%)，查准率约 85%(比基准模型高 27%)，查全率约 86%(比基准模型高 10%)，F1 约 85%(比基准模型高 19%)。

表 8.2 收入预测随机森林模型的性能

模型	准确率(%)	查准率(%)	查全率(%)	F1(%)
基准模型	76.1	57.9	76.1	65.8
随机森林模型	85.8	85.3	85.8	85.4

现在用几种方法来解释随机森林模型。首先，来看看随机森林模型所认为的输入

特征的重要性。这将帮助我们理解一些受保护属性特征的重要性，如图 8.8 所示。你可以在本书配套的 GitHub 存储库中查看用于绘图的源代码。可以看到，年龄(一个受保护的属性)是最重要的特征，其次是投资收益。然而，种族和性别的重要性似乎很低。也可能是种族和性别被编码在其他一些特征中。可通过查看这些特征之间的相关性来验证这一点。还可以使用部分依赖图(PDP)来理解种族和性别如何与其他一些特征相互作用，正如你在第 3 章中所看到的。

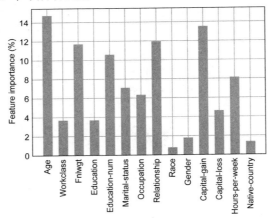

图 8.8　由随机森林模型学习到的特征的重要性

接下来，使用 SHAP 技术确定模型是如何做出单一预测的。正如第 4 章所述，SHAP 是一种与模型无关的局部可解释技术，它使用博弈论概念来量化特征对单个模型预测的影响。图 8.9 显示了对一个年收入超过 5 万美元的成年人的解释。注意，该数据点并不在训练数据集中。可以看到每个特征值是如何将模型预测从基本值推高到 0.73 分的(即成年人收入超过 5 万美元的可能性为 73%)。这种情况下最重要的特征值是投资收入、受教育程度和每周工作时间按降序排列。

图 8.9　对工资超过 5 万美元的单一预测的基本解释

8.3 节将再次在公平的背景下重新讨论 SHAP 和依赖图。我们还将讨论如何使用本书学到的其他可解释技术，如神经网络剖析框架和 t-SNE。但在此之前，先来了解一下公平性的各种概念。

8.2　公平性概念

上一节训练了一个随机森林模型来进行收入预测。该模型的目的是确定每个成年人的二分类结果：他们的收入超过 5 万美元。但这些预测对性别和种族等各种受保护群体公平吗？为了构建各种公平性概念的定义，先看一个模型预测的简单说明和公平性需要做的度量。图 8.10 描述了模型投影在二维空间的预测。随机森林模型将二维空间分成两部分，将正类预测(右半部分)和负类预测(左半部分)分开。20 个成年人的实际标签也被投影到这个二维空间。注意，实际标签在二维空间中的位置是无关的。重要的是，标签是落在左半部分(模型预测是负类，即 0)，还是落在右半部分(模型预测是正类，即 1)。实际的正类标签显示为圆形，实际的负类标签显示为三角形。

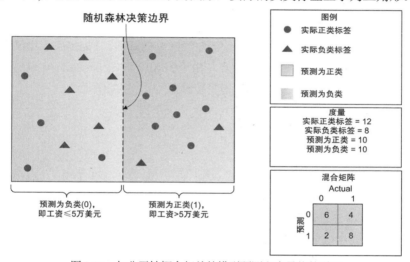

图 8.10　与公平性概念相关的模型预测和度量值的说明

根据图 8.10 中的说明，现在可以定义以下基本度量值：

- 实际正类标签——数据集中基准事实标签是正类的数据点。在图 8.10 中，数据集中年收入超过 5 万美元的成年人用圆圈表示。如果我们计算圆圈，实际正类标签的数量是 12。

- 实际负类标签——数据集中基准事实标签为负类的数据点。在图 8.10 中，数据集中年收入低于或等于 5 万美元的成年人用三角形表示。因此，实际负类标签的数量是 8。

- 正类预测——模型预测结果为正类的数据点。在图 8.10 中，这些点位于二维空间的右半部分。该区域有 10 个数据点。因此，正类预测的数量为 10。

- 负类预测——模型预测结果为负类的数据点。在图 8.10 中，这些点位于二维空间的左半部分。负类预测的数量也是 10。
- 真阳性——在图 8.10 中，真阳性是落在二维空间右半部分的圆。它们本质上是模型预测为正类的数据点，而实际标签也是正类。有 8 个这样的圆圈，因此，真阳性的数量是 8 个。也可以从混淆矩阵中得到这个结果，其中真阳性是指模型预测为 1，实际标签为 1。
- 真阴性——真阴性是落在二维空间左半部分的三角形。它们是模型预测为负类的数据点，而实际标签也是负类。在图 8.10 中，可以看到真阴性的数量是 6。真阴性是指模型预测为 0，实际标签为 0。
- 假阳性——假阳性是落在图 8.10 中二维空间右半部分的三角形。它们是模型预测为正类但实际标签是负类的数据点。从图中可以看到，假阳性数量为 2。假阳性是指模型预测为 1，实际标签为 0。
- 假阴性——假阴性是落在二维空间左半部分的圆圈。它们本质上是模型预测为负类但实际标签是正类的数据点。由于图 8.10 的左半部分有 4 个圆圈，因此假阴性的数量是 4。假阴性是指模型预测为 0，实际标签为 1。

有了这些基本的度量，现在来定义公平的各种概念。

8.2.1 人口平等

我们将考虑的第一个公平概念被称为人口平等(demographic parity)。人口平等有时也被称为独立、统计平等，在法律上称为"差别影响[1]"(disparate impact)。该概念是指，在不同的受保护群体中，正类预测率平等。来看看图 8.11 所示的示例。在该图中，20 名成年人(见图 8.10)被分为两个群体，群体 A 和群体 B 分别代表受保护的性别群体。群体 A 由成年男性组成，在其二维空间有 10 个数据点。群体 B 由成年女性组成，在其二维空间有 10 个数据点。

根据图 8.11 中的示例，现在可以计算前面描述的基本度量值。对于成年男性，有 6 个实际正类，4 个实际负类，5 个预测正类，5 个预测负类。对于成年女性，可以看到实际正类/负类和预测正类/负类与成年男性相同。成年男性和女性的正类率是模型预测的每个成年群体中的正类比例。从图 8.11 可以看出，成年男性和女性的正类率相同——等于 50%。因此，可以断言，这两个群体之间存在着人口结构上的平等。

---

1 译者注：根据 2016 年全国科学技术名词审定委员会公布的管理科学技术名词第一版的定义，差别影响(disparate impact)是指在人事选拔与录用中对弱势人群存在的隐性的不公平性。

受保护群体A(性别=男性)　　　　　　　　　受保护群体B(性别=女性)

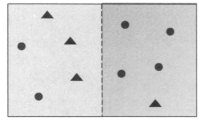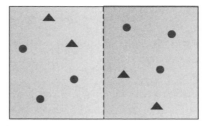

正类率 $= \frac{5}{10} = 50\%$ ⟵⟶ 正类率 $= \frac{5}{10} = 50\%$

图 8.11　两个受保护性别群体的人口平等说明

下面从实际角度来看这个问题。假设模型预测被用于分配一种稀缺资源，如住房贷款。还假设那些年收入超过 5 万美元的成年人更有可能负担得起房子并偿还贷款。如果像住房贷款申请这样的决策是基于模型预测的，其中贷款被授予年收入超过 5 万美元的成年人，那么人口平等将确保贷款以相同的比率授予成年男性和女性。人口平等断言，模型预测男性和女性成年人的薪水超过 5 万美元的可能性是相等的。

现在，更正式地定义人口平等，并使用这个定义来检查我们的随机森林模型是否符合这个概念。将模型预测表示为 $\hat{y}$，将受保护群体变量表示为 z。性别受保护群体的变量 z 有两个可能的值：0 表示成年女性，1 表示成年男性。对于种族受保护群体，变量 z 也有两个可能的值：0 表示成年黑种人，1 表示成年白种人。人口平等要求模型对一个受保护群体预测为正的概率与对另一个受保护群体预测为正的概率相似或相等。如果它们的比率在阈值 τ_1 和 τ_2 之间，那么这些概率测量是相似的，其中阈值通常分别为 0.8 和 1.2。阈值为 0.8 和 1.2，以紧密遵循法律文献中不平等影响的 80% 规则，如下方程所示。如果比率为 1，则这些概率度量是相等的：

$$\tau_1 \leqslant \frac{\mathbb{P}(\hat{y} = 1 \mid z = 0)}{\mathbb{P}(\hat{y} = 1 \mid z = 1)} \leqslant \tau_2$$

要如何使用这个定义来处理一个具有多个值的分类受保护群体特征呢？在这个示例中，我们只考虑了两个种族：白种人和黑种人。如果数据集中有更多种族怎么办？注意，个体可能是多种族的(父母分别来自不同的种族)。为了确保不对认同为多种族的个体进行歧视，我们将把他们视为一个单独的种族。在这种有多个种族的情况下，将为每个种族定义人口平等比率指标，并采用一对多的策略，其中 $z = 0$ 表示感兴趣的种族，$z = 1$ 表示所有其他种族。注意，多种族的个体可能属于多个群体。然后，需要确保与所有其他种族相比，每个种族的人口平等比率是相似的。那么对于一个连续的受保护群体特征，比如年龄，该如何处理呢？在这种情况下，需要将连续特征分成离散的组，然后应用一对多的策略。

有了定义后，下面看看随机森林模型是否公平。以下是使用人口平等概念来评估模型的具体代码：

加载测试集中男性的索引，
其性别编码为 1gender =1

加载测试集中成年黑种人的索引，
其种族编码为 0race =0

加载测试集中女性的索引，
其性别编码为 0gender =0

加载测试集中成年白种人的索引，
其种族编码为 1race =1

```
male_indices_test = X_test[X_test['gender'] == 1].index.values
female_indices_test = X_test[X_test['gender'] == 0].index.values
white_indices_test = X_test[X_test['race'] == 1].index.values
black_indices_test = X_test[X_test['race'] == 0].index.values

y_score = adult_model.predict_proba(X_test)

y_score_male_test = y_score[male_indices_test, :]
y_score_female_test = y_score[female_indices_test, :]
y_score_white_test = y_score[white_indices_test, :]
y_score_black_test = y_score[black_indices_test, :]

dem_par_gender_ratio = np.mean(y_score_female_test
➡ [:, 1]) / np.mean(y_score_male_test[:, 1])
dem_par_race_ratio = np.mean(y_score_black_test
➡ [:, 1]) / np.mean(y_score_white_test[:, 1])
```

获取测试集中所有成年人的模型预测

获得对两个性别群体的模型预测

获得对两个种族群体的模型预测

计算两个性别群体的人口平等比率

计算两个种族的人口平等比率

注意，在以上代码中，使用了标签编码数据集和 8.1.2 节训练出的模型。标签编码的输入特征存储在 X_test DataFrame 中，随机森林模型命名为 adult_model。注意，你可以从本书配套的 GitHub 存储库中获取用于数据准备和模型训练的代码。我们正在计算人口平等比率，即预测其中一个群体(成年女性/黑种人)与其对应群体(成年男性/白种人)的正类的平均概率得分的比率。当计算了性别和种族群体的人口平等比率之后，就可以使用以下代码绘制度量：

```
def plot_bar(values, labels, ax, color='b'):
    bar_width = 0.35
    opacity = 0.9
    index = np.arange(len(values))
    ax.bar(index, values, bar_width,
        alpha=opacity,
        color=color)
    ax.set_xticks(index)
    ax.set_xticklabels(labels)
    ax.grid(True);

threshold_1 = 0.8
threshold_2 = 1.2

f, ax = plt.subplots()
```

辅助函数 plot_bar 用于绘制柱状图

设置人口平等比率的阈值

初始化 Matplotlib 图

```
plot_bar([dem_par_gender_ratio, dem_par_race_ratio],
        ['Gender', 'Race'],
         ax=ax, color='r')
ax.set_ylabel('Demographic Parity Ratio')
ax.set_ylim([0, 1.5])
ax.plot([-0.5, 1.5],
        [threshold_1, threshold_1], "k--",
        linewidth=3.0)
ax.plot([-0.5, 1.5],
        [threshold_2, threshold_2], "k--",
        label='Threshold',
        linewidth=3.0)
ax.legend();
```

将性别和种族的人口平等
比率绘制为柱形图

设置 y 轴标签

限制 y 轴的值
在-0.5~1.5 范
围内

绘制 threshold_1
水平线

绘制 threshold_2
水平线

显示图例

结果如图 8.12 所示。可以看到，性别和种族的人口平等比率分别为 0.38 和 0.45。它们不在阈值范围内，因此，随机森林模型对使用人口平等概念的两个受保护群体都不公平。我们将在 8.4 节介绍如何减少偏见并训练一个公平的模型。

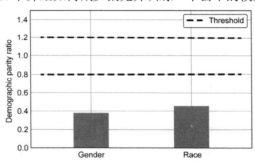

图 8.12　性别和种族的人口平等比率

8.2.2　机会和概率平等

人口平等概念在希望确保所有受保护群体在待遇上平等的情况下非常有用，无论他们在人口中的比例如何。它确保少数群体与多数群体受到相同的对待。在某些情况下，我们可能希望考虑所有受保护群体的实际标签分布。例如，如果对就业机会感兴趣，某些群体的个体可能对某些工作更感兴趣并且更有资格。在这种情况下，我们可能不希望确保人口平等，因为可能希望确保工作机会提供给对其更感兴趣和更有资格的个体。在这种情况下，可以使用机会和概率平等(equality of opportunity and odds)的概念。

回到人口平等的示例来建立直观理解。在图 8.13 中，群体 A(男性)和群体 B(女性)的 20 名成年人的分布与你在图 8.11 看到的人口平等差异相同。对于机会和概率平等，我们感兴趣的是每个受保护群体实际标签分布的度量值。这些度量值按图 8.13 计算为真阳性率和假阳性率。真阳性率度量的是一个实际标签为正类预测也为正类的概率，是真阳性数量与真阳性加上假阳性数量之和的比率。换句话说，真阳性率度量的是模型预测正类正确数量占总正类数量的百分比，又称查全率(recall)。群体 A(男性)的真阳性率约为 66.7%，群体 B(女性)的真阳性率约为 50%。可以说，当群体之间的真阳性率平等时，实现了机会平等。由于真阳性率与图 8.13 中的示例不匹配，因此可以说，还没有实现性别保护群体的机会平等。

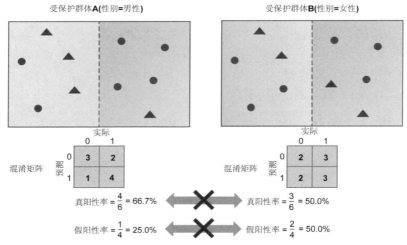

图 8.13　两个受保护性别群体的机会和概率平等

概率平等将机会平等的定义扩展到另一种对称度量：假阳性率。假阳性率度量的是一个实际阴性被预测为阳性的概率。它由假阳性数量除以假阳性数量加上真阴性数量之和得出。可以断言，当受保护群体之间的真阳性率和假阳性率均等时，就存在概率平等。在图 8.13 的示例中，群体 A 和群体 B 之间的真阳性率不相等，所以我们不能说概率平等。此外，两个群体之间的假阳性率也不匹配。

可以用下面等式来更正式地定义机会和概率平等。第一个等式本质上是计算两个群体之间的真阳性率的差异。第二个等式计算了两个群体之间的假阳性率的差异。当差值等于或接近于 0 时，存在机会平等。这个概念不同于人口平等的概念，因为它考虑了基准标签分布——真阳性率和假阳性率。此外，人口平等的概念在比较概率时采用比率而不是加法进行比较，紧密遵循了法律文献中的 "80%规则"：

$$\mathbb{P}(\hat{y}=1 \mid z=0, y=1) - \mathbb{P}(\hat{y}=1 \mid z=1, y=1)$$
$$\mathbb{P}(\hat{y}=1 \mid z=0, y=0) - \mathbb{P}(\hat{y}=1 \mid z=1, y=0)$$

现在看看我们的随机森林模型如何使用这个概念来判断是否公平。可以使用受试者操作特征曲线(Receiver Operator Characteristic，ROC)来比较真阳性率和假阳性率。ROC 曲线本质上绘制了真阳性率与假阳性率。对于机会和概率平等，可以使用曲线下面积(AUC)作为性能的综合度量，以轻松地比较每个受保护群体的模型性能。我们可以看看两个群体之间的 AUC 差异，看看这个模型有多公平。以下是如何计算真/假阳性率和 AUC 的具体代码：

从 Scikit-Learn 导入 roc_curve 和 auc 辅助函数

```
from sklearn.metrics import roc_curve, auc
```

定义一个辅助函数来
计算每个受保护群体
的 ROC 和 AUC

```
def compute_roc_auc(y_test, y_score):
    fpr = dict()
    tpr = dict()
    roc_auc = dict()
    for i in [1]:
        fpr[i], tpr[i], _ = roc_curve(y_test,
          y_score[:, i])
        roc_auc[i] = auc(fpr[i], tpr[i])
    return fpr, tpr, roc_auc
```

定义真/假阳性率和 AUC 的数据字
典，以存储数据集中每个类的指标

对于实际标签，计算真假阳性率
和 AUC，并将它们存储在字典中

将字典返回给该函数的调用者

使用辅助函数
计算成年男性
群体的指标

```
fpr_male, tpr_male, roc_auc_male = compute_roc_auc(y_male_test,
                                    y_pred_proba_male_test)
fpr_female, tpr_female, roc_auc_female = compute_roc_auc(y_female_test,
                                    d_proba_female_test)
fpr_white, tpr_white, roc_auc_white = compute_roc_auc(y_white_test,
                                    y_pred_proba_white_tes
fpr_black, tpr_black, roc_auc_black = compute_roc_auc(y_black_test,
                                    y_pred_proba_black_test)
```

辅助函数
成年女性
的指标

使用辅助函数计算成年
黑种人群体的指标

使用辅助函数来计算成年
白种人群体的指标

计算了每个受保护群体的度量后，就可以使用以下代码来绘制 ROC 曲线：

设置折线图的折线线宽

```
lw = 1.5
f, ax = plt.subplots(1, 2, figsize=(15, 5))
ax[0].plot(fpr_male[1], tpr_male[1],
        linestyle='-', color='b',
        lw=lw,
        label='Male (Area = %0.2f)' % roc_auc_male[1])
ax[0].plot(fpr_female[1], tpr_female[1],
        linestyle='--', color='g',
        lw=lw,
        label='Female (Area = %0.2f)' % roc_auc_female[1])
ax[1].plot(fpr_white[1], tpr_white[1],
        linestyle='-', color='c',
        lw=lw,
        label='White (Area = %0.2f)' % roc_auc_white[1])
ax[1].plot(fpr_black[1], tpr_black[1],
        linestyle='--', color='r',
        lw=lw,
        label='Black (Area = %0.2f)' % roc_auc_black[1])
ax[0].legend()
ax[1].legend()
ax[0].set_ylabel('True Positive Rate')
ax[0].set_xlabel('False Positive Rate')
ax[1].set_ylabel('True Positive Rate')
ax[1].set_xlabel('False Positive Rate')
ax[0].set_title('ROC Curve (Gender)')
ax[1].set_title('ROC Curve (Race)')
```

初始化由一行和两列
组成的 Matplotlib 图

在第一列绘制成年男性
群体 ROC 曲线

在第一列绘制成年女性
群体 ROC 曲线

在第二列中，绘制了
成年白种人群体 ROC
曲线

在第二列中，绘制了
成年黑种人群体 ROC
曲线

添加注释
和标签

结果如图 8.14 所示。图中的第一列比较了两个性别群体的 ROC 曲线：男性和女性。第二列比较了两个种族的 ROC 曲线：白种人和黑种人。曲线下方面积显示在两个图的图例中。可以看到，男性的 AUC 为 0.89，女性为 0.92。大约有 3%的差异偏向于成年女性。另一方面，成年白种人的 AUC 为 0.9，而成年黑种人的 AUC 为 0.92。大约有 2%的差异偏向于成年黑种人。与人口平等不同，遗憾的是，法律或学术界没有指导 AUC 差异度量应该使用什么阈值来考虑模型公平。在本章中，如果差异在统计上是显著的，我们将使用机会和概率平等的概念将该模型视为不公平的。将使用8.3.1 节的置信区间来看看这些差异是否显著。

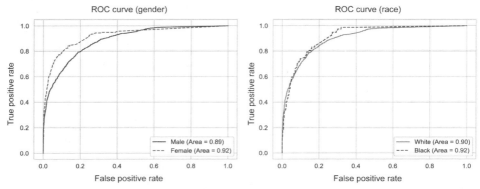

图 8.14 性别和种族的 ROC 曲线

8.2.3 其他公平性概念

最常用的公平性概念是人口平等、机会和概率平等。但为了增强认识，下面查看以下其他概念：

- 预测质量公平(predictive quality parity)——不同群体之间的预测质量无差异。预测质量可以是模型的准确率(accuracy)或任何其他性能指标，如 F1。
- 待遇平等(treatment equality)——模型平等对待各个群体，即误判率平等。误判率量化为假阴性与假阳性的比率。
- 无意识公平(fairness through unawareness)——通过不明确使用受保护属性作为预测特征来实现公平。理想情况下，模型使用的其他特征与受保护属性不相关，但这几乎总是不成立的。因此，不能保证通过无意识实现公平性。我们将在 8.4.1 节详细讲述这一点。
- 反事实公平(counterfactual fairness)——如果模型对个体在现实和反事实世界中分别处于不同受保护群体时输出同样的预测，那么该模型对个体是公平的。

我们可以把公平性所有概念分为两类：群体公平和个体公平。群体公平确保了该模型对不同的受保护群体是公平的。对于成年人收入数据集而言，受保护群体是性别、种族和年龄。个体公平确保了模型对相似的个体做出相似的预测。对于成年人收入数据集而言，个体可以根据他们的受教育程度、原籍国家或每周工作时长而相似。表 8.3 展示了不同的公平概念属于哪个类别。

表 8.3   群体公平与个体公平

公平性概念	描述	类别
人口平等	不同受保护群体的阳性预测率公平	群体
机会和概率平等	不同受保护群体的真阳性率和假阳性率公平	群体
预测质量公平	不同受保护群体的预测质量公平	群体
待遇平等	不同受保护群体的误判率公平	群体
无意识公平	通过不明确使用受保护属性作为预测特征来实现公平	个体
反事实公平	模型对个体在现实和反事实世界中分别处于不同受保护群体时输出同样的预测	个体

8.3   可解释和公平性

本节将学习如何使用可解释技术来检测模型的歧视源。歧视源可大致分为以下两类：
- 源自输入特征的歧视——公平性问题可以追溯到输入特征。
- 源自表示的歧视——公平性问题很难追溯到输入特征，特别是对于处理图像和文本等输入的深度学习模型。对于这种情况，可以追溯到模型学习的深度表示的歧视源。

8.3.1   源自输入特征的歧视

首先讲述源自输入特征的歧视。当学习 8.2 节的各种公平概念时，我们通过处理模型输出可以看到，随机森林模型使用人口平等与机会和概率平等的公平措施是不公平的。如何通过追溯输入特征来解释这些公平度量？可以利用 SHAP 技术来实现这个目的。如第 4 章和 8.1.2 节所述，SHAP 将模型输出分解为每个输入的沙普利值。这些沙普利值与模型输出的单元相同——如果将所有特征的沙普利值相加，它与模型做出正类预测的概率值相同。8.1.2 节有相关描述。因为输入特征的沙普利值总和等于模型输出，所以可以将受保护群体之间的模型输出(以及公平性度量)的差异归因于每个输入的沙普利值的差异。这就是如何将任何歧视或公平性问题追溯到输入特征的方法。

现在用代码展示该过程。以下代码定义了一个辅助函数，以生成受保护群体之间的 SHAP 差异，并可视化追溯到输入特征的模型输出差异：

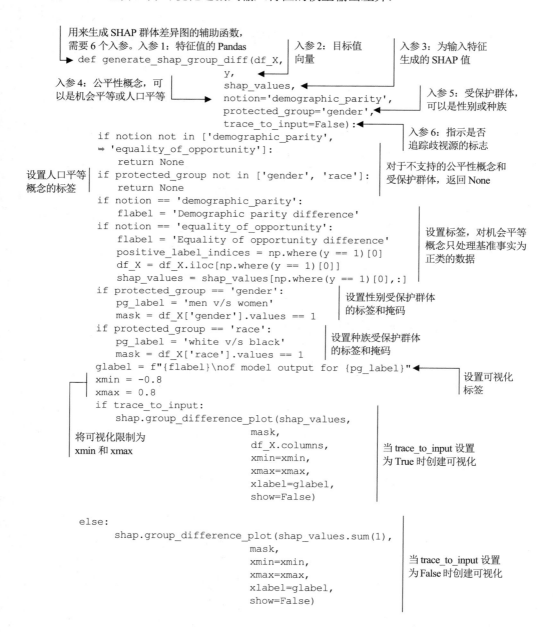

用来生成 SHAP 群体差异图的辅助函数，需要 6 个入参。入参 1：特征值的 Pandas

入参 2：目标值向量

入参 3：为输入特征生成的 SHAP 值

入参 4：公平性概念，可以是机会平等或人口平等

入参 5：受保护群体，可以是性别或种族

入参 6：指示是否追踪歧视源的标志

对于不支持的公平性概念和受保护群体，返回 None

设置人口平等概念的标签

设置标签，对机会平等概念只处理基准事实为正类的数据

设置性别受保护群体的标签和掩码

设置种族受保护群体的标签和掩码

设置可视化标签

将可视化限制为 xmin 和 xmax

当 trace_to_input 设置为 True 时创建可视化

当 trace_to_input 设置为 False 时创建可视化

```python
def generate_shap_group_diff(df_X,
                             y,
                             shap_values,
                             notion='demographic_parity',
                             protected_group='gender',
                             trace_to_input=False):
    if notion not in ['demographic_parity',
    ➡ 'equality_of_opportunity']:
        return None
    if protected_group not in ['gender', 'race']:
        return None
    if notion == 'demographic_parity':
        flabel = 'Demographic parity difference'
    if notion == 'equality_of_opportunity':
        flabel = 'Equality of opportunity difference'
        positive_label_indices = np.where(y == 1)[0]
        df_X = df_X.iloc[np.where(y == 1)[0]]
        shap_values = shap_values[np.where(y == 1)[0],:]
    if protected_group == 'gender':
        pg_label = 'men v/s women'
        mask = df_X['gender'].values == 1
    if protected_group == 'race':
        pg_label = 'white v/s black'
        mask = df_X['race'].values == 1
    glabel = f"{flabel}\nof model output for {pg_label}"
    xmin = -0.8
    xmax = 0.8
    if trace_to_input:
        shap.group_difference_plot(shap_values,
                                   mask,
                                   df_X.columns,
                                   xmin=xmin,
                                   xmax=xmax,
                                   xlabel=glabel,
                                   show=False)
    else:
        shap.group_difference_plot(shap_values.sum(1),
                                   mask,
                                   xmin=xmin,
                                   xmax=xmax,
                                   xlabel=glabel,
                                   show=False)
```

首先使用辅助函数检查性别受保护群体的模型输出中的人口平等差异，如以下代码所示。注意，我们只在测试集查看模型预测。shap_valuse 变量包含数据集中所有输入的沙普利值。8.1.2 节生成了这些值，你可以在本书配套的 GitHub 存储库中找到对应源代码：

```
test_indices = X_test.index.values          ← 提取测试集中输入的索引
generate_shap_group_diff(X_test,
                         y_test,
                         shap_values[1][test_indices,:],     调用辅助函数，生成具有
                         notion='demographic_parity',        适当输入的 SHAP 图
                         protected_group='gender',
                         trace_to_input=False)
```

所得到的可视化结果如图 8.15 所示。注意，差异可以是正的，也可以是负的。如果差异是正的，那么模型就偏向于成年男性，如果差异是负的，那么模型就偏向于成年女性。从图 8.15 可以看到，随机森林模型偏向于成年男性，它对成年男性的预测更正类(即收入>5 万美元)。

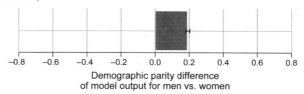

图 8.15　成年男女之间的人口平等差异

为了确定是什么导致了成年男女之间的人口平等差异，可以使用以下代码将其溯源到输入特征：

```
generate_shap_group_diff(X_test,
                         y_test,
                         shap_values[1][test_indices,:],     使用与以前相同的输入，
                         notion='demographic_parity',        但将 trace_to_input 设置
                         protected_group='gender',           为 True，调用辅助函数
                         trace_to_input=True)
```

结果如图 8.16 所示。可以看到，这种偏见主要来自 3 个特征：人际关系、性别和婚姻状况。通过识别导致模型违反人口平等概念的特征，可以更仔细地查看数据，以了解产生这些偏见的原因，正如 8.1.1 节所讨论的那样。

作为练习，你可以使用辅助函数来确定机会平等的公平性度量中是否存在差异，并将其追溯到输入。你可以将入参"notion"设置为"equality_of_opportunity"，以使函数只查看数据集中基准事实为正类的样本的模型输出和沙普利值之间的差异。

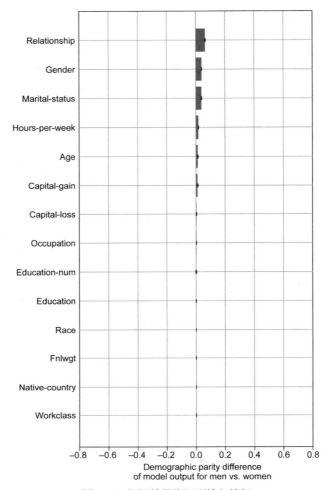

图 8.16　根据差异溯源到输入特征

　　图 8.17 显示了模型输出的可视化结果。可以看到,预测正类结果时真阳性率偏向于成年男性,并且成年男女之间的真阳性率差异在统计上显著。因此,可以说,对于机会平等的概念,这个模型是不公平的。通过将 trace_to_input 参数设置为 True,可以将偏见溯源到输入。

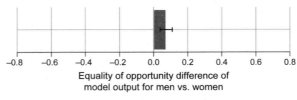

图 8.17　性别机会平等

8.3.2　源自表示的歧视

在某些情况下，很难将歧视问题或公平差异追溯到输入特征中。例如，如果输入是图像或文本，则很难将公平性度量中的差异追溯到像素值或单词表示中的值。在这种情况下，更好的选择是检测模型学习到的表示中的任何偏见。下面查看一个简单的示例，该示例的目标是训练一个模型来检测一个图像中是否包含医生。假设已经训练了一个卷积神经网络(CNN)，它可以预测一幅图像中是否包含医生。如果想检查这个模型是否偏向于任何受保护群体，如性别，可以利用我们在第 6 章中学习到的神经网络剖析框架来确定这个模型是否学习到了任何特定于受保护属性的概念。整个流程如图 8.18 所示。

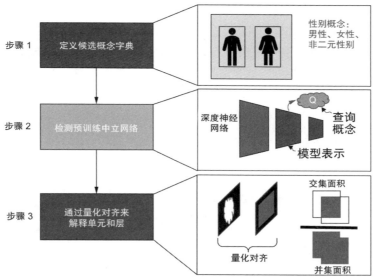

图 8.18　关于如何使用神经网络剖析框架来检查学习表示中的偏见的高级说明

在图 8.18 中，我们重点关注性别受保护属性。第一步是定义一个特定性别概念的字典。图中显示了一个示例，其中一个图像在像素级上被标注了各种性别概念，如男性、女性和非二元性别。下一步是探索预训练网络并量化 CNN 中每个单元和层在性别概念上的对齐程度。当量化了对齐程度之后，就可以检查每个性别概念存在多少个唯一检测器。如果其中一个性别有更多唯一检测器，则可以说该模型已经学会了一种对该性别的偏见。

现在介绍另一个示例：模型的输入是文本形式。我们在第 7 章学习了如何生成能够传达语义的单词密集和分布表示。如何检查模型学习到的表示是否偏向于一个受保护群体？以医生为例，医生这个词是中性的还是偏向于任何性别？可通过使用第 7 章中学习到的 t-分布随机近邻嵌入(t-SNE)技术来验证。首先需要为单词提出一个分类法，这样就能知道哪些单词是中性的,哪些单词与特定的性别(男性或女性)有关。有了这个分类法之后,就可以使用 t-SNE 来可视化医生这个词与语料库中的其他单词有多接近。如果医生这个词更接近其他性别中性词,如医院或医疗保健,那么模型学到的表示就没有偏见。另一方面,如果医生这个词更接近男性或女性特定单词,那么该表示就是有偏见的。

8.4 减少偏见

有以下 3 种方法可以减少偏见:

- 预处理——在训练模型之前应用这些方法,目的是减少训练数据集中的偏见。
- 训练中处理——在模型训练中应用这些方法。公平性概念将明确或隐式地合并到学习算法中,这样模型不仅会为性能(如准确率)而优化,还会为公平而优化。
- 后处理——在模型训练后将这些方法应用于模型的预测。对模型的预测进行校准,以确保满足公平性约束。

本节将重点介绍两种预处理方法。

8.4.1 无意识公平

一种常见的预处理方法是删除任何受保护的特征。在某些受监管的行业,如住房、就业和信贷,法律禁止使用任何受保护的特征作为决策模式的输入。对于我们训练的成年人收入预测的随机森林模型,尝试删除两个受保护特征——性别和种族——看看使用机会平等概念的模型是否公平。作为练习,你可以从随机森林公平模型中删除标签编码的性别和种族特征,并使用与之前相同的超参数对模型进行重新训练。具体答案参见本书配套的 GitHub 存储库。

模型 ROC 曲线性能如图 8.19 所示。正如在 8.2.2 节所见,ROC 曲线被用来绘制真阳性率和假阳性率,可以使用从这个 ROC 曲线中获得的 AUC 来检验模型在机会和概率平等概念下是否公平。对于之前使用性别和种族作为输入特征的随机森林模型,性别群体间的 AUC 差异为 3%,种族间的差异为 2%。通过无意识公平,种族群体之间的差异减少到 1%,但性别群体之间的差异没有变化。因此,通过无意识来实现的公平并不能提供任何公平保证。其他特征可能与这些受保护的群体高度相关,并可以作为性别和种族的代理。此外,我们还看到,与之前的随机森林模型相比,AUC 降低了的所有群体的模型性能都有所下降。正如前面提到的,某些受监管的行业因为法律要求必须使用无意识公平。即使该模型不能保证是公平的,但法律要求这些行业不能在模型中使用任何受保护的特征。

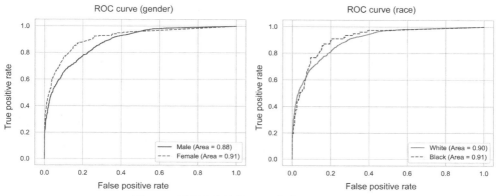

图 8.19　性别和种族的 ROC 曲线：无意识公平

8.4.2　通过重新加权纠正标注偏见

Heinrich Jiang 和 Ofir Nachum 于 2019 年提出了另一种提供公平性保证的预处理技术。在作者发表的研究论文中，他们提供了在训练数据集中可能出现偏见的数学等式。他们假设观察到的数据集的标签中可能存在偏见(又称标签偏见)，可通过在不改变标签的情况下迭代重新加权训练数据集中的数据点而不改变观察到的标签来纠正。它们为该算法的各种公平性概念(如人口公平和机会平等)提供了理论保证。你可以参考原论文来了解更多相关数学等式和证明。本节将提供该算法的概述，并使用作者提供的实现。

通过重新加权来纠正标注偏见算法的背景是：在现实中，很可能不存在没有偏见的标注数据集。因为标注者可能会无意识或有意识地在标注过程中引入偏见。因此论文的作者从数学上证明了通过重新加权训练数据集中的特征可以构建一个没有偏见的分类器。具体如图 8.20 所示。

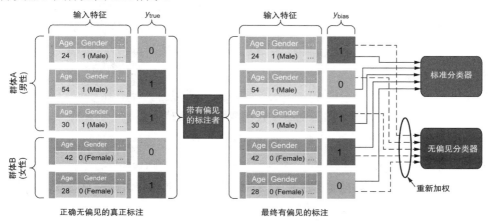

图 8.20　通过重新加权来纠正标注偏见

通过重新加权来纠正标注偏见算法是个迭代过程，具体如图 8.21 所示。假设数据集中有 K 个受保护的群体和 N 个特征。对于成年人收入数据集，受保护群体数量是 4 个(两个性别群体和两个种族群体)。该数据集包含 14 个特征。运行该算法之前，我们对每个受保护群体初始化系数(取值为 0)。还对每个特征初始化权重(取值为 1)。

将系数和权重初始化后，下一步是使用这些权重来训练模型。因为本章考虑的是随机森林模型，所以这个步骤中训练的模型将与 8.1.2 节训练的模型相同。下一步是计算该模型对 K 个受保护群体的公平性违规情况。具体什么是违反了公平性的行为取决于我们感兴趣的具体概念。如果公平性概念是人口公平，那么一个受保护群体的公平违规情况是该模型的总体平均阳性率和该受保护群体的平均阳性率的差异。如果公平性概念是机会平等，那么公平违规情况是受保护群体的总体平均真阳性率和平均真阳性率的差异。计算出公平性违规数量之后，下一步就会更新每个受保护群体的系数。该算法的目的是最小化公平性违规数量，因此通过减去公平性违规数量来更新系数。最后一步是使用受保护群体的系数来更新每个特征的权重。更新权重的等式如图 8.21 所示，你可以在该算法作者发表的原始论文中看到这个等式的推导过程。以下步骤将循环 T 次，T 是一个超参数，表示我们想要运行算法的迭代次数。

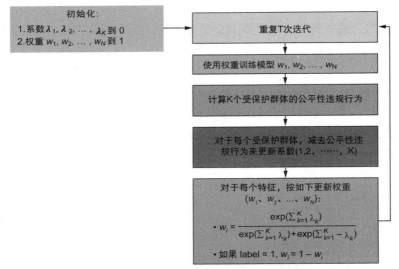

图 8.21　通过重新加权来纠正标注偏见算法

现在将这个算法应用到前面训练出的模型的成年人收入数据集上。运行算法之前，首先需要使用以下代码准备数据。具体是将标签编码的性别和种族特征转换为独热编码，将 4 个受保护群体(成年男性、女性、白种人和黑种人)的值设置为 0 或 1 来表示该成年人是否属于特定的受保护群体：

导入 Python functool 库
提供的 partial 函数

```
from functools import partial
def prepare_data_for_label_bias(df_X, protected_features,
                                protected_encoded_map):
    df_X_copy = df_X.copy(deep=True)
    def map_feature(row, feature_name, feature_encoded):
        if row[feature_name] == feature_encoded:
            return 1
        return 0

    colname_func_map = {}
    for feature_name in protected_features:
        protected_encoded_fv = protected_encoded_map
          ➥ [feature_name]
        for feature_value in protected_encoded_fv:
            colname = f"{feature_name}_{feature_value}"
            colname_func_map[colname] = partial
              ➥ (map_feature,
                feature_name=feature_name,
                feature_encoded=protected_encoded_fv[feature_value])

    for colname in colname_func_map:
        df_X_copy[colname] = df_X_copy.apply
          ➥ (colname_func_map[colname],
            axis=1)
    df_X_copy = df_X_copy.drop(columns=protected_features)
    return df_X_copy
```

将每个特征映射
到其编码值的辅
助函数

准备数据辅助函数

创建原始 DataFrame
的副本，并对该副本
进行更改

遍历所有受保护
的特征，并为每
个群体使用相应
二进制编码的值
创建单独的列

从 DataFrame 副本
删除原始受保护的
特征列

返回包含新列的
DataFrame 副本

然后，可以使用辅助函数按如下方式准备数据集。注意，在调用辅助函数前，将创建每个受保护群体与其对应的标签编码值的映射：

要处理的受保护
特征列表

```
protected_features = ['gender', 'race']
protected_encoded_map = {
    'gender': {
        'male': 1,
        'female': 0
    },
    'race': {
        'white': 1,
        'black': 0
    }
}
df_X_lb = prepare_data_for_label_bias(df_X,
                      protected_features,
                      protected_encoded_map)
X_train_lb = df_X_lb.iloc[X_train.index]
X_test_lb = df_X_lb.iloc[X_test.index]
```

将每个受保护群体
映射到其对应的
标签编码值

调用辅助函数，
为重新加权算
法准备数据集

将新的数据集分成
训练集和测试集

```
PROTECTED_GROUPS = ['gender_male', 'gender_female', 'race_white', 'race_black']
protected_train = [np.array(X_train_lb[g]) for g
➡ in PROTECTED_GROUPS]                                     提取受保护群体的列
protected_test = [np.array(X_test_lb[g]) for g
➡ in PROTECTED_GROUPS]
```

准备好数据集后，就可以很容易将其输入给重新加权算法。你可以在论文作者发布的 **GitHub** 存储库中找到该算法的源代码。由于篇幅限制，我们不会在本节详细讲述该代码。作为练习，你可以运行整个算法，并确定训练数据集中每个数据点的权重。确定了权重之后，就可以使用以下代码重新训练无偏见随机森林模型：

```
使用第3章的辅助函数
创建随机森林模型
➡ model_lb = create_random_forest_model(10, max_depth=20)
  model_lb.fit(X_train_lb,
                y_train,         将准备好的数据集和使用重新加权算法
                weights)         获得的权重传递给拟合方法并进行调用
```

再训练后的模型的 ROC 曲线如图 8.22 所示。可以看到，性别和种族群体之间的 AUC 差异都是 1%。因此，在机会和概率平等方面，该模型比以前训练的包括性别和种族特征的随机森林模型和没有使用这些特征训练的模型都更公平。

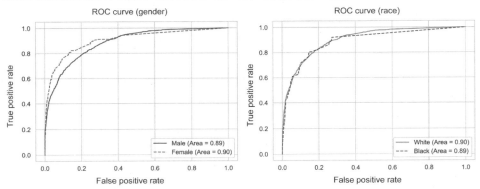

图 8.22 纠正了标注偏见后的性别和种族 ROC 曲线

8.5 数据集的数据表

在探索 8.1.1 节成年人收入数据集时，我们注意到一些受保护群体(如女性和成年黑种人)没有得到正确的表示，并且在这些群体标签中存在偏见。我们确定了一些偏见的来源，即抽样偏见和标注偏见，但不能确定偏见的根本原因。其主要原因是这个数据集的数据收集过程是未知的。Timnit Gebru 和其他研究人员在谷歌和微软于 2020 年

发表的一篇论文中，提出了一种记录数据集的标准化过程。这个想法是数据创建者列出一个数据表，回答有关数据集的动机、组成、收集过程及用途的关键问题。接下来将重点介绍这些关键问题，更深入的研究可参见原始研究论文。

动机

- 创建这个数据集的目的是什么？这个问题旨在确定数据集是针对特定的任务，还是为了解决特定的难题或需求。
- 谁创建了数据集？目标是确定数据集的所有者，它可以是个人、团队、公司、组织或机构。
- 谁资助了数据集的创建？其目标是了解该数据集是否与研究资助或其他资金来源相关联。

组成

- 这个数据集的表示是什么？目的是了解数据是否代表文档、照片、视频、人物、国家或其他具体形式。
- 这个数据集中有多少个样本？这个问题不言自明，旨在根据数据点或样本的数量来理解数据集的大小。
- 数据集是否包含所有可能的样本，还是来自更大数据集的样本？目标是了解数据集是否来自更大的数据集或总体的样本。这将帮助我们检查是否存在任何抽样偏差。
- 数据集是否已标注过？目标是检查数据集是原始数据还是已经标注过的数据。
- 数据集是否依赖于外部源？其目标是确定该数据集是否存在任何外部源或依赖关系，如网站、Twitter 上的推文或任何其他数据集。

收集过程

- 这些数据是如何获得的？这个问题可以帮助我们了解数据收集的过程。
- 如果适用，使用了什么抽样策略？这是组成部分中的抽样问题的一个扩展，以帮助我们检查是否存在任何抽样偏见。
- 数据收集的时间跨度有多长？
- 这些数据是直接通过个人收集的还是通过第三方收集的？
- 如果数据与人有关，他们是否同意收集数据？如果数据集与人有关，那么与人类学等其他领域的专家合作是很重要的。这个问题的答案对于确定数据集是否符合欧盟的 GDPR 等法规也至关重要。
- 是否存在个人将来可以撤销同意的机制？这也是确定数据集是否符合法规的重要依据。

用途

- 数据集将用于什么用途？目标是确定数据集的所有可能任务或用途。
- 数据集不应该用于什么用途？这个问题的答案将帮助我们确保数据集不会用于它不应该用于的任务。

数据集的数据表已经被学术界和工业界所采用。一些示例是用于问答的 QuAC 数据集(https://quac.ai/datasheet.pdf)，由烹饪食谱组成的数据集(http://mng.bz/GGnA)和开放图像数据集(https://github.com/amukka/openimages)。尽管数据集的数据表为数据集创建者增加了额外工作量，但它们提高了透明度和问责制，帮助我们确定是否存在偏见的来源，以确保遵守欧盟 GDPR 这样的法规。

8.6   本章小结

- 一个数据集中可能会出现各种偏见来源，如抽样偏见和标注偏见。当数据集不能正确地代表真实的总体时，就会出现抽样偏见。当人群中不同群体的标签记录方式存在偏见时，就会出现标注偏见。
- 各种公平性概念包括人口公平、机会和概率平等、预测质量平等、无意识公平以及反事实公平。常用的公平性概念是人口公平、机会和概率平等。
- 人口平等有时也被称为独立或统计平等,在法律上被称为"差别影响"(disparate impact)。人口平等是指在不同的受保护群体中，正类预测率平等。人口平等的概念对于希望公平对待所有受保护群体时有用，无论他们在人口中的比例如何。它确保了少数群体与多数群体得到同样的对待。
- 对于想要考虑所有受保护群体的实际标签分布的情况，可以使用机会和概率平等的概念。即当群体之间的真阳性率相等时，机会平等。概率平等将机会平等的定义扩展到另一种对称度量：假阳性率。
- 可以将公平的所有概念分为两组：群体公平和个体公平。群体公平确保了该模型对不同受保护群体是公平的。个体公平确保了模型对相似的个体做出类似的预测。
- 可以使用本书学到的可解释技术来检测模型的歧视来源。歧视源大致可分为两类：源自输入特征的歧视和源自表示的歧视。
- 源自输入的歧视将歧视或公平问题溯源到输入特征。可以使用 SHAP 可解释技术将溯源公平性问题溯源到输入端。

- 对于很难溯源到输入特征的歧视，特别是对于处理图像和文本等输入的深度学习模型，可以将歧视源追溯到模型学习的深度表示。可以分别使用第 6 章和第 7 章学习到的神经网络剖析框架和 t-SNE 技术来追踪模型学习到的表示的歧视源。

- 可以用来减少偏见的两种技术的示例是通过无意识公平和重新加权技术来纠正标注偏见。通过无意识实现公平并不能保证公平，但重新加权技术确实保证了公平。

- 可以使用数据表来记录数据集的标准化过程。数据表旨在回答有关数据集的动机、组成、收集过程和用途等关键问题。尽管数据集的数据表为数据集创建者增加了额外的工作量，但它们改善了透明度和问责制，可以帮助我们确定是否存在偏见的来源，并确保遵守欧盟的法规，如 GDPR。

第 *9* 章

XAI

本章涵盖以下主题：
- 回顾本书讲述过的可解释技术
- 理解 XAI 系统的特性
- 对 XAI 系统的常见疑问，并应用可解释技术来回答这些疑问
- 使用反事实来对比说明

我们的可解释 AI 世界之旅就快要结束了。图 9.1 是这段旅程的地图。让我们花点时间回顾和总结一下学到的内容。可解释 AI 是指要理解 AI 系统中的因果关系。它让我们可以始终如一地预估 AI 系统的基础模型在特定输入情况下能预测的程度，理解模型是如何提出预测的，理解预测如何随着输入或算法参数的修改而变化，最终理解模型何时犯了错误。可解释变得越来越重要，因为机器学习模型在金融、医疗、技术和法律等各个行业中的运用激增。这些模型做出的决定需要透明和公平。本书学到的技术是提高透明度和确保公平的有力工具。

本书研究了两大类机器学习模型——白盒和黑盒模型——我们研究了它们的可解释和预测能力。白盒模型本质上是透明的，并且易于解释。但是，它的预测能力介于低到中等之间。我们特别关注线性回归、逻辑回归、决策树和广义可加模型(GAM)，并通过理解模型的内部结构来学习如何解释它们。黑盒模型本质上是不透明的，更难解释，但它提供了更强的预测能力。本书将大部分注意力集中在解释黑盒模型上，如集成树和神经网络。

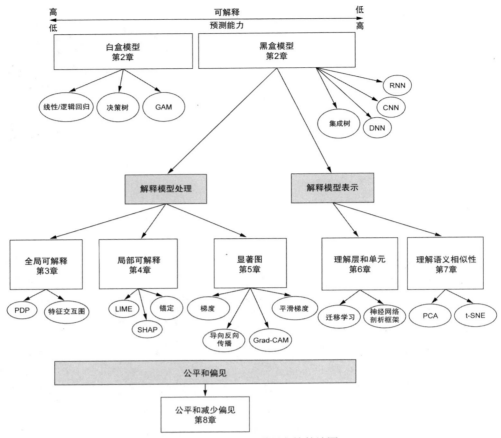

图9.1 可解释 AI 世界之旅的地图

有两种解释黑盒模型的方法。一种是解释模型处理过程，即理解模型如何处理输入并得出最终预测。另一种方式是解释模型表示，仅适用于深度神经网络。为了解释模型处理过程，我们学习了建模后与模型无关的方法，例如部分依赖图(PDP)和特征交互图，以理解输入特征对模型预测的全局影响。还学习了建模后局部与模型无关的方法，例如 LIME、SHAP 和锚点。可以使用这些方法来解释模型是如何得出单个预测的。我们还使用视觉归因法(如显著图)来了解哪些输入特征或图像像素对用于视觉任务的神经网络起重要作用。为了解释模型表示，我们学会了如何剖析神经网络，理解网络中的中间层或隐藏层学习了哪些数据表示。还学习了如何使用主成分分析(PCA)和 t 分布随机近邻嵌入(t-SNE)等技术来可视化模型所学到的高维表示。

最后讲述公平相关的主题，并学习了各种公平性概念以及如何利用可解释技术来度量公平性。还学习了如何使用各种预处理技术来缓解公平问题，例如通过无意识和重新加权纠正标注偏见技术来提升公平性。

在本书中,我们特别区分了 Interpretability 和 Explainability。Interpretability 主要是回答怎么做的问题——模型是如何工作的以及它是如何实现预测的？Explainability 超越了 Interpretability,因为它帮助我们回答为什么的问题——为什么模型做出了一种预测而不是另一种预测？Explainability 主要由构建、部署或使用 AI 系统的专家识别,这些技术是帮助你获得可说明性的要件。本章将重点介绍 Explainability AI,简称 XAI。

9.1　XAI 概述

下面来看一个 XAI 系统的具体示例,以及人们对它的期望。我们将使用第 8 章的预测美国成年人收入示例。输入一组特征(如教育、职业、年龄、性别和种族),假设已经训练了一个模型,该模型可以预测一个成年人每年的收入是否超过 5 万美元。应用了本书学到的可解释技术之后,假设现在可以将此模型部署为服务。这项服务可以让公众输入各自的特征来确定他们可以赚多少钱。一个 XAI 系统应该为该系统的用户提供一个功能来质疑模型所做的预测,并挑战由这些预测而做出的决策。如图 9.2 所示,向用户提供说明(explanation)的功能内置于说明代理(explanation agent)中。用户可以向代理询问有关模型所做预测的各种疑问,代理有责任提供有意义的答案。如图 9.2所示,用户可以问的一个可能疑问是,为什么模型预测他们的工资将低于 5 万美元。

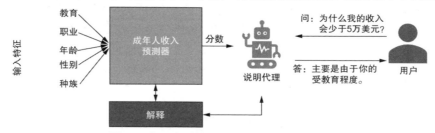

图 9.2　代理向系统用户说明模型所做的预测

图 9.2 中用户提出的疑问只是一个示例,用于演示 AI 系统如何让用户理解各种特征值对模型预测的影响。这只是可以向系统提出的其中一类疑问。表 9.1 显示了更多的疑问类型,以及可以用本书学到的技术来回答这些疑问。从表中可以看到,我们完全有能力回答模型是如何工作的,哪些特征是重要的,模型如何对特定情况进行预测以及模型是否公平和无偏见。如前所述,还没有很好地回答"为什么"问题,我们将在本章简要地介绍这个问题。

表9.1 疑问类型和说明方法

方法类别	疑问类型	说明方法
解释模型	- 这个模型是如何工作的 - 哪些特征或输入是模型认为最重要的	- 与模型相关的描述(本书提供了很好的描述各种模型的技术,包括白盒和黑盒模型) - 全局特征的重要性(第2章和第3章) - 模型表示(第6章和第7章)
解释预测	- 这个模型是如何对我的案例做出这个预测的	- 局部特征的重要性(第4章) - 视觉归因法(第5章)
公平	- 该模式如何对待来自某个受保护群体的人 - 模型对我所属的群体有偏见	- 公平性概念和度量标准(第8章)
对比或反事实	- 为什么模型对我预测了这个结果 - 为什么不是另一个结果	反事实解释(将在本章讨论)

虽然本书学到的可解释技术将帮助我们为表 9.1 中强调的大多数疑问提供答案,但要向用户提供答案或说明还需要更多内容。我们需要知道哪些信息与所提出的问题相关,能在说明中提供多少信息,以及用户如何接收或理解这些说明(即他们的背景)。XAI 领域致力于解决这些问题。XAI 的范围,如图 9.3 所示,不仅仅是 AI,其中机器学习只是一个子领域,还需要着眼于人机交互(HCI)和社会科学等其他领域。

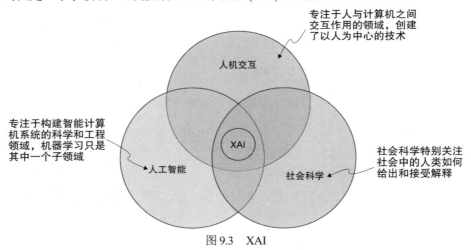

图 9.3 XAI

Tim Miller 发表了一篇关于 XAI 与社会科学的重要研究论文。以下是该论文的主要观点:

- 说明通常是对比性的——人们通常不只是问为什么模型预测了一个特定的结果，而且会问为什么模型没有得出另一个结果。这就是表 9.1 中的对比或反事实说明方法，我们将在下一节中简要讨论这一点。
- 说明的选择通常有偏向性——如果向用户提供了大量预测相关的说明或原因，则用户通常只选择其中一个或两个，并且这种选择通常是有偏向的。因此，重要的是要知道有多少信息以及哪些信息是与说明最相关的。
- 说明需要是交互式的——从 AI 系统到用户的数据传递必须是交互式的，并且以对话的形式进行。因此，重要的是要有一个说明代理，如图 9.2 所示，它可以理解问题并提供有意义的答案。用户必须处于这种交互的中心，重要的是要依靠 HCI 领域来构建这样的系统。

下一节将专门研究一种可用于提供对比或反事实说明的技术，即回答"为什么"和"为什么不是"的问题。

9.2 反事实说明

反事实说明(又称对比说明)可用于说明为什么模型预测了一个值而不是另一个值。下面来看一个具体的示例。我们将使用成年人收入预测模型，这是一个二分类问题，并且本节只关注两个输入特征——年龄和教育——以便于可视化。

这两个特征在图 9.4 中显示为一个二维空间。成年人收入模型的决策边界也显示为空间上的曲线，该曲线将底部与顶部分开。对于空间底部的成年人，模型预测的年收入小于或等于 5 万美元；对于空间顶部的成年人，模型预测的收入大于 5 万美元。假设有一个成年人，他向系统输入数据，以预测他将获得多少收入。这在图 9.4 中标注为"原始输入"。这个成年人的受教育程度为高中，假设他的年龄是 30 岁(这点本例不考虑，所以你可以看到 Age 没有坐标尺)。由于此输入低于决策边界，因此模型预测成年人将获得的收入低于 5 万美元。然后，用户提出了一个疑问：为什么我的收入是低于 5 万美元，而不是高于 5 万美元？

反事实或对比说明将提供样本，在反事实世界中，如果该用户满足某些条件，那么 AI 系统将产生他们想要的结果——收入超过 5 万美元。反事实样本已在图 9.4 中标注。如图所示，如果用户的受教育程度更高——如学士、硕士或博士学位——那么他们将有更高的机会收入超过 5 万美元。

如何生成这些反事实样本？整个过程如图 9.5 所示，它由一个说明器组成，该说明器将以下内容作为输入：

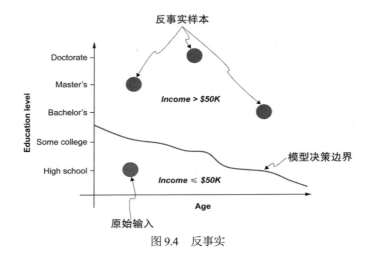

图9.4 反事实

- 原始输入——用户提供的输入
- 期望的结果——用户期望的结果
- 反事实样本计数——要在说明中显示的反事实样本数
- 模型——用于预测的模型，用于获取反事实样本的预测

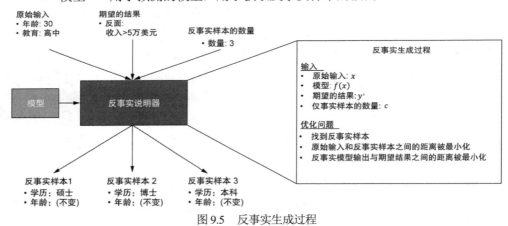

图9.5 反事实生成过程

然后，说明器运行一个算法来生成反事实样本。它本质上是一个优化问题，用于查找反事实样本，以满足以下条件：

- 反事实样本的模型输出尽可能接近期望的结果。
- 反事实样本在特征空间中也接近原始输入，即将一组最重要的特征值更改为获得期望的结果。

本章将重点介绍一种流行的生成反事实说明的技术——多元反事实说明(Diverse Counterfactual Explanations，DiCE)。在 DiCE 中，优化问题的形式与本书前面讲述的技术类似。扰动特征，以使它们多样化且可改变，以实现用户的期望结果。具体数学细节超出了本书的讨论范围，现在直接使用 DiCE 库来为成年人收入预测问题生成反事实说明。先安装该库：

```
$> pip install dice-ml
```

然后加载数据并以 DiCE 说明器能够处理的方式准备数据：

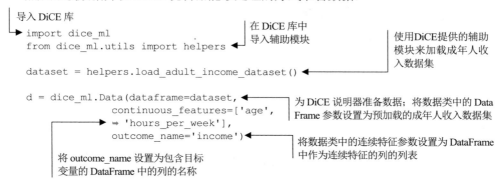

下一步是训练模型来预测成年人收入。因为我们在第 8 章已使用随机森林模型完成了这个任务，所以在此不再展示相关代码。训练好模型后，就可以使用以下代码初始化 DiCE 解释器：

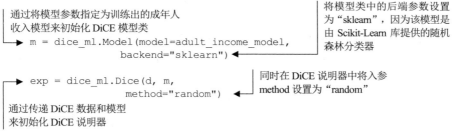

初始化 DiCE 说明器之后，就可以使用以下代码来生成反事实样本。该函数实质上是把原始输入、反事实样本的数量和期望的结果作为输入。在这个示例中，模型预测结果是低收入(即小于 5 万美元)，而用户的期望结果是高收入(即大于 5 万美元)：

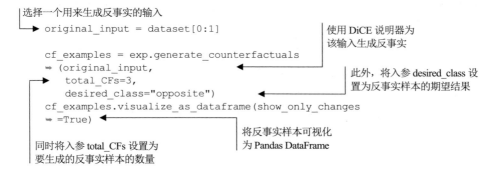

以上代码的输出会把反事实样本打印为 Pandas DataFrame。输出将重新格式化为一个表，如图 9.6 所示。在图 9.6 中可以看到，该模型预测低收入的关键因素是受教育程度。如果受教育的程度更高——如博士、硕士或学士——那么用户获得期望结果的机会更多。没有修改的特征在图中显示为 "--"。

原始数据
结果：收入≤5万美元

Age	Work class	Education	Marital status	Occupation	Race	Gender	Hours per week
38	Private	High school	Married	Blue collar	White	Male	44

反事实说明器

反事实样本
结果：收入>5万美元

Age	Work class	Education	Marital status	Occupation	Race	Gender	Hours per week
--	Government	Doctorate	--	--	--	--	--
--	--	Master's	--	--	Other	--	--
68	--	Professional school	--	--	--	--	--

图 9.6　DiCE 反事实说明器的输出

还可以将 DiCE 反事实说明器用于回归模型。对于分类问题，在生成反事实样本时，通过在 generate_counterfactuals 函数中设置 desired_class 参数来指定所需的结果。对于回归问题，必须在同一函数中设置一个不同的参数(desired_range)，以提供模型预测所需的一系列可能值。

反事实样本是提供对比说明的好方法。像这种形式的反事实说明："模型预测是 P，因为特征 X、Y 和 Z 具有值 A、B 和 C，但如果特征 X 具有值 D 或 E，那么模型将预测不同的结果 Q"，这样的说明提供了更多因果信息，有助于我们理解为什么模型预测了某个结果而不是另一个结果。如前所述，XAI 将为 AI 系统的用户提供更好的说明。XAI 是 AI、社会科学和 HCI 等多个领域的交叉点，是一个非常活跃的研究领域。关于 XAI 的更多内容超出了本书的范围，但你学到的技术会为你提供一个坚实的基础，特别是在 AI 领域，能够帮助你踏入 XAI 的征程。

本书到此结束了。借助本书工具包中的各种可解释技术，你可以很好地理解复杂机器学习模型的工作原理以及它们是如何实现预测的。你可以使用它们来调试和提高模型的性能。还可以使用它们来提高透明度以构建公平公正的模型。本书也应该能为你构建 XAI 系统铺平道路。你将拥有一个坚实的基础来深入了解这个非常活跃的研究领域。祝你学习愉快！

9.3 本章小结

- 可解释是要理解 AI 系统中的基础模型是如何提出预测的，理解预测如何随着输入或算法参数的修改而变化，以及理解模型何时会出错。

- 可说明性超越了可解释，因为它有助于回答"为什么"的疑问——为什么模型做出了特定的预测而不是另一个预测？可解释主要由构建、部署或使用 AI 系统的专家识别，这些技术是帮助你获得可说明性的要件。

- 可说明的 AI 的适用范围不仅仅是人工智能，机器学习只是其中一个特定的子领域，它还包含其他领域，如人机交互(HCI)和社会科学。

- 从社会科学的角度看，以下 3 个关键发现与可说明性有关：
  - 说明通常是对比性的——人们通常不仅要问为什么模型预测了一个特定的结果，还会问为什么不是另一个结果。反事实说明可回答这类疑问。
  - 说明的选择通常有偏向性。重要的是要知道有多少信息，以及哪些信息与说明最相关。
  - 说明需要是交互式的。从 AI 系统向用户的数据传递必须以对话或交互式的形式进行。重要的是要依靠 HCI 领域来构建这样一个系统。

设置环境

A.1　Python 代码

本书所有代码都是用 Python 编写的。你可以从 Python 网站下载并安装适合你的操作系统的最新版本。本书使用的 Python 版本是 Python 3.7，但是任何以后的版本应该也可以运行。本书还使用了各种开源 Python 包来构建机器学习模型以及解释和可视化它们。现在让我们下载本书使用的所有代码，并安装所有相关的 Python 软件包。

A.2　Git 代码库

本书所有代码都可以扫描本书封底的二维码下载，也可以以 Git 存储库的形式从 GitHub 下载。GitHub 存储库被组织成文件夹，每一章对应一个文件夹。如果你刚开始使用 Git 和 GitHub 进行版本控制，可以查看 GitHub 提供的材料来了解更多信息。可以使用以下命令来下载或克隆该存储库：

```
`$> git clone https://github.com/thampiman/interpretable-ai-book.git`
```

A.3　Conda 环境

Conda 是一个开源系统，用于 Python 和其他语言的包、依赖项和环境管理。你可以按照 Conda 网站上的说明在操作系统上安装 Conda。安装后，Conda 能让你轻松找到并安装 Python 包,并从一台机器导出环境,然后在另一台机器上重新创建它。本书使用的 Python 包都导出为 Conda 环境,这样你就可以轻松地在目标机器上重新创建它们。Conda 环境文件以 YAML 文件格式导出,可以在 Git 存储库的 packages 文件夹中找到。然后,可以在 Github 存储库的本地目录中运行以下命令来创建 Conda 环境:

```
`$> conda env create -f packages/environment.yml`
```

此命令将安装本书所需的所有 Python 包,并创建 Conda 环境(名为 interpretable-ai)。如果你已经创建了该环境并希望更新它,则可以运行以下命令:

```
`$> conda env update -f packages/environment.yml`
```

创建或更新了环境后,可以运行以下命令来激活 Conda 环境:

```
`$> conda activate interpretable-ai`
```

A.4   Jupyter notebooks

本书代码都可以使用 Jupyter notebooks 运行。Jupyter 是一个开源的 Web 应用程序,用于轻松地创建和运行实时 Python 代码、等式、可视化和标记文本。Jupyter notebooks 被广泛应用于数据科学和机器学习领域。下载源代码并安装所有相关 Python 包之后,现在可以在 Jupyter 中运行本书的代码了。你可以在 Github 存储库的本地目录运行以下命令来启动 Jupyter Web 应用程序:

```
`$> jupyter notebook`
```

Jupyter 的 Web 应用程序可通过在浏览器中打开 http://<HOSTNAME>: 8888 来访问。请将<HOSTNAME>替换为具体的主机名或 IP。

A.5   Docker

Conda 软件包/环境管理系统有一些缺点。在多个操作系统、同一操作系统的不同版本或不同的硬件上,它有时无法正常运行。如果无法按照上一节所介绍的知识成功搭建 Conda 环境,则可以使用 Docker。Docker 是一个用于打包软件依赖项的系统,它可以确保每个人所用的环境都是相同的。你可以按照 Docker 网站上的说明将 Docker 安装在你的操作系统上。安装后,就可以在 Github 存储库的本地目录运行以下命令来构建 Docker 镜像:

```
`$> docker build . -t interpretable-ai`
```

注意，以上命令中的 interpretable-ai 是 Docker 镜像的标签。如果以上命令运行成功，则 Docker 应该打印所构建的镜像的标识符。还可通过运行以下命令查看已构建镜像的详细信息：

```
$> docker images
```

然后运行以下命令，使用所构建的镜像来运行 Docker 容器，并启动 Jupyter Web 应用程序：

```
$> docker run -p 8888:8888 interpretable-ai:latest
```

这个命令应该启动 Jupyter notebooks 应用程序，启动后，你应该可通过在浏览器中打开 http://\<HOSTNAME\>：8888 来访问本书所有代码。请将\<HOSTNAME\>替换为具体的主机名或 IP。

附录 **B**

PyTorch

B.1　什么是 PyTorch

　　PyTorch 是一个免费的、开源的库，用于科学计算和深度学习应用程序，如计算机视觉和自然语言处理。它是基于 Python 的，由 Facebook 人工智能研究实验室(FAIR)开发。PyTorch 被学术界和行业从业者广泛使用。最近一项研究显示，2019 年主要机器学习会议上发布的大多数技术都是使用 PyTorch 实现的。其他的库和框架，如 TensorFlow、Keras、CNTK 和 MXNet，都可用于构建和训练神经网络，但本书使用 PyTorch。PyTorch 虽然复杂，但是很好地利用了 Python 的习惯用法。因此，对于已经熟悉 Python 的研究人员、数据科学家和工程师来说，PyTorch 更容易使用。PyTorch 还提供了很棒的 API 来实现先进的神经网络架构。

B.2　安装 PyTorch

　　可使用 Conda 或 pip 安装 PyTorch 的最新稳定版本：

```
# Installing PyTorch using Conda
$> conda install pytorch torchvision -c pytorch

# Installing PyTorch using pip
$> pip install pytorch torchvision
```

　　注意，以上命令除了安装 PyTorch，还安装了 torchvision 包。torchvision 包括流行的数据集、最先进的神经网络架构的实现，以及为完成计算机视觉任务对图像进行的

常见变换。你可通过在 Python 环境中导入以下库来确认安装已经成功:

```
import torch
import torchvision
```

B.3 张量

张量(tensor)是一个多维数组,非常类似于 NumPy 数组。张量包含单一数据类型的元素,可以用来在图形处理单元(GPU)上进行快速计算。可以从 Python 列表初始化 PyTorch 的张量。注意,本节代码均可在 Jupyter notebooks 或 iPython 环境中运行。输入命令的行以 In:为前缀,命令的输出以 Out:为前缀:

```
ommand is prefixed with Out::
In: tensor_from_list = torch.tensor([[1., 0.], [0., 1.]])
In: print(tensor_from_list)
Out: tensor([[1., 0.],
             [0., 1.]])
```

NumPy 广泛用于机器学习问题。NumPy 支持大型多维数组,并提供各种可用于操作它们的数学函数。你可以从 NumPy 数组初始化一个张量,具体代码如下所示。注意,打印语句的输出显示了张量以及元素的 dtype 或数据类型。我们将在 B.3.1 节详细介绍:

```
In: import numpy as np
In: tensor_from_numpy = torch.tensor(np.array([[1., 0.], [0., 1.]]))
In: print(tensor_from_numpy)
Out: tensor([[1., 0.],
             [0., 1.]], dtype=torch.float64)
```

可通过以下代码获取张量的尺寸或多维数组的维数。例如,前面初始化的张量由两行两列组成:

```
In: tensor_from_list.size()
Out: torch.Size([2, 2])
```

可以初始化任意大小的空张量,如下所示。以下张量由三行和两列组成。存储在张量中的值是随机的,具体取决于存储在内存的位中的值:

```
In: tensor_empty = torch.empty(3, 2)
In: print(tensor_empty)
Out: tensor([[ 0.0000e+00, -1.5846e+29],
             [-7.5247e+03,  2.0005e+00],
             [ 9.8091e-45,  0.0000e+00]])
```

如果想初始化一个由零组成的张量,可以这样做:

```
In: tensor_zeros = torch.zeros(3, 2)
In: print(tensor_zeros)
Out: tensor([[0., 0.],
             [0., 0.],
             [0., 0.]])
```

一个由张量组成的张量的初始化可以如下所示:

```
In: tensor_ones = torch.ones(3, 2)
In: print(tensor_ones)
Out: tensor([[1., 1.],
             [1., 1.],
             [1., 1.]])
```

可通过以下代码使用随机数初始化一个张量。随机数均匀分布在 0 和 1 之间:

```
In: tensor_rand = torch.rand(3, 2)
In: print(tensor_rand)
Out: tensor([[0.3642, 0.8916],
             [0.4826, 0.4896],
             [0.9223, 0.9286]])
```

如果运行以上代码,可能不会得到相同的结果,因为随机数生成器的种子可能不同。为了获得一致和可重复的结果,可使用 PyTorch 提供的 manual_seed 函数设置随机数生成器的种子:

```
In: torch.manual_seed(24)
In: tensor_rand = torch.rand(3, 2)
In: print(tensor_rand)
Out: tensor([[0.7644, 0.3751],
             [0.0751, 0.5308],
             [0.9660, 0.2770]])
```

B.3.1 数据类型

数据类型(dtype),如 NumPydtypes(http://mng.bz/Ex6X),描述了数据的类型和大小。张量的常用数据类型如下。

- torch.float32 或 torch.float: 32 位浮点数
- torch.float64 或 torch.double: 64 位浮点数
- torch.int32 或 torch.int: 32 位有符号整数
- torch.int64 或 torch.long: 64 位有符号整数
- torch.bool:布尔数据类型

所有数据类型的完整列表可以通过 PyTorch 文档找到。可以使用以下代码获取张量的数据类型。以前面初始化的 tensor_from_list 张量为例:

```
In: tensor_from_list.dtype
```

```
Out: torch.float32
```

可以用指定的数据类型初始化一个张量:

```
In: tensor_from_list_float64 = torch.tensor([[1., 0.], [0., 1.]],
                                             dtype=torch.float64)
In: print(tensor_from_list_float64)
Out: tensor([[1., 0.],
             [0., 1.]], dtype=torch.float64)
```

将 dtype 参数设置为 torch.float64

初始化为 64 位浮点数的张量

B.3.2　CPU 和 GPU 张量

PyTorch 中的张量默认加载在 CPU 上。你可通过检查张量所在的设备来看到这一点。以前面初始化的随机张量(tensor_rand)为例:

```
In: tensor_rand.device
Out: device(type='cpu')
```

为了获得更快的处理速度,可以在 GPU 上加载张量。所有流行的深度学习框架,包括 PyTorch,都使用 CUDA 在 GPU 上执行通用计算。CUDA 是由 NVIDIA 构建的一个平台,它提供了直接访问 GPU 的 API。可以使用以下代码检查你的机器是否能够使用 CUDA:

如果 CUDA 可用,可使用以下代码在 GPU 上初始化张量:

首先检查 CUDA 是否可用

```
if torch.cuda.is_available():
    device = torch.device("cuda")
    tensor_rand_gpu = torch.rand(3, 2, device=device)
```

如果可用,则获得启用了 CUDA 的设备

初始化张量,并将设备设置为启用

以下代码段展示了如何将 CPU 张量传输到 GPU:

```
if torch.cuda.is_available():
    device = torch.device("cuda")
    tensor_rand = tensor_rand.to(device)
```

B.3.3　运算

可以对一个张量执行多个运算。下面介绍一个简单的操作:两个张量相加。首先初始化两个随机张量 x 和 y:

```
In: x = tensor.rand(3, 2)
In: x
Out: tensor([[0.2989, 0.3510],
             [0.0529, 0.1988],
             [0.8022, 0.1249]])
```

```
In: y = tensor.rand(3, 2)
In: y
Out: tensor([[0.6708, 0.9704],
            [0.4365, 0.7187],
            [0.7336, 0.1431]])
```

可使用 add 函数(或者仅仅简单的 x+y)将两个张量相加，代码如下：

```
In: torch.add(x, y)
Out: tensor([[0.9697, 1.3214],
            [0.4894, 0.9176],
            [1.5357, 0.2680]])
```

PyTorch 还提供了各种数学运算和函数。有关所有运算的最新列表，请参考网上的相关资源。PyTorch 还提供了一个可将张量转换为 NumPy 数组的 NumPy 桥，具体代码如下：

```
In: x_numpy = x.numpy()
In: x_numpy
Out: array([[0.29888242, 0.35096592],
            [0.05293709, 0.19883835],
            [0.8021769 , 0.12490124]], dtype=float32)
```

B.4 Dataset 和 DataLoader

PyTorch 提供了一个 Dataset 类，允许加载和创建用于模型训练的自定义数据集。下面查看一个精心设计的示例。首先使用 Scikit-Learn 创建一个随机数据集：

导入 make_classification 函数，
创建随机 n 类分类数据集
```
In: from sklearn.datasets import make_classification

In: X, y = make_classification(n_samples=100,     将样本数设置为100
                              n_features=5,       将输入特征数设置为5
                              n_classes=2,
                              random_state=42)    设置随机数生成器的种子
```
将类数设置为2，以生成一个二分类数据集

该数据集由 100 个样本(又称行)组成。每个样本由 5 个输入特征和 1 个由两个分类组成的目标变量组成。每个特征的值都是从正态分布中采样的。可以使用以下代码来检查输入特征(第一行)：

```
In: X[0]
Out: array([-0.43066755,  0.67287309, -0.72427983, -0.53963044, -0.65160035])
```

现在创建一个自定义数据集类，它继承自 PyTorch 提供的 Dataset 类，具体代码如下：

导入 PyTorch Dataset 类

```
from torch.utils.data import Dataset

class CustomDataset(Dataset):          创建从数据集继承的
                                       CustomDataset 类
    def __init__(self,                 初始化构造函数
                 X, y,
                 transform=None):      构造函数的位置参数是输入特
        self.X = X                     征矩阵 X 和目标变量数组 y
        self.y = y
        self.transform = transform     transform 是一个可选参数，
                                       用于指定应用于数据的转换

    def __len__(self):                 重写 __len__ 方法以
        return len(self.X)             返回数据集的长度
                                       重写 __getitem__ 方法以
    def __getitem__(self, idx):        返回索引 idx 处的元素
        x, label = X[idx], y[idx]

        if self.transform:             如果指定了 transform 参
            x = self.transform(x)      数，则对特征应用转换

        return x, label                返回索引 idx 处的
                                       特征和目标变量
```

CustomDataset 类的构造函数接收两个位置参数来初始化输入特征矩阵 X 和目标变量 y。还有一个可选参数 transform，可以使用它来指定应用于数据集的转换函数。注意，需要重写 Dataset 类提供的 __len__ 和 __getitem__ 方法，以返回数据集的长度并通过索引提取数据。可以使用以下代码初始化 CustomDataset，并检查数据集的长度：

```
In: custom_dataset = CustomDataset(X, y)
In: len(custom_dataset)
Out: 100
```

可使用以下代码检查输入特征的第一行：

```
In: custom_dataset[0][0]
Out: array([-0.43066755,  0.67287309, -0.72427983, -0.53963044, -0.65160035])
```

现在创建一个自定义数据集，并对其应用一个转换函数。我们将指定 torch.tensor 函数为转换函数，以将输入特征的数组转换为张量。可以看到，输入特征的第一行现在是一个由 64 位浮点值组成的张量：

```
ing point values:
In: transformed_dataset = CustomDataset(X, y,
                              transform=torch.tensor)
In: transformed_data[0][0]
Out: tensor([-0.4307,  0.6729, -0.7243, -0.5396, -0.6516],
➡ dtype=torch.float64)
```

一些常见的图像转换函数，如裁剪、翻转、旋转和调整大小，也作为 torchvision 包的一部分在 PyTorch 中实现。我们在第 5 章使用过它们。

另一个有用的数据实用程序类是 DataLoader。这个类以继承自 Dataset 类的对象作为输入，并提供一些可选参数，从而能够遍历数据。DataLoader 类提供了数据批处理、打乱数据顺序和使用多进程工作器并行加载数据等功能。以下代码展示了如何初始化 DataLoader 对象并遍历之前创建的自定义数据集：

```
from torch.utils.data import DataLoader

dataloader = DataLoader(transformed_dataset,
                        batch_size=4,
                        shuffle=True,
                        num_workers=4)
for i_batch, sample_batched in enumerate(dataloader):
    print(f"[Batch {i_batch}] Number of rows in batch:
    {len(sample_batched[0])}")
```

通过执行以上代码，你将注意到每个批次有 25 批和 4 行，因为输入数据集的长度为 100，并且 DataLoader 类中的 batch_size 参数设置为 4。B.5.3 节和第 5 章使用了 Dataset 和 DataLoader 类。

B.5　建模

本节将重点讨论建模以及如何使用 PyTorch 构建和训练神经网络。首先介绍自动微分法，这是一种有效计算梯度的方法，并用于优化神经网络中的权重。然后介绍模型的定义和模型的训练。

B.5.1　自动微分法

第 4 章学习了神经网络。神经网络由许多层单元组成，这些单元通过边相互连接。网络中每一层的单元对该单元的所有输入执行数学运算，并将输出传递给下一层。连接单元的边与权重相关联，学习算法的目标是确定所有边的权重，使得神经网络的预测尽可能接近标注数据集中的目标。

确定权重的一种有效方法是使用反向传播算法。第 4 章学习了更多关于这个算法的内容。本节将学习自动微分法以及它在 PyTorch 中的实现方式。自动微分法是一种数值计算函数导数的方法。反向传播是自动微分法的一种特殊情况。看一个简单的示例，看看如何在 PyTorch 中应用自动微分。考虑一个表示为 x 的输入张量。我们对这个输入张量进行的第一个操作是将其缩放 2 倍。将这个操作的输出表示为 w,其中 $w = 2x$。给定 w,现在对其进行第二个数学运算,并将输出张量表示为 y。这个操作具体如下:

$$y = w^3 + 3w^2 + 2w + 1$$

执行的最后一个操作是简单地对张量 y 中的所有值求和。将最终的输出张量表示为 z。如果现在想要计算这个输出 z 相对于输入 x 的梯度,需要应用链式法则:

$$\frac{\mathrm{d}z}{\mathrm{d}x} = \frac{\partial z}{\partial y} \cdot \frac{\partial y}{\partial w} \cdot \frac{\partial w}{\partial x}$$

这个等式中的偏导数如下:

$$\frac{\partial z}{\partial y} = 1$$

$$\frac{\partial y}{\partial w} = 3w^2 + 6w + 2$$

$$\frac{\partial w}{\partial x} = 2$$

对于更复杂的数学函数,这些梯度的计算可能会很复杂。PyTorch 使用 autograd 包使这变得更容易。autograd 包实现了自动微分法,并允许你对函数的导数进行数值计算。通过应用前面所示的链式法则,autograd 允许你自动计算任意阶数函数的梯度。让我们通过使用张量实现之前的数学运算来看看它的实际效果。首先初始化一个大小为 2×3 的输入张量 x,里面的值全为 1。注意,在初始化张量时需要将 requires_grad 参数设置为 True。这个参数能让 autograd 知道要记录对它们的操作,并进行自动微分:

```
In: x = torch.ones(2, 3,
                requires_grad=True)
In: x
Out: tensor([[1., 1., 1.],
        [1., 1., 1.]], requires_grad=True)
```

现在将实现第一个数学运算,通过将张量 x 缩放 2 倍来获得张量 w。注意,张量 w 的输出显示了 grad_fn,它用于记录对 x 执行的以获得 w 的操作。这个函数使用了自动微分法来评估梯度:

```
In: w = 2 * x
In: w
Out: tensor([[2., 2., 2.],
        [2., 2., 2.]], grad_fn=<MulBackward0>)
```

现在将实现第二个数学运算，用于将张量 *w* 转化为 *y*：

```
In: y = w * w * w + 3 * w * w + 2 * w + 1
In: y
Out: tensor([[25., 25., 25.],
             [25., 25., 25.]], grad_fn=<AddBackward0>)
```

最后的运算只是取张量 *y* 所有值的和得到 *z*：

```
In: z = torch.sum(y)
In: z
Out: tensor(150., grad_fn=<SumBackward0>)
```

可调用 backward 函数轻松计算张量 *z* 相对于输入 *x* 的梯度。这将应用链式法则并计算输出相对于输入的梯度：

```
In: z.backward()
```

可以看到，对梯度的数值计算如下：

```
In: x.grad
Out: tensor([[52., 52., 52.],
             [52., 52., 52.]])
```

为了验证答案是否正确，我们用数学方法推导出前面等式所提供的 *z* 对 *x* 的导数：

$$\frac{\mathrm{d}z}{\mathrm{d}x} = \frac{\partial z}{\partial y} \cdot \frac{\partial y}{\partial w} \cdot \frac{\partial w}{\partial x}$$

$$\frac{\mathrm{d}z}{\mathrm{d}x} = 2.(3w^2 + 6w + 2)$$

可以将其作为练习，使用张量计算这个等式。这个练习的答案可以在本书配套的 GitHub 存储库中找到。

B.5.2　模型定义

现在介绍如何使用 PyTorch 定义神经网络。我们将重点关注全连接神经网络。A.4 节生成的人为数据集由 5 个输入特征和 1 个二分类输出组成。现在定义一个全连接神经网络，包括 1 个输入层、2 个隐藏层和 1 个输出层。输入层必须包含 5 个单元，因为数据集包含 5 个输入特征。输出层必须包含一个单元，因为我们处理的是一个二分类输出。两个隐藏层中单元的数量有一定的灵活性。分别使用 5 个和 3 个单元作为第一和第二隐藏层。在神经网络的每个单元中，对输入进行线性组合，并在隐藏层使用 ReLU 激活函数，在输出层使用 sigmoid 激活函数。有关神经网络和激活函数的更多细节，请参见第 4 章。

在 PyTorch 中，可使用 torch.nn.Sequential 容器按顺序定义神经网络中的单元和层。

PyTorch 中的每个单元层都必须继承自 torch.nn.Module 基类。PyTorch 已经提供了许多常用的神经网络层，包括线性、卷积和循环层。常用的激活函数，如 ReLU、sigmoid 和 tanh 都有实现。现在可使用这些构建模块来定义模型：

```
model = torch.nn.Sequential(
    torch.nn.Linear(5, 5),
    torch.nn.ReLU(),
    torch.nn.Linear(5, 3),
    torch.nn.ReLU(),
    torch.nn.Linear(3, 1),
    torch.nn.Sigmoid()
)
```

这里的 Sequential 容器按顺序定义层。第一个 Linear 模块对应于第一个隐藏层，它接收数据集中的 5 个特征并产生 5 个输出，这些输出被馈送到下一层。Linear 模块对输入进行线性变换。容器中的下一个模块定义了第一个隐藏层的 ReLU 激活函数。接下来的 Linear 模块从第一个隐藏层接收 5 个输入特征，进行线性变换，并产生 3 个输出，这些输出被馈送到下一层。再次，第二隐藏层中使用 ReLU 激活函数。最后的 Linear 模块从第二隐藏层接收三个输入特征，并产生一个输出，即输出层。因为我们处理的是二分类问题，所以在输出层使用 Sigmoid 激活函数。如果执行 print(model)命令，将得到以下输出：

```
Sequential(
  (0): Linear(in_features=5, out_features=5, bias=True)
  (1): ReLU()
  (2): Linear(in_features=5, out_features=3, bias=True)
  (3): ReLU()
  (4): Linear(in_features=3, out_features=1, bias=True)
  (5): Sigmoid()
)
```

现在可以看到如何将神经网络定义为一个类，其中的层数和单元数可以很容易地定制：

BinaryClassifier 类扩展了 Sequential 容器

构造函数接收一个名为 layer_dims 的数组作为入参，它定义了网络结构

```
class BinaryClassifier(torch.nn.Sequential):
    def __init__(self, layer_dims):

        super(BinaryClassifier, self).__init__()          初始化 Sequential 容器

        for idx, dim in enumerate(layer_dims):            遍历 layer_dims 数组
            if (idx < len(layer_dims) - 1):
                module = torch.nn.Linear(dim, layer_dims[idx + 1])
                self.add_module(f"linear{idx}", module)

            if idx < len(layer_dims) - 2:
                activation = torch.nn.ReLU()
                self.add_module(f"relu{idx}", activation)
```

为所有层添加线性模块，并将其命名为 linear + 层的索引

对于所有隐藏层，添加 ReLU 模块并将其命名为 relu+隐藏层的索引

对于输出层,添加 Sigmoid 模块,并将其命名为 sigmoid+输出层的索引

```
elif idx == len(layer_dims) - 2:
    activation = torch.nn.Sigmoid()
    self.add_module(f"sigmoid{idx}", activation)
```

　　BinaryClassifier 类继承自 torch.nn.Sequential。构造函数接收一个位置参数,即一个名为 layer_dims 的整数数组,用于定义每个层中的层数和单元数。数组的长度定义了层数,索引 i 处的元素定义了第 i+1 层的单元数。在构造函数中,遍历 layer_dims 数组,并使用 add_module 函数向容器中添加一个层。实现代码对所有隐藏层使用线性模块,并将它们命名为 linear+层的索引。我们对所有隐藏层使用 ReLU 激活函数,对输出层使用 sigmoid 激活函数。有了这个自定义类,现在可以轻松地初始化二分类器并使用数组定义结构:

将输入特征数设置为5

初始化 layer_dims 数组,该数组定义了网络的结构,由输入层的 5 个单元、第一隐藏层的 5 个单元、第二隐藏层的 3 个单元和输出层的 1 个单元组成

```
num_features = 5
num_outputs = 1          将输出数设置为1
layer_dims = [num_features, 5, 3, num_outputs]

bc_model = BinaryClassifier(layer_dims)
```

使用 BinaryClassifier 类初始化

　　可通过执行 print(bc_model)来查看网络的结构,得到以下输出。第 4 章使用了类似的实现:

```
BinaryClassifier(
  (linear0): Linear(in_features=5, out_features=5, bias=True)
  (relu0): ReLU()
  (linear1): Linear(in_features=5, out_features=3, bias=True)
  (relu1): ReLU()
  (linear2): Linear(in_features=3, out_features=1, bias=True)
  (sigmoid2): Sigmoid()
)
```

B.5.3　训练

　　有了模型,现在可以在之前创建的数据集上进行训练。训练循环包括以下步骤:

(1) 循环迭代多个 epoch:对于每个 epoch,循环迭代多个数据批次。

(2) 对于每个批次数据:

- 将数据输入模型以获得输出
- 计算损失
- 运行反向传播算法以优化权重

　　epoch 是一个超参数,定义了通过神经网络在正向和反向方向上传播整个训练数据的次数。在每个 epoch 中,加载一批数据,对于每批数据,将它们馈送给网络以获

得输出，计算损失，并使用反向传播算法基于该损失优化权重。

PyTorch 提供了许多用于优化的损失函数。以下是一些常用的损失函数：

- torch.nn.L1Loss：计算输出预测和实际值的平均绝对误差(MAE)。通常用于回归任务。
- torch.nn.MSELoss：计算输出预测和实际值的均方误差(MSE)。与 L1 损失一样，通常用于回归任务。
- torch.nn.BCELoss：计算输出预测和实际标签的二元交叉熵或对数损失。该函数通常用于二分类任务。
- torch.nn.CrossEntropyLoss：该函数结合了 softmax 和负对数似然损失函数，通常用于分类任务。我们在第 5 章详细介绍了 BCE 损失和交叉熵损失。

由于在创建的数据集中只处理两个目标类别，因此将使用 BCE 损失函数。

PyTorch 还提供了各种优化算法，可以在反向传播过程中使用这些算法来更新权重。我们将在本节使用 Adam 优化器。以下代码段初始化了优化器中的损失函数或标准以及先前部分初始化模型中的所有参数或权重上的 Adam 优化器：

```
criterion = torch.nn.BCELoss()
optimizer = torch.optim.Adam(bc_model.parameters())
```

可以实现如下 epoch。注意，我们正在训练 10 个 epoch。在每个 epoch 训练期间，使用 A.4 节初始化的 DataLoader 对象以批量加载数据和标签。对于每个批次的数据，首先需要将梯度重置为零，计算该批次的梯度。然后，通过正向传播模型以获得输出。之后，使用这些输出计算 BCE 损失。通过调用 backward 函数，使用自动微分法计算损失函数相对于输入的梯度。最后，调用优化器中的 step 函数，根据计算得到的梯度更新权重或模型参数：

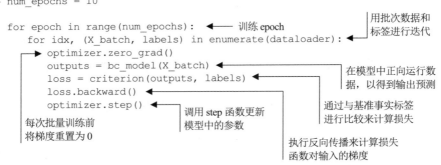

训练出模型后，可按以下方式对数据点进行预测。注意，我们切换了以下代码的格式，以模仿 Jupyter notebooks 或 iPython 环境：

```
In: pred_var = bc_model(transformed_dataset[0][0])
In: pred_var
Out: tensor([0.5884], grad_fn=<SigmoidBackward>)
```

该模型的输出是一个由概率度量组成的张量。这个概率度量对应于神经网络中最后一层的 sigmoid 激活函数的输出。你可通过如下标量获取预测:

```
In: pred_var.detach().numpy()[0]
Out: 0.5884
```

至此,对 PyTorch 的快速介绍就结束了,我们希望你已拥有足够的知识,能够实现和训练神经网络,并理解本书中的代码。